21世纪高等院校工程管理专业教材

城市规划与管理

CHENGSHI GUIHUA YU GUANLI

（第二版）

李岚 编著

东北财经大学出版社 大连
Dongbei University of Finance & Economics Press

图书在版编目（CIP）数据

城市规划与管理 / 李岚编著. —2 版. —大连 : 东北财经大学出版社，2014. 3

（21 世纪高等院校工程管理专业教材）

ISBN 978-7-5654-1419-0

Ⅰ. 城… Ⅱ. 李… Ⅲ. ①城市规划-高等学校-教材 ②城市管理-高等学校-教材 Ⅳ. ①TU984 ②F293

中国版本图书馆 CIP 数据核字（2014）第 015213 号

东北财经大学出版社出版

（大连市黑石礁尖山街 217 号 邮政编码 116025）

教学支持：（0411）84710309

营 销 部：（0411）84710711

总 编 室：（0411）84710523

网 址：http：//www. dufep. cn

读者信箱：dufep @ dufe. edu. cn

大连北方博信印刷包装有限公司印刷 东北财经大学出版社发行

幅面尺寸：170mm×240mm 字数：302 千字 印张：15 1/4 插页：1

2014 年 3 月第 2 版 2014 年 3 月第 3 次印刷

责任编辑：李 彬 责任校对：刘 洋

封面设计：张智波 版式设计：钟福建

ISBN 978-7-5654-1419-0

定价：24.00 元

总序

8 年前，我们依照建设部高等院校工程管理专业学科指导委员会制定的课程体系，组织我院骨干教师编写了“21 世纪高等院校工程管理专业教材”。目前，这套教材已出版的有《工程经济学》、《可行性研究与项目评估》、《工程项目管理学》、《房地产经济学》、《项目融资》、《工程造价》、《工程招投标管理》、《工程建设合同与合同管理》、《城市规划与管理》、《国际工程承包》、《房地产投资分析》、《土木工程概论》、《投资经济学》、《建筑结构——概念、原理与设计》、《物业管理理论与实务》等 17 部。

上述教材的出版，既满足了校内本科教学的需要，也满足了外院校和社会上实际工作者的需要。其中，一些教材出版后曾多次印刷，深受读者的欢迎；一些教材还被选入“普通高等教育‘十一五’国家级规划教材”。从总体上看，“21 世纪高等院校工程管理专业教材”已取得了良好的效果。

为进一步提升上述教材的质量，加大工程管理专业学科建设的力度，新一届编委会决定，对已出版的教材逐本进行修订，并适时推出本科教学急需的新教材。

组织修订和编写新教材的指导思想是：以马克思主义经济理论和现代管理理论为指导，紧密结合中国社会主义市场经济的实践，特别是工程建设的管理实践，坚持知识、能力、素质的协调发展，坚持本科教材应重点讲清基本理论、基本知识和基本技能的原则，不断创新教材编写理念，大力吸收工程管理的新知识和新经验，力求编写的教材融理论性、操作性、启发性和前瞻性于一体，更好地满足高等院校工程管理专业本科教学的需要。

多年来，我们在组织编写和修订“21 世纪高等院校工程管理专业教材”的过程中，参考了大量的国内外已出版的相关书籍和刊物，得到中华人民共和国国家发展和改革委员会、中华人民共和国住房和城乡建设部等部门的大力支持。同时，东北财经大学出版社有限责任公司的领导、编辑为这套系列教材的及时出版提供了必要的条件，做了大量的工作，在此一并致谢。

编写一套高质量的工程管理专业的系列教材是一项艰巨、复杂的工作。由于编著者的水平有限，书中的缺点与不足在所难免，竭诚欢迎同行专家与广大读者批评指正。

21 世纪高等院校工程管理专业教材编委会主任　王立国

第二版前言

本教材第一版发行已经八年了。八年来我国经济建设迅速发展，城市化水平提高很快。为使我国全面建成小康社会，城乡需要一体化全面发展，在新形势下，2007年第十届全国人民代表大会常务委员会第三十次会议通过了《中华人民共和国城乡规划法》，自2008年1月1日起施行。2010年住房和城乡建设部又公布了新的《城市用地分类与规划建设用地标准》（GB50137-2011）。2013年中国共产党第十八次全国代表大会提出了“坚持走中国特色新型工业化、信息化、城镇化、农业现代化道路”，为我国今后城乡统筹规划指明了方向。为了贯彻和学习在新形势下城乡规划的指导思想、方针政策和法律规程，本教材必须增加上述内容，因此需要再版。本次再版增加了以下五个方面的内容：

1. 全面介绍了《中华人民共和国城乡规划法》，重点是统筹规划的原则与方法。

2. 较详细地介绍了新的《城市用地分类与规划建设用地标准》及其条文说明，论述了旨在珍惜每一寸国土其控制标准的制定原则及实施中需注意的事项。

3. 为了给子孙后代留下天蓝、地绿、水净的美好家园，专门增加了一章“生态型城乡规划”（即第十一章），列举了上海市建设生态型城市规划标准指标。

4. 总结近年来我国几次大的自然灾害，增加了山区城镇、乡村防震救灾的规划内容及举措。

5. 第十二章对大连市城乡全域城市化规划做了典型介绍。

本教材既可以作为高等财经院校工程管理专业本科生的教材，也可以作为城市规划相关专业和从事城市规划的工程技术与管理人员参考书。书中文字深入浅出，附有实例，也便于自学。

由于作者水平所限，书中难免有不少问题和不足之处，望指正。

作者

2014年1月

第一版前言

当前，我国正处于全面建设小康社会经济迅速发展时期，在党的城乡统筹发展方针的指引下，城市化进程正在加快，城市中心地位日趋突出，迫切需要城市规划向广度和深度发展；与此同时，城市基础设施建设任务繁重，要求从事建设项目管理的专业人员必须具备城市规划的基础知识和掌握总体规划、居住区详细规划的内容与要求。

本书是针对工程管理专业本科生编写的教材。根据作者多年教学经验和参加大连市部分城市规划实践的体会，本书侧重了以下五个方面内容：

1. 依据《中华人民共和国城市规划法》和城市规划有关最新规范、法规和方针政策，结合当前城市建设实际，综合、系统地阐述与城市规划（总体规划、居住区详细规划等）相匹配的城市对外交通、工业、仓库、道路系统、中心广场和风景区等总体空间布局的原则与要求，重点讲解了与城市基础设施建设有关的给水、排水、供电、供热、燃气、通信、防灾、环卫以及地下管线综合布局等城市工程系统规划。

3. 介绍了城市规划管理方面的内容，如法律、法规、制度管理的内容，城市建设项目管理、各种审批的程序以及国内某些城市管理的先进经验等。

4. 对当前城市规划、管理各方面的一些热点问题进行了研讨，如城市交通堵塞问题，建设红色旅游风景区的问题，加强节约型城市建设问题以及自然灾害、突发事件的应急预案措施等。

5. 介绍了大连市城市形态结构功能百年改变过程及未来城市化、城乡一体化规划举例。

本书可作为工程管理专业本科生教材，也可作为城市规划相关专业的本科生和从事城市规划的工程技术与管理人员的参考书。书中文字深入浅出，便于自学。

由于作者水平有限，书中难免有不少问题和不足之处，望读者指正。

作者
2006 年 5 月

目 录

第一章

城市规划概述

□ 学习目标

本章主要掌握城市和城市化的概念，城市规划的任务，城市规划的工作内容，制定和实施城乡规划的基本原则，城乡规划的编制、修改与审批的法律程序，以及编制城市（乡）建设各专项规划时实施的管理程序，熟悉城市的性质和类型以及确定城市性质的依据和方法，对城市（乡）规划有一个较深刻的认识。

第一节　城市与城市发展

一、城市的产生与发展

（一）城市的产生

人类在原始社会从事最简单的生产，过着渔猎生活。在长期与自然的斗争中，逐渐形成了渔、牧业与农业的劳动分工，开始形成了以农业为主的固定居民点。随着人类对生产方式的改进，生产工具的不断进步，生产力的不断提高，生产的产品有了剩余，就开始以物易物进行交换。正如我国古代《易经》所说的“日中为市，致天下之民，聚天下之货，交易而退，各得其所”。随着交换量的增加及交换次数愈加频繁，逐渐出现了专门从事交易的商人，交换场所由临时场所改为固定的市。再后来劳动分工加强，生活需求多样化，逐渐出现了各种专门的手工业者。于是，商业与手工业从农业中分离出来，原来的居民点也发生了分化，其中以农业为主的聚居地就是农村，以商业和手工业者集中居住地就是城市雏形。所以，也可以说城市就是生产发展后人类第二次劳动大分工的产物。

随着生产力的发展，原始社会的生产关系也就逐渐解体，出现了阶级分化，人类开始进入奴隶社会。城市大多产生在这个社会发展时期。

从我国文字字义来看，城是以武器守卫土地的意思，是一种防御性的构筑物（古代城市有城墙，外围皆有壕沟，显然有防御性质）；市是一种交易场所，所以城市可以说是有着商业交换职能的居民点。

城市与农村的区别，主要是产业结构的不同，即居民从事的职业不同，居民的人口规模、居住形式的集聚密度也就不同。

（二）城市的发展

1. 近代城市的发展

我们通常把农业的产生称为第一次产业革命，这时人类社会出现了定居的居民点。直到现在，我们仍把以农业生产为主的农、林、牧、副、渔业生产称为第一产业。

1784 年瓦特发明了蒸汽机，人们有了人工的能源，开始摆脱依赖风力、水力等天然能源的局面，于是把生产集中到城市，从而使制造和加工工业（即现在所说的第二产业）迅速地在城市发展，标志着近代工业革命的开始，也称为第二次产业革命，这使城市产生了巨大的变化。

城市工业发展带动了商业和贸易的发展，于是就产生了为主导产业服务的第三产业。城市人口迅速膨胀，工业化吸收了大量农业人口，使之转化为城市人口，与此同时城市扩展也吞并了周围的农业用地，失去了土地的农民流入城市，成为工人。这一切都加速了城市发展的进程。

2. 近代城市的特点与变化

（1）城市布局的变化。工业化初期，在工厂外围修建的都是简陋的工人居住区。相应地，修建了为工人生活服务的面包房、裁缝铺等。后来又在外面修建工厂及工人住宅，这样圈层式的向外扩张，成为工业化初期城市发展的典型形态。

工业发展导致产业的部类也增多了，工业需要大量的原料，产品要运输至外地，原料及产品均需要储运，就出现了城市仓储用地。

火车、轮船的出现，成为城市对外交通运输的主要工具，铁路、车站、码头均有着自己的用地选址要求，大大改变了城市结构的布局。

19 世纪末，汽车逐渐成为城市的主要交通工具，对原来马车时代的道路系统也带来了很大冲击。城市的道路系统布局也发生了很大变化。

城市人口的聚集、人们生活水平的提高和需求的多样化，应运而生了许多类型的商业及公共建筑。商品的交流和集散、信息的发达、人口的集中和流动使城市成为物流、人流和信息流的中心。经济和商务活动的增加，产生了金融机构，融资加速了工业的投资建设，更加速了城市的发展。

科学技术的发展，促进了市政工程及城市公用设施的完善，自来水、电灯、电话、煤气、公共汽车、电车、地下铁道和污水处理系统等技术上不断改进，使城市的物质生活达到了较高水平，学校、剧院、图书馆、博物馆和娱乐设施的集中，也使城市的文化生活水平不断提高。

（2）中国近代城市的发展变化。中国进入农业社会比西方早，而进入工业社会比西方晚。1840 年鸦片战争后，资本主义生产方式及现代工业随着帝国主义势力的入侵，使东部沿海一些城市出现了近代工业，如由帝国主义侵占或由他们控制的租界发展起来的中国香港、大连、青岛、上海和汉口等。这些城市拥有港口及现代化市政工程及公用设施。这些城市发展的基本特征与西方近代城市相近，虽然也产生了不少民族工业资本，但仍具有殖民地性质。而此时，中国大部分地区的城市还处在农业社会阶段中，这种发展的不平衡是近代中国社会及城市的特征之一。

3. 与近代城市发展伴生的负面效应

工业社会使城市高度发展，这是社会经济发展的必然结果，是社会进步的表现，但同时也出现了由于工业化及人口增加而产生的土地、住房、交通、环境污染及社会动荡等问题，都需要通过城市规划不断地解决。仅以城市环境为例，工业在城市中的布置必然排放废气、污水并产生噪音，其中一些有害排放物对居民生活环境会产生不利影响。此外，随着城市规模的扩大，市民与城郊田野的距离增加，市民远离自然环境，那么如何在城市发展过程中以及在整个城市化过程中处理好人工环境与自然环境的关系，就成为现代城市规划学科的主要课题之一。

4. 第二次世界大战后的城市发展

第二次世界大战中，欧亚大陆许多城市饱受战火的破坏。战后，许多城市都制定了重建及发展城市的规划，理论界出现了不少城市发展的创新思路和规划理论。至 20 世纪 50 年代中叶，世界各国经过了经济恢复，进入一个新的发展时期。经济的恢复、工业的发展，带来了城市化进程的加快，城市人口规模不断扩大，至 20 世纪 90 年代，世界城市人口已达到世界总人口的 50%。

第二次世界大战后，城市发展的特点主要表现在以下几个方面：

（1）城市对外交通有很大发展，航空、汽车运输业的地位增加，机场、航空港和火车站一样成为城市的交通枢纽。国际经济的全球化，使海上货运有了很大发展，船体大型化、集装箱化，使城市及大型工业靠海发展，港口城市的结构布局发生了很大变化。

（2）第二次世界大战以后，一些发达国家在城市虽然具有高水平的物质和文化生活质量，但城市中心居住区（诸如大气、水质、热岛效应和人口拥挤等）环境继续恶化，随着汽车交通的发达，出现了郊迁的现象，包括住宅区及一些工业企业，原来的城市中心地区出现衰退现象。近年来，政府及企业采取土地置换、产业更新及财政和税收政策的倾斜等措施，才使老城中心有所复苏。

（3）各国经济发展的不平衡，在城市发展上也出现了较大差异。发达国家已高度城市化，城市的空间扩展已逐渐为城市内部的更新改造所代替。在一些发展中国家，城市化的进程也很快，城市外延扩展呈现出不同的发展形态，例如，城市中心向外圈层式扩展的形态；单中心沿交通干线放射发展的形态；中心城与周边卫星城发展的形态；多中心开放组合式发展的形态；以中心城为核心成紧密联系的城镇群发展的形态等。

(4) 第二次世界大战后世界经济的发展，世界经济一体化趋势和跨国公司企业集团的发展，使一些发达的城镇密集地区的影响更大，如美国的东北部、芝加哥地区、西海岸城市带，日本的阪神地区，英国的东南部地区（伦敦、伯明翰、曼彻斯特），欧洲中部地区（德、荷、法）等。改革开放后，中国的城镇密集地区有以上海为中心的长江三角洲地区，以广州为中心的珠江三角洲地区，环渤海京津及辽南地区等。

(5) 经济的高度发展，人类对自然的改造及对地球资源的开发利用，逐渐发展到对环境的破坏，危及人类自身的生存环境，人们在严酷的事实中逐渐认识到“只有一个地球”的现实。1996 年在巴西的里约热内卢召开了政府首脑会议发表宣言，提出了关于“可持续发展”的口号。这一理念很快传入城市规划的思想。中国近年来提出了用科学的发展观来规划城市，这是摆在城市规划者面前的艰巨任务。

二、城市的定义

通过上述城市发展过程，我们可以给城市下一简要定义：人类按生产和生活需要而形成的集聚定居点，按性质和人口规模可分为城市和乡村两大类。城市（城镇）是以非农产业和非农业人口聚集为主要特征的居民点，包括按国家建制设立的市和镇。城市行政管辖的全部地域称为市域。

城市既是社会经济发展的阶段产物，作为高度集约的地域类型，又是现代化经济的主要载体。城市是一个复杂的社会大系统。只有在认识城市自然条件、资源特点以及经济发展特征优势的基础上，通过对城市各要素的合理规划，才能使城市这个大系统进入平衡、有序发展的良性循环。

三、城市化

（一）城市化和城市化水平的概念

城市化一般讲是指人类生产和生活方式由乡村型向城市型转化的历史过程，表现为乡村人口向城市人口转化以及城市不断发展和完善的过程，又称城镇化、都市化。

城市或城镇，它们皆是城市型的居民点，均以第二、第三产业为主，其区别只是规模的不同和行政建制的不同。

城市化水平是指衡量城市化发展程度的数量指标，一般用一定地域内的城市人口占总人口的比重来表示。

一个国家的发达程度与城市化水平和产业结构的比重有重要关系。一个国家的发达程度的表现特征是：(1) 城市人口占总人口比重不断上升；(2) 产业结构中农业比重持续下降，工业比重不断上升，第三产业比重明显增加。表 1–1 为 1960

年和1980年统计的世界范围发达国家和发展中国家产业结构比重一览表。

表1-1 世界各国产业结构比重一览表

国家经济发展状况	农业（%）		工业（%）		第三产业（%）	
	1960年	1980年	1960年	1980年	1960年	1980年
33个低收入国家	50	36	18	35	32	29
63个中等收入国家	24	15	30	40	46	45
19个发达国家	6	4	40	34	54	62

城市化水平也是一个国家经济发达程度及居民生活水平高低的表现。表1-2为1980年世界范围发达国家和发展中国家城市化水平与人均国民生产总值关系统计表。从表1-2可以明显看出，城市化水平越高，其人均国民生产总值也越高，居民生活水平也越高。当然，城市化水平的提高，不仅是建立在第二产业、第三产业发展的基础上，也是农业现代化的结果。

表1-2 城市化水平与人均国民生产总值关系统计表

国家经济发展状况	人均国民生产总值（美元）	城市化水平（%）
33个低收入国家	260	17
63个中等收入国家	1 400	45
19个发达国家	10 320	78

（二）中国城市化的道路

我国的城市化进程较晚，从19世纪后半期开始，进度很缓慢，发展也不平衡，东南沿海较快，而内地大部分地区仍处在农业社会。1949年刚解放时，我国城市化水平只有10.6%。新中国成立后城市化速度加快，但由于经济发展及政策上的某些波动，几起几伏，至20世纪70年代末城市化水平约达14%。改革开放以来，城市化速度加快，每年以1%～1.5%的速度增长，1986年就达到26%，1999年达到29.5%，2000年第五次人口普查时达到36%，2005年年底达到41%，2006年年底达到43.9%，城镇人口达5.77亿，截至2011年年底，我国城市化水平已经达到51.3%。尽管城市化发展较快，但也只达到了初期阶段。从空间的集中度来看，我国大中小城市发展基本均衡。表1-3为各时期我国不同地域城市人口占全国城市人口的比重，可见东、中西部和边远地区存在着较大差异。中华人民共和国成立后，人口分布在边远、中西部地区的比重增加，人口分布在东部地区的比重减少，但仍不平衡。

20世纪末期我国出台了一系列农业政策，促使国家农业有了较大的发展。农业生产发展使农村剩余劳动力增加，大量农民进城就业，成为城市发展的重要力量。据2003年统计，我国农村劳动力总量有1/3已转入城市，共有1.7亿人，占34.9%。以深圳为例：2000年有户籍的人口是139.45万，而暂住的流动人口却有560.55万，占全市人口的80%。再举一例：21世纪初我国曾对北京、上海和杭州3个城市的人口增加状况进行了一次全面普查，普查结果见表1-4。

表 1-3 我国城市化水平的地区差异

地区	面积比重（%）	城镇人口比重（%）				省份（市）
		1947 年	1954 年	1957 年	1980 年	
东部	13.58	68.78	52.7	51.1	45.6	辽、冀、鲁、苏、浙、闽、粤、桂、京、沪、津
中西部	31.35	29.8	42.6	43.5	46.5	
边远地区	55.07	1.42	4.7	5.4	7.9	内蒙古、甘、青、宁、新、藏

表 1-4 北京、上海和杭州 3 个城市人口不同时期的变化情况

不同时期的人口增长状况			市域	中心区	近郊区	远郊区
北京	1982—1990 年	增长量（万人）	158.8	-8.2	114.9	52.1
		增长率（%）	17.21	-3.38	40.46	13.12
		年均增长率（%）	2.00	-0.43	4.34	1.55
	1990—2000 年	增长量（万人）	275.0	-22.2	240.0	57.2
		增长率（%）	25.42	-9.50	60.15	12.73
		年均增长率（%）	2.29	-0.99	4.82	1.21
杭州	1982—1990 年	增长量（万人）	57.1	-5.5	35.4	27.2
		增长率（%）	10.87	-11.86	39.99	6.96
		年均增长率（%）	1.30	-1.57	4.29	0.84
	1990—2000 年	增长量（万人）	104.6	-6.6	87.0	24.2
		增长率（%）	17.93	-16.17	70.13	5.79
		年均增长率（%）	1.66	-1.75	5.46	0.56
上海	1982—1990 年	增长量（万人）	148.2	-10.9	142.5	16.6
		增长率（%）	12.50	-5.40	21.85	4.98
		年均增长率（%）	1.48	-0.69	2.50	0.61
	1990—2000 年	增长量（万人）	306.6	-69.2	337.7	38.1
		增长率（%）	22.98	-36.40	42.50	10.89
		年均增长率（%）	2.09	-4.42	3.61	1.04

资料来源 冯健，周一星. 1990 年代北京市人口空间分布的最新变化［J］. 城市规划，2003（5）：61.

以上调查表明，21 世纪我国将会有大规模的城市化发展，农村剩余的大量人

口流动到城市既是城市化的动力，也是压力。预计大量人口要转入城镇，城市化道路该怎样走，有两点已经得到共识：一是不能走一些国家曾出现过的有问题的老路，即大量农村人口（失去土地的农村人口，或弃农进城的人口），盲目地流入大城市，在大城市外围形成圈层式的、大量的、环境恶劣的贫民区，如墨西哥城、印度的加尔各答等城市；二是要走具有中国特色的道路。改革开放后，我国城市化道路分为以下三种类型和模式：

1. 地方推动型——苏南模式

农村劳动力剩余问题早已存在，由于二元经济结构体制的限制，农村大量剩余劳动力找不到出路。20 世纪 70 年代中期，我国江苏南部一些地区的农村终于打破重重阻力，创办了乡镇企业。改革开放后，乡镇企业受到国家支持鼓励、政策优惠，苏南地区乡镇企业迅速发展。大量农民“进厂不进城，离土不离乡”，小城镇得到迅速发展，这就是我国苏南模式的城市化道路。这种模式在东部沿海地区、中部城镇密集地区均有很大发展。这种以城市工业扩散、以乡镇工业为动力的小城镇发展模式，称为地方推动型。

2. 市场推动型——温州模式

浙江温州地区地少人多，历史上就有经商打工的传统，以发展家庭工业和民间市场为主要模式，以私营家庭工业为主，发展小城镇，这种城市化的道路可称为温州模式，也可称为市场推动型。

3. 外资促进型——珠江三角洲模式

广东省珠江三角洲地区，由于邻近港澳，以外资的“三来一补”劳动密集型工业为主，乡镇企业也有很大发展，不仅使本地区农村人口大量转移，而且吸收了大量外地打工人口，这种类型的城市化道路可称为珠江三角洲模式，也可称为外资促进型。

由于我国东部与中西部地区在发展水平上存在较大差异，城市化的道路也有区别，东部地区以发展乡镇工业、外资企业等方式发展小城镇，而西部地区目前还应首先以发展中小城市为主，先增加这些地区的第二产业、第三产业，然后增加其对小城镇的辐射扩散影响，为发展乡镇工业及小城镇创造条件。

关于未来我国城市化水平的预测，据已发表的不同专业的研究报告，对未来我国城市化水平的预测，具体数字虽有不同，但十分接近，见表1–5。

表1–5　**未来我国城市化水平的预测**

年份	2000	2020	2030	2050
城市化水平（%）	36	55	68	80

（三）中国城市化的方向及战略重点

21 世纪初是中国城镇化快速发展的时期，正确的城镇化发展模式可以奠定我国经济社会的光明未来。党的十八大提出“坚持走中国特色新型工业化、信息化、城镇化、农业现代化道路，推动信息化和工业化深度融合、工业化和城镇化良性互动、城镇化和农业现代化相互协调，促进工业化、信息化、城镇化、农业现代化同步发展”，就是今后我国城市化的发展方向。2008 年出台的《中华人民共和国城乡规划法》，为我国城市化有序发展和城乡统筹规划提供了法律保障。

2013 年 12 月 12 日到 13 日，中共中央在北京举行了中央城镇化工作会议。会议提出了推进城镇化的主要任务：

第一，推进农业转移人口市民化。其主要任务是解决已经转移到城镇就业的农业转移人口落户问题，努力提高农民工融入城镇的素质和能力。要发展各具特色的城市产业体系，强化城市间专业化分工协作，增强中小城市产业承接能力。全面放开建制镇和小城市落户限制，有序放开中等城市落户限制，合理确定大城市落户条件，严格控制特大城市人口规模。推进农业转移人口市民化要坚持自愿、分类、有序。

第二，提高城镇建设用地利用效率。要按照严守底线、调整结构、深化改革的思路，严控增量，盘活存量，优化结构，提升效率，切实提高城镇建设用地集约化程度。耕地红线一定要守住，红线包括数量，也包括质量。按照促进生产空间集约高效、生活空间宜居适度、生态空间山清水秀的总体要求，形成生产、生活、生态空间的合理结构。减少工业用地，适当增加生活用地特别是居住用地，切实保护耕地、园地、菜地等农业空间，划定生态红线。按照守住底线、试点先行的原则稳步推进土地制度改革。

第三，建立多元可持续的资金保障机制。要完善地方税体系，逐步建立地方主体税种，建立财政转移支付同农业转移人口市民化挂钩机制。建立健全地方债券发行管理制度。推进政策性金融机构改革。鼓励社会资本参与城市公用设施投资运营。

第四，优化城镇化布局和形态。全国主体功能区规划对城镇化总体布局做了安排，提出了“两横三纵”的城市化战略格局，要一张蓝图干到底。要在中西部和东北有条件的地区，依靠市场力量和国家规划引导，逐步发展形成若干城市群，成为带动中西部和东北地区发展的重要增长极。科学设置开发强度，尽快把每个城市特别是特大城市开发边界划定，把城市放在大自然中，把绿水青山保留给城市居民。

第五，提高城镇建设水平。城镇建设水平是城市生命力所在。城镇建设，要实事求是确定城市定位，科学规划和务实行动，避免走弯路；要依托现有山水脉络等独特风光，让城市融入大自然，让居民望得见山、看得见水、记得住乡愁；要融入现代元素，更要保护和弘扬传统优秀文化，延续城市历史文脉；要融入让群众生活更舒适的理念，体现在每一个细节中。要加强建筑质量管理制度建设。在促进城乡一体化发展中，要注意保留村庄原始风貌，慎砍树、不填湖、少拆房，尽可能在原有村庄形态上改善居民生活条件。

第六，加强对城镇化的管理。要制定实施好国家新型城镇化规划，加强重大政策统筹协调，各地区要研究提出符合实际的推进城镇化发展意见。培养一批专家型的城市管理干部，用科学态度、先进理念、专业知识建设和管理城市。建立空间规划体系，推进规划体制改革，加快规划立法工作。城市规划要由扩张性规划逐步转向限定城市边界、优化空间结构的规划。城市规划要保持连续性，不能政府一换届，规划就换届。

会议指出，走中国特色、科学发展的新型城镇化道路，核心是以人为本，关键是提升质量，与工业化、信息化、农业现代化同步推进。城镇化是长期的历史进程，要科学有序、积极稳妥地向前推进。新型城镇化要找准着力点，有序推进农村转移人口市民化，深入实施城镇棚户区改造，注重中西部地区城镇化。要实行差别化的落户政策，加强中西部地区重大基础设施建设和引导产业转移。要加强农民工职业培训和保障随迁子女义务教育，努力改善城市生态环境质量。在具体工作中，要科学规划实施，加强相关法规、标准和制度建设。坚持因地制宜，探索各具特色的城镇化发展模式。

第二节　城市性质与类型

一、城市的性质

城市性质是指一个城市在一定地区、国家以至更大范围内的政治、经济与社会发展中所处的地位和所担负的重要职能。城市总体规划中的一系列问题，如城市规模、城市发展方向、布局的基本原则、建设项目用地安排、城市结构形式及各项定额指标的确定等，都是由城市性质决定的。因此，确定城市性质，是编制城市总体规划时首先要解决的问题之一。

城市性质的内涵既然是指该城市在国家经济和社会发展中所处的地位和所起的作用，因此，它就应该体现该城市的个性，反映其所在区域的政治、经济、社会、地理和自然等某些基本因素的特点。这些特点随着科学技术的进步，社会、政治经济体制改革而不断变化。因此对城市性质的认识，必须建立在一定的时间范围内，但是城市性质毕竟是取决于它的历史、自然、区域的条件，因此在相当一段时期内有其稳定性。

总之，城市性质就是由该城市形成与发展的主导基本因素所决定的，由该因素组成的基本部门的主要职能所体现。举例来说，大庆市的主要职能是全国的石油生产、石油化工基地之一，这就是它的城市性质。又如三亚市，既是热带海滨旅游城市，又具有疗养、海洋科学研究中心等多种职能，但其主要职能是前者，所以三亚市的城市性质是国家旅游城市。

二、城市的类型

目前，世界各国对城市分类，并无公认的统一方法。我国城市按性质大体上分为7类：(1) 工业城市，即以工业生产为主的城市，可按工业构成分为多种工业城市（如大连市等）和以单一工业为主的城市（如大庆市等）。(2) 交通港口城市。这种城市往往是因对外交通运输而发展起来的城市，其交通运输用地在城市中占有较大比重。随着交通运输发展又兴建了工业，因而仓储用地、工业用地都占有较大比重。这类城市根据运输方式又可分为铁路枢纽城市（如徐州市和郑州市等)、海港城市（如大连市和秦皇岛市等）和内河港埠（如九江市等)。(3) 商贸城市（如义乌市和台州市等)。(4) 科研、教育城市。大学城在国外很多（如牛津和剑桥等)，我国也正在兴建。(5) 综合中心城市。这类城市的主要职能往往是多方面的，具有较强的综合性质，它既有政治、文教和科研等非经济机构的主要职能，又有经济、信息和交通等方面的中心职能，如北京、上海、重庆、天津等。(6) 县城。这类城市一般是县域的中心城市，多以地方资源优势的产业为主干产业，同时又是联系广大农村的纽带，工农业物资的集散地，是县域政治、经济、文化中心，实际上也是综合性城市，在我国城市中数量最多。(7) 特殊职能的城市，如革命纪念性城市、风景旅游城市、边贸城市等。

按城市性质分类，对城市人口的构成、用地组成、规划布置、公共建筑的内容与标准以及市政设施等方面，都具有重要的意义。

三、分析确定城市性质的依据和方法

许多城市的性质往往是综合性的，同时又以某种或某几种性质为主。确定城市性质的方法，一般以定性分析为主，并辅以定量分析。定量分析常用的指标有工业产值构成指标、某种职工增长指标和货运量指标等。在确定城市性质时，需要综合分析城市的主要因素及特点，有时还要根据国家需要，确定其主要职能和发展方向。具体可从以下几方面着手：

（一）了解城市历史情况

城市的形成一般都经过长期的历史过程。研究城市的历史，对指导今天的建设，有着重要的借鉴作用。需要了解的情况，一般应包括城市形成的自然地理条件和社会经济背景、城市的历史沿革、城址的变迁、城市的历史职能及规模、引起城市变化的原因、历史上受城市影响的地域范围、城市对外交通状况的变化及其对城市的影响等。

（二）掌握城市的自然条件和资源

城市所在地区的自然条件和资源，对城市的形成和发展有着重要的影响。因此，在确定城市性质时，还需要对地区的地形、水文、地质和气象等自然条件以及地理环境容量等进行全面了解，特别对直接影响城市发展的资源状况（如农业、矿产、人力、能源、水资源和风景旅游资源等）要在调查分析的基础上进行评价。

（三）研究城市的现状

现状是城市发展的基础。现状特点包括城市现有生产水平及设施状况、城市用地现状及比重，还包括主要工业产品种类，生产能力，能源供应，“三废”排放及处理，城市交通，城市居住区条件，非地方性行政、教育和科研部门比重与地位等，具体可作以下三方面的定量分析：

1. 分析主要产业市场在全国或地区的地位和作用

分析主要产业市场前景及产品市场占有率。如某市以生产汽车为主，产量占全国总产量比重较大，市场预测有较大发展前景，并能带动其他相关生产部门，则可定本市性质为汽车制造为主的工业城市。

又如某市根据国家铁路干网规划，将有两条铁路干线在此交汇，使之成为重要的交通枢纽城市，从而带动仓储业的发展。

另外，随着国家东部沿海城市大力发展新兴产业，传统纺织等加工工业将向西部转移，这会对某些城市性质产生影响。

今天的支柱产业可能不久将被目前尚未占主导地位的产业所代替，新兴产业的兴起，将会引起城市就业用地、结构布局的相应变化等。

2. 分析主要部门经济结构

一般采用同一经济技术标准（如职工人数、产值、产量等），从数量上分析，以其超过各部门结构整体的20% ~30%为主导因素。例如，某城市食品加工业职工人数占全市总职工人数的27%，工业产值占全市工业总产值的33%，显然，这个城市现状是一个以食品工业为主的城市，再结合食品工业的发展后劲、市场前景以及其他产业发展的态势来确定食品工业将来是否仍能保持城市的主导产业地位。

随着产业结构的调整，许多城市均在积极提高传统产业的技术含量，发展高新产业，发展商贸、金融、交通运输以及各种服务业，第三产业比重将日益提高。第三产业的比重和发展趋势，将会对城市性质的确定产生越来越重要的影响。

3. 分析产业用地结构的主次，以用地所占比重的大小来定量地分析城市性质

上述三方面不是孤立的，应全面深入了解主导基本因素的特点并进行综合分析。

总之，确定城市性质时必须坚持从全民出发，从地区出发乃至更大的范围着眼，根据国民经济合理布局的原则分析确定城市性质。因此，开展区域工作对确立城市性质有着重要的意义。

最后应当指出，规划中所确定的性质，一般是指这个城市在规划期间内的性质。随着国家的政治、社会、经济的发展和城市本身条件的变化，城市性质是可以改变的。

第三节　城市规划的编制和实施管理

对一定时期内城市的经济和社会发展、土地利用、空间布局以及各项建设的综

合部署、具体安排和实施管理总称**城市规划**。

城市规划是一种过程，它依据城市发展目标和对城市的整体研究，通过对城市土地使用进行预期安排，制定城市发展的行动纲领，再通过城市建设活动，改造城市的空间状况，以引导城市的有序发展。

一、城市规划的任务和编制原则

（一）城市规划的任务

城市规划是人类为了在城市的发展中维持公共生活的空间秩序而做的未来空间安排的计划。这种对未来空间发展的安排意图，大范围可以是整个区域城市群的规划和国土规划，小范围可以是建筑群体之间的空间设计。城市规划的社会作用是一旦审批通过后就作为建设城市和管理城市的基本依据，是保证城市合理建设、土地合理开发利用的基础。

在计划经济体制下，城市规划的任务是根据已有的国民经济计划和城市既定的社会经济发展战略，确定城市的性质和规模，落实国民经济计划项目，进行各项建设投资的综合部署和全面安排。

在市场经济体制下，城市规划的本质任务是合理地、有效地和公正地创造有序的城市生活空间环境。因此，城市规划可以看成是一种社会运动、政府职能，更是一项专门职业。

关于城市规划的任务，各国由于其社会制度、经济体制和经济发展水平的不同，会有所差异和侧重，但基本内容是大致相同的。城市规划在学术理论上的定义可以引用英国的《不列颠百科全书》关于城市规划与建设的条目："城市规划与改建的目的，不仅仅在于安排好城市形体（城市中的建筑、街道、公园、公用设施及其他的各种要求），而且最重要的在于实现社会与经济目标。城市规划的实现要靠政府的运筹，并需运用调查、分析、预测和设计等专门技术。"

中国现阶段城市规划的基本任务是保护和修复人居环境，尤其是城乡空间环境的生态系统，为城乡经济、社会和文化协调、稳定地持续发展，保障和创造城市居民安全、健康、舒适的空间环境和公正的社会环境。

（二）编制城市规划应遵循的指导原则

1. 人工环境与自然环境相和谐的原则

城市的发展，尤其工业建设、开采矿藏，对于生态环境会产生一定破坏。有的地方已经到了不能再继续下去的程度。城市规划师必须充分认识到面临的自然生态环境的压力，明确保护和修复生态环境是所有城市规划师崇高的职责，在今后工作中努力把建设开发和环境保护有机地结合起来，力求取得经济效益和环境效益的统一。可持续发展是经济发展和生态环境保护两者达到和谐的必经之路。

我国人口多、土地资源不足，合理使用土地、节约用地是我国的基本国策，也是我国长远利益所在。城市规划对每项城市用地都必须精打细算，在服从城市功能、合理、经济的前提下，各项用地尽量选定荒地、劣地，少占或不占耕地。

2. 历史环境与未来环境相协调的原则

在促进新技术在城市发展中的应用时，要特别注意与保护城市文化遗产相协调。要保护文化遗产和传统生活方式，要开放革命纪念建筑进行革命传统教育。总之，保持城市发展过程的历史延续性，这是城市规划师的历史责任。让城市成为历史、现在和未来的和谐载体，是城市规划师努力追求的目标之一。

工业社会向信息社会的转变将成为21世纪最显著的变革。今后随着信息技术和网络技术的发展，对全球的城市网络体系、城市空间结构、城市生活方式、城市经济模式和城市景观会带来深刻的影响。从长远观点看，经济发展与环境保护、社会进步与社会价值的平衡，将不断成为城市规划的社会责任。

城市规划师要掌握工作方法的精髓，那就是城市规划必须从实际出发，重视当地客观条件和历史传统，针对不同的规划设计对象提出切实可行的规划方案，避免盲目抄袭。

3. 城市环境中各社会集团之间社会生活和谐的原则

城市是时代文明的集中体现。城市规划不仅要考虑城市设施的逐步现代化，同时要满足城市居民日益增长的文化生活的需求，要为建设高度精神文明创造条件。坚持为全体居民服务，坚持以人为本，不分种族、性别、年龄、职业以及收入状况，不分文化背景和社会集团，共同创造健康、和谐的城市社会生活，并且为弱势群体提供优先权，坚决避免城市范围内社会空间的强烈分割和对抗，这是城市规划师的根本立场。

城市中的人口老龄化问题，城市中不同文化背景、不同阶层的居民在城市空间上的分布问题，城市中残疾人和社会弱者的照顾问题等，都应成为城市规划中的重要课题，在城市设计中都要给予充分的重视。

二、城市规划的工作内容和特点

（一）城市规划的工作内容

城市规划工作内容是依据城市的经济社会发展目标和环境保护的要求，根据区域规划等层次的空间规划要求，在充分研究城市的自然、经济、社会和技术发展条件的基础上，制定城市发展战略，预测城市发展规模，选择城市用地布局和发展方向，按照工程技术和环境要求，综合安排城市各项工程措施。其具体有以下几个方面：

（1）收集和调查基础资料，研究满足城市经济社会发展目标的条件和措施，不同阶段收集的基础资料应有所侧重，这些基础资料主要有：城市地质和水文地质勘察资料，城市测量资料，气象资料，水文资料，城市历史资料，经济与社会发展资料，城市人口资料，城市自然资源资料，城市土地利用资料，工矿企事业单位现状及规划资料，交通运输资料，各类仓储资料，建筑的现状资料，工程设施资料，城市园林、绿地、风景区、文物古迹、优秀近代历史遗迹资料，城市人防及地下建筑资料，城市环境资料和城市行政、经济、社会、科技、文教、卫生、商业、金融、涉外等机构以及人民团体现状等资料。

（2）研究确定城市发展战略，预测发展规模，拟定城市分期建设的技术经济指标。

（3）确定城市功能的空间布局，合理选择城市各项用地，考虑城市空间的长远发展方向。

（4）提出市域城镇体系规划，确定区域性基础设施的规划原则。

（5）拟定新区开发和原有市区利用、改造的原则、步骤和方法。

（6）确定城市各项市政设施和工程措施的原则和技术方案。

（7）拟定城市建设艺术布局的原则和要求。

（8）根据城市基本建设的计划，安排城市近期各重要的建设项目，为各单项工程设计提供依据。

（9）根据建设的需要和可能，提出实施规划的措施和步骤。

由于每个城市的自然条件、现状条件、发展战略、规模和建设速度各不相同，规划工作的内容应随具体情况而变化。对新建城市第一期的建设任务较大，表现在满足工业建设的同时，增加了大量城市基础设施和生活服务设施的建设。而对于现有城市，在规划时要充分利用城市原有基础，依托老区，发展新区，有计划地改造老区，使新、老城区协调发展。

性质不同的城市，其规划的内容都有各自的特点和重点。如在工业为主的城市规划中，重点规划原材料、劳动力的来源，研究能源、交通运输、水文地质和工程地质的情况，还要分析研究工业布局对城市环境的影响以及生产与生活之间的矛盾等。而在风景旅游城市中，风景区和风景点的布局、城市的景观规划、风景资源的保护与开发、生态环境的保护、旅游设施的布置及旅游路线的组织等都是规划工作要特别予以注意的。对历史文化名城更要充分考虑有价值的建筑、街区的保护和地方特色的体现。最后，社会因素也是在城市规划中应当考虑的重要问题，少数民族地区的城市要充分考虑并体现少数民族的风俗习惯。就业岗位的安排、老年人问题的解决以及城市中不同职业、不同收入水平、不同文化背景的社会团体之间的协调等社会发展条件也应在城市规划中予以重视。

（二）城市规划的特点

综上所述，城市问题十分复杂。它涉及政治、经济、社会、技术与艺术以及人民生活等广泛领域，是一个庞大的系统工程。为此，城市规划工作要掌握以下五个方面，才能把工作做好。

1. 城市规划是综合性的工作

城市的社会、经济、环境和技术发展等各项要素，既互为依据，又相互制约，城市规划需要对城市的各项要素进行统筹安排，使之各得其所、协调发展。综合性是城市规划工作的重要特点，它涉及许多方面：如当考虑城市的建设条件时，涉及期限、水文、工程地质和水文地质等范畴的问题；当考虑城市发展战略和发展规模时，又涉及大量社会经济和各种专业技术的工作；当具体布置各项建设项目、研究各种建设方案时，又涉及大量工程技术方面的工作；至于城市空间组合、建筑的布局形式、城市风貌、广场、园林绿化的安排等，还要从建筑艺术角度来处理。因此，城市规划部门和专业设计部门有密切的联系，要有全面的观点，还要具有综合工作的能力和在工作中主动和有关单位协作配合的素质。

2. 城市规划是法治性、政策性很强的工作，是需要各级领导严格审批的工作

城市规划既是城市各种建设的战略部署，又是组织合理生产、生活环境的手段，涉及国家的经济、社会、环境和文化等众多部门。特别是在城市总体规划中，一些重大问题都必须以有关法律和方针政策为依据，如城市的发展战略和发展规模、居住面积的规划指标、各项建设的用地指标等。因此，城市规划工作者必须加强法制观念，努力学习各项法律法规和政策管理知识，在工作中还要严格执行层层审批制度。

3. 城市规划工作具有地方性特点

城市规划要根据地方特点，因地制宜地编制。规划的实施也要依靠城市地方政府和广大城市居民的共同努力。因此，在工作过程中，既要遵循城市规划的科学规律，又要符合当地条件，尊重当地人民的意愿，与当地有关部门密切配合，使规划工作成为市民参与规划制定的过程和动员全民实施规划的过程，使城市规划真正成为城市政府实施宏观调控，保障社会经济协调发展，保护地方环境和人民利益的有力武器。

4. 城市规划是长期性和经常性的动态工作

城市规划既要解决当前建设问题，又要预计今后一定时期的发展和充分估计长远的发展要求。它既要有现实性，又要有预见性。在迅速发展过程中会不断产生新情况、新问题，适时地加以调整和补充是必要的。所以，人们把城市规划工作说成是城市发展的动态规划，但一定时期、一定阶段的规划一经批准，必须保持相对的稳定和严肃性，只有通过法定程序才能对其进行调整和修改，任何人或社会利益集团都不能随意使之变更。

5. 城市规划具有实践性

城市规划的实践性，首先在于它的基本目的是为城市建设服务，规划方案要充分反映建设实践中的问题和要求，有很强的现实性。其次按城市规划进行建设是实现规划的唯一途径，规划管理在城市规划工作中占有重要地位。规划实践的难度不仅在于要对各项建设在时空方面作出符合规划的安排，而且还要积极协调各项建设的要求和矛盾，组织协同建设。因此，要求规划工作者还要有较好的心理素质和社会实践经验。城市建设实践是检验规划是否符合客观要求的唯一标准。

（三）以科学发展观指导城市规划

在城市规划工作中要坚持科学发展观，简言之就是全面、协调、可持续发展。城市规划中实施科学发展观要求做到“五个统筹”，即“统筹城乡发展、统筹区域发展、统筹经济社会发展、统筹人与自然和谐发展、统筹国内发展和对外开放”。科学发展观的根本，它的本质和核心是以人为本。不是为发展而发展，

而是为了人，就是为人民服务，坚持首先满足大多数人不断提高的物质和文化生活的需要。

城市是国家和区域发展的中心。在未来20年的关键发展时期，我国城市能否得到科学合理的发展，关系全局。而城市规划能否科学合理地制定与实施，又关系到城市发展的全局和长远。因此，在城市领导层，在城市规划领域，能否真正牢固树立和认真落实科学发展观，就成为我们面临的头等大事。

以科学发展观指导城市规划，规划的科学性主要集中在以下两个方面：

1. 科学发展观要求经济和社会协调发展

过去城市规划在这方面遇到的矛盾最多。比如，2003年非典的爆发就暴露了国家发展中重经济轻社会的问题。城市作为人类居住的集中地，它的环境主要看社会发展水平，必须加强居民环境的建设，在大力加强教育、科技、文化、卫生和体育等事业建设的同时，还要着眼于城市社会发展的公正、公平与和谐的建设。市场机制不能自发地解决社会发展问题，国家和城市政府要经过城市规划负起调控责任。

2. 科学发展观要求城乡协调发展

长时期以来，城市规划可以说是重城市轻乡村。2004年我国政府就明确指出："城市发展要和农村发展相协调，充分发挥城市对农村的带动作用。随着现代化进程的推进，城市必然还要进一步发展，但要防止规模过大，标准过高的倾向，注意以城市繁荣带动农村发展。"这一指示，具有强烈的现实性和迫切性，是我们按照科学发展观进行城市规划工作的行为准则。几年来，我国工业反哺农业，城市带动农村工作，得到了很大发展。2006年，党中央根据科学发展观的要求，提出了建设社会主义新农村的发展目标。

20世纪80至90年代，靠国家建设征用土地安置"农转非"就业的农民大概只有15%，约85%的农民是通过自主创业闯出人口转移的路子。我国在今后城镇化过程中，还要有大量的农村人口持续转移，必须研究新的产业组织形式，尤其是城乡联动的农业生产组织形式和农业产业化发展，今后我们要在建设社会主义新农村的基础上，拓展农村向城镇化发展的道路。

最后，在城乡统筹发展中，要高度关注土地征用的制度改革，防止个别上市公司采用多种形式收购农村集体财产（包括集体土地）。

三、城市（城乡）规划管理

（一）《中华人民共和国城乡规划法》的实施是新时期城乡统筹规划与管理的需要

1989年12月26日我国颁布了《中华人民共和国城市规划法》。该法实施以来，对于引导我国城镇的合理发展、健全城市规划的编制和完善相应的管理制度，发挥了重要的作用。随着我国经济建设和城镇化的快速发展，城市人口的增加、城市空间的扩大，农村居民数量和集体建设用地规模的缩小，城与乡在人口、劳动力转移方面的关联性，决定了必须从城乡统筹角度处理两者关系。因此，单纯的城市规划不能很好地引导我国各级城镇特别是乡村的协调发展。为引导我国城乡合理和可持续发展，2007 年 10 月 28 日，全国人大常委会通过了我国第一部覆盖整个城乡范围的《中华人民共和国城乡规划法》（以下简称《城乡规划法》）。本法所称的**城乡规划**，包括城镇体系规划、城市规划、镇规划、乡规划和村庄规划。城市规划、镇规划分为总体规划和详细规划。详细规划分为控制性详细规划和修建性详细规划。

《城乡规划法》的诞生，标志着我国城乡规划建设进入了城乡一体、统筹和谐发展的新阶段。该法于 2008 年 1 月 1 日正式实施。

（二）制定和实施城乡规划的基本原则

《城乡规划法》将包括城镇体系规划、城市规划、镇规划、乡规划和村庄规划在内的全部城乡规划纳入一个法律范畴管理，并指出立法的宗旨是“加强城乡规划管理，协调城乡空间布局，改善人居环境，促进城乡经济社会全面协调可持续发展”。从《中华人民共和国城市规划法》到《城乡规划法》，历时 17 年，虽一字之差，却标志着我国正在打破原有的城乡分割的规划模式，进入到城乡总体规划的新时代，这是城市化和市场经济的发展要求。要求从关注城市问题到关注城乡问题，实现城市与乡村功能互补，城市文明和社会经济进步成果的共享。为达到这一目标，需编制统一的城乡规划，统筹资源配置、产业布局、用地规划并构建基础设施网络体系等，帮助传统的乡村空间实现经济发达、社会发展、生态优化、景观美化和整体人居环境的可持续发展，并最终实现城乡发展水平的均衡化。制定和实施城乡规划的基本原则是：

1. 城乡统筹的原则

《城乡规划法》明确了省域城镇体系规划、城市总体规划、镇总体规划、乡规划和村庄规划的内容，要求制定和实施规划时，将城市、镇、乡和村庄的发展统筹考虑，促进城乡居民享受基本公共服务的均衡化，建立城乡、区域协调互动发展的机制。

2. 合理布局的原则

合理布局是制定和实施城乡规划的重要内容。《城乡规划法》明确了省域城镇体系规划要有城镇空间布局和规模控制的内容。城市和镇的总体规划要有城市、镇的发展布局、功能分区和用地布局的内容。编制城乡规划，要从现实空间资源的优化配置、维护空间资源利用的公平性、促进能源资源的节约和利用、保障城市运行安全和高效等方面，综合研究城镇布局问题，促进大中小城市和小城镇协调发展，促进城市、镇、乡和村庄的有序健康发展。

3. 节约土地的原则

《城乡规划法》明确规定必须保护耕地等自然资源。在规划区内进行建设活动，必须遵守土地管理、自然资源和环境保护等法律、法规的规定。我国人多地少，保证国家粮食安全，必须守住 18 亿亩耕地保有量的底线。当前要特别严格控制新增建设用地规模，要注意扭转在开发区、工业用地、行政办公用地脱离城乡规划管理，以地生财、企业多占土地等倾向。还要根据产业结构调整的目标要求，合理调整用地结构，提高土地利用效率，促进产业协调发展。

4. 集约发展的原则

要建设生态文明，基本形成节约能源资源和保护生态环境的产业结构、增长方式和消费模式。编制城乡规划，必须充分认识我国长期面临的资源短缺约束和环境容量压力的基本国情，认真分析城镇发展的资源环境条件，推进城镇发展方式从粗放型向集约型转变，建设资源节约生态环境型城镇，增强可持续发展能力。

5. 先规划后建设的原则

这是根据我国城乡建设快速发展的实际，从保障城镇健康发展的目标出发，确立的一项重要原则。《城乡规划法》有关制定和实施的条款，都体现了这一原则要求。它要求我们在加强城乡规划监督管理的同时，必须进一步加强城乡规划编制工作，不断提高城乡规划的编制水平。

（三）城乡规划的编制、审批与修改的法律程序

1. 城乡规划的编制、审批

为了体现规划的法律严肃性，《城乡规划法》做出了分级审批的规定，即各级政府组织编制的城乡总体规划应报上一级人民政府审批。例如，直辖市的城市总体规划由直辖市人民政府编制报国务院审批；省、自治区人民政府所在地的城市以及国务院确定的城市的总体规划，由省、自治区人民政府城乡规划主管部门组织编制，政府审查同意后，报国务院审批；其他城市的总体规划，由城市人民政府组织编制，报省、自治区人民政府审批。国务院城乡规划主管部门负责全国的城乡规划管理工作。

2. 城乡规划的修改

城乡规划是对区域、城镇和乡村一定时期内经济、社会、环境发展和用地的统一部署，一旦经过依法批准，就将成为城乡建设和规划管理的依据，不能随意改动。由于城镇总体规划的期限通常为 20 年，为保持规划的连续性和稳定性，城乡规划不宜频繁修订和调整，否则会造成城市建设的混乱。

针对当前一些地方政府个别领导不遵守规划擅自修改规划的现象，《城乡规划法》第四章整章篇幅对规划的修改程序做出明确的规定：“未经法定程序不得修改”；若修改必须符合以下五种情况：一是上级人民政府制定的城乡规划发生变更，提出修改规划要求的；二是由于行政区划调整确需修改规划的；三是由于国务院批准重大建设工程确需修改规划的；四是经过规划实施情况评估之后确需修改规划的；五是城乡规划审批机关认为应当修改规划的其他情形。

（四）编制城乡规划突出公众参与

《城乡规划法》第四十六条明确规定：“省域城镇体系规划、城市总体规划、镇总体规划的组织编制机关，应当组织有关部门和专家定期对规划实施情况进行评估，并采取论证会、听证会或者其他方式征求公众意见。组织编制机关应当向本级人民代表大会常务委员会、镇人民代表大会和原审批机关提出评估报告并附具征求意见的情况。”第二十二条明确规定：“乡、镇人民政府组织编制乡规划、村庄规划，报上一级人民政府审批。村庄规划在报送审批前，应当经村民会议或者村民代表会议讨论同意。”第二十六条明确规定：“城乡规划报送审批前，组织编制机关应当依法将城乡规划草案予以公告，并采取论证会、听证会或者其他方式征求专家和公众的意见。公告的时间不得少于三十日。组织编制机关应当充分考虑专家和公众的意见，并在报送审批的材料中附具意见采纳情况及理由。”

（五）突出了对规划管理机构的监督

《城乡规划法》第六章法律责任这一章用了较多的篇幅对执法者的各种违规行为，做出了法律责任的规定。如应当编制而未组织编制城乡规划，或不按规定程序编制的；对符合条件的申请人未在法定期限内核发相关许可证的；修改修建详细规划之前未采用听证会等形式听取利害关系人意见的；依法修订的修建性详细规划等未予公布的；对违法建设行为不查处或对举报不处理的等等，将受到通报批评，对负有直接责任的主管人员和其他直接责任人员依法给予处分。同样，对各级政府和城乡规划主管部门、有关部门的违法行为，如超越职权或者对不符合法定条件的申请人核发选址意见书、建设用地规划许可证、建设工程规划许可证、乡村建设规划许可证的；城乡规划组织编制机关委托不具有相应资质等级的单位编制城乡规划的情况，由上级人民政府责令改正，通报批评；对有关人民政府负责人和其他直接责任人依法给予处分。

从上述规定可知，无论城市和乡村的建设者还是执法者，都应当遵守、维护国家的法律。任何人只要违反城乡规划法律法规，都要被追究法律责任。这又是《城乡规划法》的一个亮点。

（六）在编制城市（城乡）建设各专项规划时实施的管理程序

城市（城乡）规划局是代表市政府管理城市（城乡）规划日常工作的行政主管部门，对单独编制的城市建设各项专业规划，必须经城市（城乡）规划行政主管部门综合协调后，由专业主管部门报城市人民政府审批。日常实施管理的工作主要是依法对城市土地的使用和各项建设的安排控制、引导和监督，使城市健康、有序地发展。

1. 城市建设项目业主方经招投标选定规划设计研究单位后，城市规划行政主管部门要审查、评析中标设计研究单位是否具备相应资质。

2. 核发建设项目选址意见书。选址意见书是城市规划行政主管部门依法核发的有建设项目的选址和布局的法律凭证。

3. 拟定规划设计条件。建设项目选址经法定程序批准后，需向主管部门正式办理申请用地手续，主管部门根据各个不同建设项目对用地的具体要求提出限制性和指导性的设计条件，具体内容有：①明确用地和建筑的性质、具体用地范围和面积；②明确土地使用强度，包括建筑密度、建筑高度、建筑间距、容积率要求；③明确绿地的配置，包括绿地面积、绿地率、人均绿地、隔离绿地、保护古树名木等要求；④明确市政设施配置，包括道路组织、交通出入口、公交站点、停车场数量和布局等要求；⑤明确公共设施配置，包括文化、教育、卫生、体育、休闲、管理、生活服务设施等要求；⑥满足保护古城传统格局和风貌以及历史文化地段，保护重要文物古迹、风景名胜的要求；⑦满足用地和建筑与周围人文和自然环境协调的要求；⑧满足防火、防爆、防洪、防空、防震、防止地质灾害等要求；⑨符合无线电收发讯区、微波走廊、高压输电走廊、军事和国家安全设施的相关技术规定；⑩符合城市对外交通，包括机场、港口、铁路、高速公路及市政工程设施的相关技术规定。

4. 核发建设用地规划许可证。建设用地规划许可证是经城市规划行政主管部门依法确认其建设项目位置和用地范围的法律凭证。

5. 审查和评析建筑工程设计方案。建筑物是城市空间实体数量最大、最重要的组成部分，对城市面貌和总体形象的塑造有重要影响，因此，对设计单位提出的设计方案按提出的各项要求进行全面审查，是保证规划实施的重要步骤。送审设计方案要求有建筑物用地位置图，总平面图，建筑物平面、立面、剖面图，透视图或模型和设计说明书。

审查时要特别注意几个问题：①方案设计单位各级负责人签名是否完全；②方案说明与图件是否统一；③方案的总平面布置是否符合红线规定的范围及建筑物后退红线的要求，是否符合规定的日照间距和消防要求，绿地和室外停车场的布局是否合理；④有关容积率、建筑密度、建设规模、建筑层数、建筑高度、室内外停车场数量、绿地率等技术经济指标是否符合要求；⑤建筑和地下停车场的出、入口布置是否符合合理组织交通的要求；⑥建筑与城市市政工程接口是否符合规划要求；⑦建筑地下各种管线是否与区域规划一致；⑧建筑物的艺术性和周围空间环境是否协调等。

6. 核发建设工程规划许可证。建设工程规划许可证是城市规划行政主管部门依法核发的有关建设工程的法律凭证。建设单位或个人在取得建设工程规划许可证件和其他有关批准文件后，方可申请办理开工手续。

7. 检查施工监理公司的相应资质。施工期间监理的“三控”（质量控制、进度控制、费用控制）、“两管”（合同管理和信息管理）和“一协调”（施工监理的组织协调）是否到位。

8. 建设工程的规划验收。建设工程的规划验收是建设工程批准后管理的重要组成部分，是防止工程项目在建设过程中出现违法行为的重要保证，也是确保建设工程质量的关键。

（七）推动城乡规划管理体制机构的改革

《城乡规划法》实施前，我国已经形成了从国家到省、自治区、直辖市和市、县的城市规划管理机构体系，如图 1–1 所示。

新的城乡规划体系的建立、体现了一级政府、一级规划、一级事权的规划编制要求，严格了城乡规划修改程序，强调了规划编制的法律责任，指出：“任何单位和个人都应当遵守依法批准并公布的城乡规划，服从规划管理。”这些规定都有利于推动今后城乡规划管理体制机构的改革。例如，在原有城市规划管理机构基础

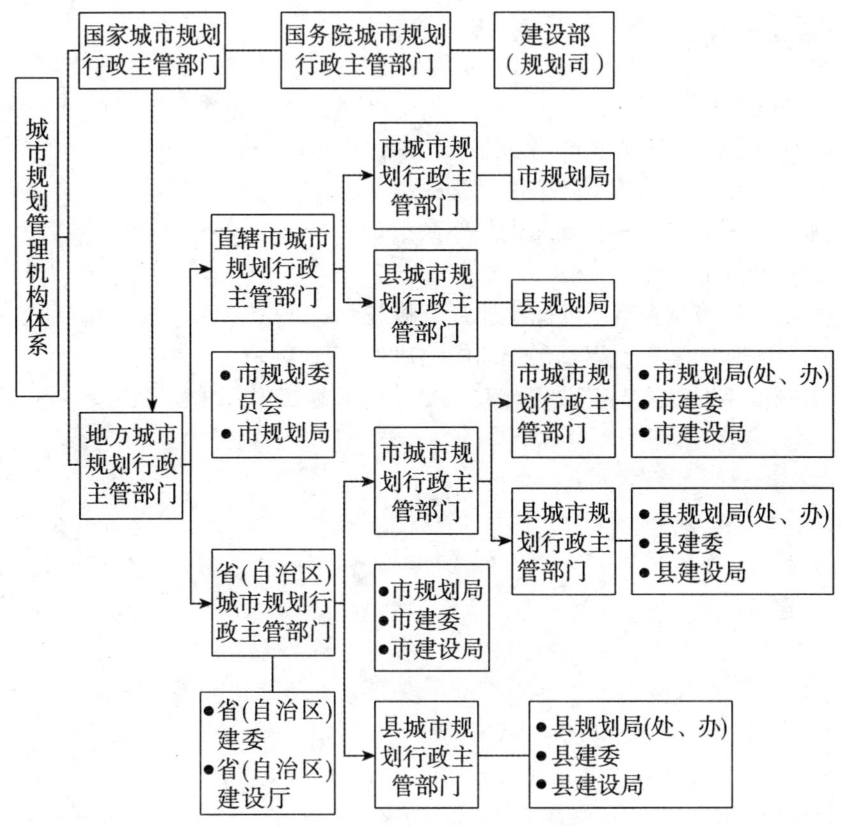

图 1–1　我国城市规划管理机构体系框图

上，根据法律要求，相应完善各级城乡规划行政主管部门的管理制度；积极推动符合法律要求的管理队伍的建设；完善城乡规划工作向人大汇报、向公众公示的具体办法和程序；研究城乡规划编制单位的改革和规划师执业制度。

第四节　小结

本章主要介绍了城市的产生与发展，城市与城市化的概念，城市性质与类型以及确定城市性质的依据和方法，同时还介绍了城市规划的任务和工作内容。重点介绍了城市（乡）规划管理和实施城乡规划的基本原则，城乡规划的编制、审批与修改的法律程序，以及编制城市（城乡）建设各专项规划时实施的管理程序。

□ 关键概念

城市化　城市性质　城市规划　城乡规划

□ 复习思考题

1. 什么是城市化水平?
2. 中国城市化的方向及战略重点是什么?
3. 确定城市性质的依据和方法有哪些?
4. 城市规划的任务和指导原则是什么?
5. 城市规划的工作内容有哪些?
6. 制定和实施城乡规划的基本原则有哪些?
7. 城乡规划的编制、审批与修改的法律程序有哪些?
8. 编制城市（城乡）建设各专项规划时应实施哪些管理程序?

第二章

城市的对外交通

□ **学习目标**

本章主要掌握铁路、站场、港口和机场等对外交通设施的位置选择与用地布局，了解各对外交通设施内部的平面布置内容。

现代化城市的发展，离不开发达的对外交通运输。城市对外交通运输包括铁路、公路、水路（包括海路）、航空和管道等多种方式。它对工农业生产和人民生活，对城市布局、发展和土地的合理使用有很大影响，是城市的重要组成部分。

城市对外交通运输的各种方式都有其各自的特点。铁路运输的特点是比较安全、运输量大、运价相对较低、有较高的行车速度、连续性强、一般不受季节和气候的影响，适用于中、长途运输，但占地较多、投资较大；水路运输成本最低、运量也大、投资少、对城市干扰少，但速度慢，受河流洪、枯水季节影响较大；公路运输速度也比较快、投资相对较少且容易修建，也可保证不间断运输，并能深入城乡各处及工矿企业装卸点，但运输量较小，适用于中、短途运输；航空运输的速度最快，但运输成本最高，一般适用于急需的少量设备、器材等；管道运输连续性强、干扰少，但只适用于少数液、气态物质。

所有运输方式以水路运输运费最少。表2–1显示了我国改革开放初期各种运输方式运输成本比较的结果。

一个城市究竟选择怎样的对外交通方式，取决于该城市的地理条件、城市发展的需要，省、地区甚至国家对城市提出的任务，通过各部门深入研究设计方案，优选后由各有关领导批准实施。表2–2给出了我国改革开放初期185个城市对外交通各种方式的情况。

表 2-1　　我国改革开放初期各种运输方式运输成本比较表　　单位：元/（10^4 t·km）

运输方式		运输成本
铁路		77.93
公路		1 570.50
水运	内河	87.70
	海运	49.40
航空		8 100.00

表 2-2　　我国改革开放初期 185 个城市对外交通各种方式情况一览表　　单位：个

城市规模（万人）	城市数量	有铁路的城市（以方向计）				水运		无铁路的城市	有水运、无铁路的城市	有公路无铁路、无水运的城市
		一条	二条	三条	四条	有水运的城市	无水运的城市			
>100	13		1	4	8	7	6			
50～100	25	3	2	13	7	6	19			
20～50	52	10	19	14	7	25	27	2	2	
<20	95	17	33	13	3	40	55	29	22	7
合计	185	30	55	44	25	78	107	31	24	7

第一节　铁路运输

铁路是城市对外交通的主要工具。城市的生产、生活都需要铁路运输，但由于铁路运输技术设备深入城市，又给城市带来了干扰。如何使铁路既方便城市，又能够合理地布置铁路车站线路设备，充分发挥运输效能，互不干扰，这是城市规划中一项复杂的工作（如图 2-1 所示）。

铁路建筑和技术设备与城市布置关系最密切的首先是各种站、场有机配合的布局。其一般原则是：直接与城市生产和生活有密切关系的客、货运设备，如客运车站、综合性货运站及货场等，应按照它们的性质布置在城市市区范围内或接近市中心；或设在市区外围而有市内交通干道连接的地区。为工业区和仓库区服务的工业站和地区站（港湾站），则应设在有关地区附近，尽可能靠近城市外围。有关铁路枢纽中与城市生产和生活没直接关系的铁路技术设备，如编组站、客车整备场、迂回线等，尽可能布置在离城市有相当距离的地方。

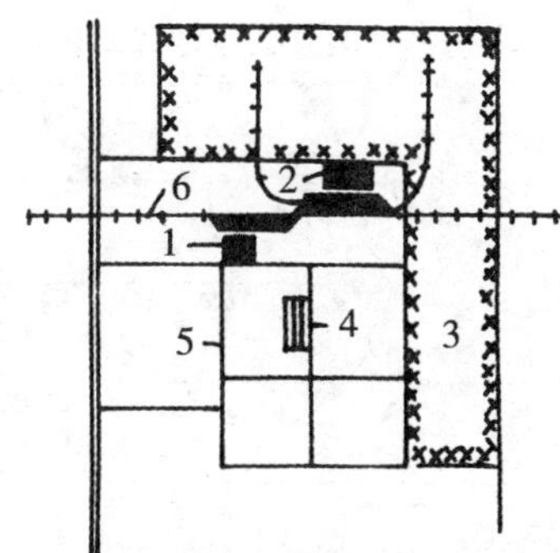

1—客站；2—货场；3—工业区；4—市中心；5—城市交通干道；6—铁路

图 2-1　铁路及中间站布置示意图

一、铁路站场位置选择

（一）中间站的位置选择

中间站在铁路网中分布普遍，在小城镇中它是客货合一的车站。为避免铁路切割城市，最好使铁路从城市边缘通过。图 2-1 为客站与货场布置在铁路两侧的示例。中间站的作用主要是办理列车的接发、通过和会让，客货运输业务，零挂列车的调车业务；个别的还有列车给水和折返业务。

（二）客运站

客运站的主要作用是：组织旅客安全、迅速、准确、方便地上下车及行包、邮件的装卸、搬运；保证旅客迅速、方便地办理一切旅行手续和候车；负责车辆的技术检查、机车摘挂、客车上水等作业。

1. 客运站的位置

客运站的服务对象是旅客。为方便旅客，位置要适中，靠近市中心。中小城市可以位于市区边缘，大城市则必须在市中心区边缘，如图 2-2（a）和（b）所示。针对我国一些城市客运站的调查，客运站的位置布置离城市中心 1km～3km 是比较方便的。

2. 客运站的数量

我国绝大多数城市只设一个客运站，管理使用都比较方便。大城市或特大城市范围大且旅客多，有设两个或两个以上客运站的。另外，受自然地形（如山、河）影响，城市布局呈狭长带形时，也宜设两个客运站，如南站、北站，或东站、西站等。

3. 客运站与城市道路交通的关系

对旅客来说，客运站仅是对外交通与市内交通的衔接点，而到达旅行的最终目的地还必须由市内交通来完成。因此，客运站必须由城市主要干道连接，便捷地通达市中心以及其他联运点（长途汽车站、码头等）。有地铁的城市，在客运站附近一定要有地铁站。

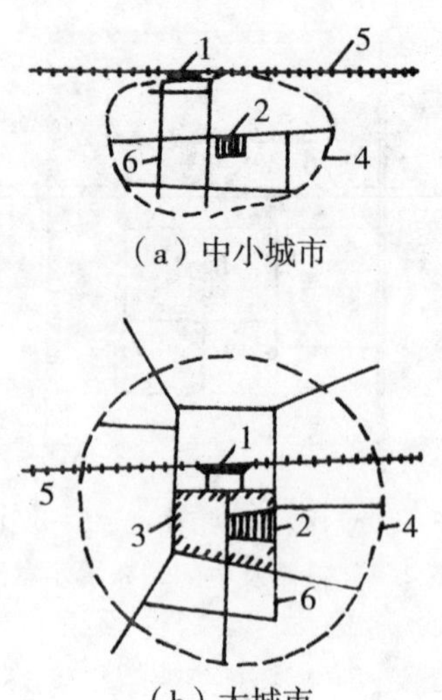

（a）中小城市

（b）大城市

1—客运车站；2—市中心；3—市中心区；4—城市区；5—铁路；6—市内交通干线

图 2–2　铁路客运车站在城市中的位置

4. 设立站前广场

客运站是城市的大门，为给各地旅客美好的印象，一般站前都应设有广场。广场周围要有代表本城市建筑风格的建筑群体。大、中型城市广场一般有 2 000m^2 左右。广场中心宜设有代表本城市特色的醒目艺术标志。

5. 混合式客运站场的布置

郊区列车较多的城市，客运站有时布置成尽头式与通过式结合的混合式客运站形式，如图 2–3 所示。

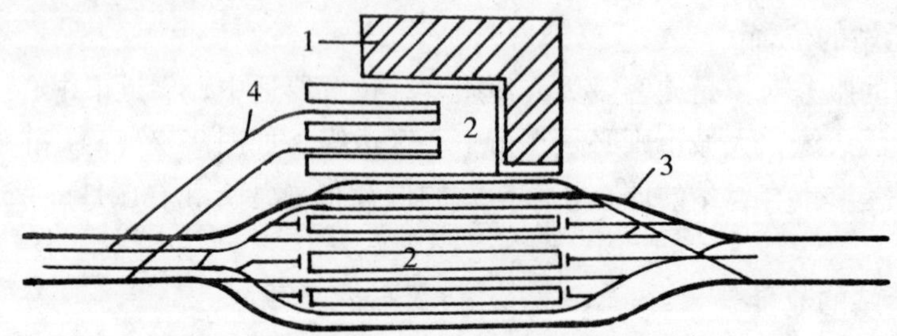

1—候车室；2—站台；3—通过线路；4—郊区尽头线路

图 2–3　混合式客运站场布置图

（三）货运站

货运站专门办理货物的装卸业务。在小城市一般设置一个综合性货运站或货场即可。大城市可设置若干个综合性和专业性货运站。货运站根据货物性质分别设于其服务地区。如以到发为主的综合性货运站（特别是零提货物），应伸入市区接近货源或消费地区，以某种大宗货物为主的专业性货运站，应接近其供应的工业区、仓库区等大宗货物集散点，一般应在市区外围；不为本市需用的中转货物，应设在郊区，接近编组站或水陆联运码头；危险品（易爆、易燃、有毒）及有碍卫生（如牧畜货场）的货运站应设在市郊，并有一定安全隔离地带。

（四）编组站

编组站的作用是将大量货物列车解体，并按编组计划所规定的编组去向组成直达列车、直通列车、区段列车、零摘列车和小运转列车等，同时还承担通过列车的到发和成组甩挂作业。

1. 妥善处理与城市的关系

编组站占地大，由于昼夜不断作业，对环境的污染与干扰也较大，再考虑到今后发展需要，因此一般把它布置在城市郊区。

2. 编组站位置应便利集纳车辆

对担任各铁路线间大量车流改编的路网性编组站，应位于主要铁路干线汇合处；兼负干线与地方运输双重任务的区域性编组站，还要注意靠近城市车流产生的地点，如工业区和仓库区等；主要为地区服务的工业或港湾编组站，则应设在车辆集散的地点附近。图2-4为编组站在城市中位置示意图。

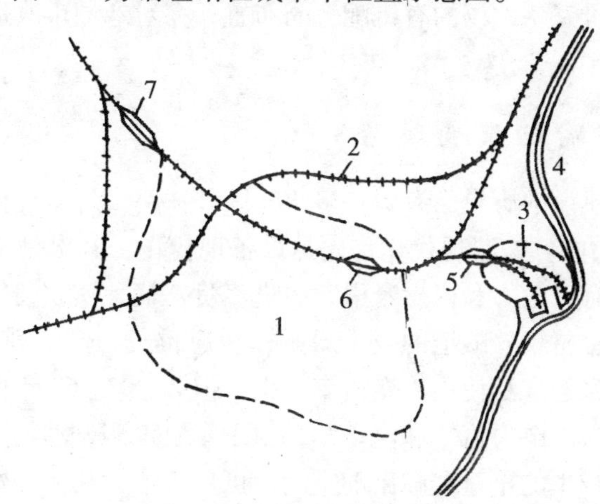

1—市区；2—铁路干线；3—港区；4—海湾；
5、6、7—地区性、区域性和路网性编组站

图2-4　编组站在城市中位置示意图

3. 选择编组站的位置

选择编组站的位置还要结合当地地形、地质和水文等自然条件，尽量节省土石方工程数量并尽量少占农田。设计时要保证建筑物基础稳固，注意排水流畅，防止内涝与洪水的侵害，并预留将来发展的地段。

（五）港口铁路布置

港口铁路布置包括港湾站与港区车场布置等。港湾站主要办理列车到发、编解、选分车组和向港区车场装卸地点取送车辆等作业。它的运输特点是要求在短时间内将大量货物装船或卸船，以加速车船周转。图2-5为港口铁路总体布置示意图。

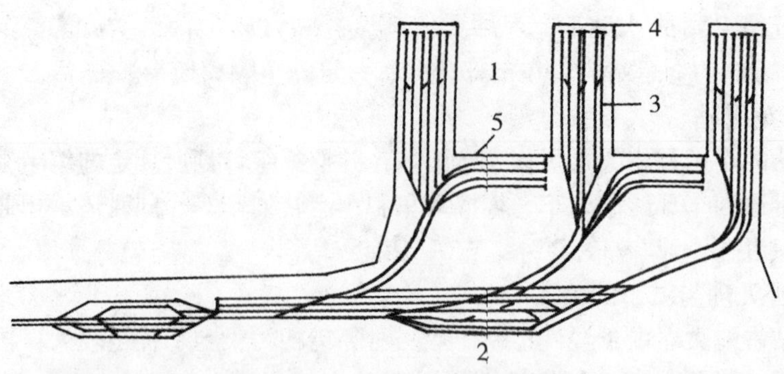

1—港池；2—港湾站；3—港区车场；4—突堤式码头；5—顺岸式码头

图 2-5 港口铁路总体布置示意图

（六）铁路枢纽的布置

随着铁路网以及城市建设的发展，在铁路网的交叉点或铁路网的尽端，有几个协同作业的专业车站与线路组成统一管理调度的整体，叫做铁路枢纽。在制作新城市规划时，要统一研究各站场的有机配合与布置；在对老城市改造时，应注意尽量对原有站场的利用。

二、铁路运输的发展趋势

世界铁路运输建设的历史已有 150 多年。国外铁路大规模现代化技术改造是从 20 世纪 50 年代开始的。铁路现代化首先是设备现代化，其次是相应改革运营管理工作。其主要内容有：电力和内燃牵引，改进客货车辆，实现通信和信号系统自动化，提高铁路线路、桥梁、隧道的技术水平以适应重载、高速列车发展的需要等。我国和世界发达国家已广泛使用内燃机车牵引，但 20 世纪 60 年代以来，电力牵引又成为现代化的重点。电力机车和电动车，由于车上没有发动机，而是从接触电网获得电能，由此而减少的重量和腾出的空间，可用于增大功率和牵引力。电动机车启动、加速性能好，运载能力大，有利于爬坡，不受环境影响，在货运 t · km 能量消耗方面，它仅为内燃牵引机车的 50%；此外，它没有污染源，有利于站场及沿线的环境保护。

世界铁路运输另外的一个发展趋势，即高速客运的建设。运输发展理论认为，交通运输是国民经济活动的重要组成部分，它在给经济带来巨大利益的同时，也对生态环境造成了日益严重的威胁。唯一的出路是实现可持续运输。可持续运输政策所要取得的效果应该包括：保证有合适和安全的运输服务满足社会需求；提高运输系统的效率，降低对各种资源的耗用；减少运输活动对环境的各种污染。进入 20 世纪 70 年代以后，由于能源危机、环境恶化、交通安全等问题的困扰，高速铁路以其技术优势，适应了现代社会经济发展的新需求。高速铁路具有载客量高、输送能力大、速度快、安全性好、正点率高、舒适方便、能源消耗低、环境影响小、经济效益好等优势，获得了优先发展，世界上许多国家和地区纷纷兴建、改建或规划修建高速铁路。目前，全球投入运营的高速铁路近 2.5 万千米，这些线路分布在 17 个国家和地区。高速铁路作为一种安全可靠、快捷舒适、运载量大、低碳环保的运输方式，已经成为世界铁路发展的重要趋势。

近年来，中国在高速铁路领域发展迅速，取得了举世瞩目的成就。2008 年 8 月 1 日，中国第一条具有完全自主知识产权、世界一流水平的高速铁路京津城际铁路通车运营。2009 年 12 月 26 日，世界上一次建成里程最长、工程类型最复杂、时速 350 千米的京港高铁武广段开通运营。2010 年 2 月 6 日，世界首条修建在湿陷性黄土地区，连接中国中部和西部时速 350 千米的郑西高速铁路开通运营。2012 年 12 月 1 日，世界上第一条地处高寒地区的高铁线路——哈大高铁正式通车运营。截至 2012 年年底，中国高速铁路总里程达 9 356 千米。2013 年，随着宁杭、杭甬、盘营高铁以及向莆铁路的相继开通，中国高铁总里程达到 10 463 千米，“四纵”干线基本成型。

中国铁路坚持原始创新、集成创新和引进消化吸收再创新相结合，系统掌握了时速 250 千米和时速 350 千米及以上速度等级的高速铁路成套技术，构建了具有自主知识产权和世界先进水平的高速铁路技术体系。

第二节　港口在城市中的布置

对于沿海、沿河城市而言，港口是其一个重要组成部分，在城市总体规划中需要全面综合考虑。要合理地布置港口及其各种辅助设施在城市中的位置，妥善解决港口与城市其他组成部分的联系。

一、海港的组成及平面布置

图 2-6 为某沿海城市海港组成与布置图。它由水域与陆域组成。水域是供船舶航行、转运、锚泊和船舶装卸用的水面；水域分港外、港内两部分。港外包括进港航道和港外锚地；港内包括港内航道、转头水域、港内锚地和码头前水域或港池。

（一）海港水域要求

1. 设计低水位及水深

受潮汐影响的海港，其设计低水位一般采用低潮累积频率 90% 的水位，或多年历时累积频率 98% 的潮位。港口设计水深 H（如图 2-11 所示）为：

$$H=T+h \tag{2-1}$$

式中：T——设计船舶满载时最大吃水深，m；

h——总的富余水深，m。

不同吨位船舶满载吃水深见表 2-3。

2. 进港航道

大型船舶航道宽度一般为 80m ~ 300m，小型船舶航道宽度一般为 50m ~ 60m。港外航道要求宽些，港内航道可以窄些。

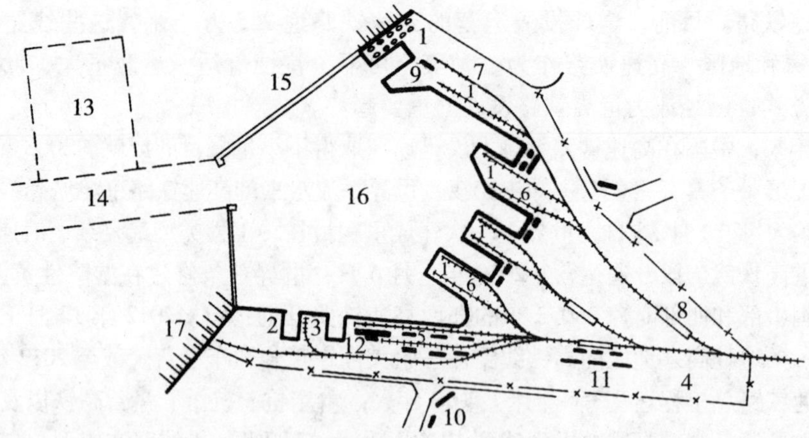

1—码头；2—工作船码头及航修站；3—维修基地；4—港界；5—港口仓库；6—露天货场；7—铁路装卸线；8—铁路分区调车场；9—作业区办公室；10—港口管理局；11—储存仓库；12—客运站；13—港外锚地；14—进港航道；15—防波堤；16—港内航道；17—护堤

图 2-6 海港组成与布置图

表 2-3 不同吨位船舶满载吃水深

设计船舶吨位（10^4t）	1	2	4	5	10	15	20	25	30	50
满载吃水深（m）	10	11	13	15	16	18	20	22	25	30

3. 锚地

每个水上泊位所需的面积，由船舶大小及船舶系泊方式决定。如 150m 长、18m 宽的船舶，单锚系泊所需水域面积约为 20 万 m^2。

4. 港内航行水域

港口口门至码头（泊位）的水域距离，一般采用最大船舶长度的 3 倍 ~ 3.5 倍。

5. 港内转头水域

船只凭借拖轮或本身的车、舵、锚等设备进行转头时，其内接圆直径可采用最大船只长度的 2.5 倍。船只在港内自航转头时，其内接圆直径可采用最大船只长度的 3.5 倍。

6. 码头前港池

顺岸式码头（如图 2-7（a）所示）前港池宽度，当船只需要在码头前调头靠岸时，港池前沿有效水域宽度可采用 1.5 倍 ~2 倍的船只长度。突堤式码头（如图 2-7（b）所示）或凹入式码头间港池宽度，当考虑船只在内转头时可采用船只长度的 1.5 倍 ~2 倍。当不考虑船只在内转头时，其宽度不应小于船只宽度的 4 倍。港内两侧为双泊位时，其宽度不应小于船只宽度的 6 倍。港内两侧为多泊位时，其宽度不应小于船只宽度的 8 倍。

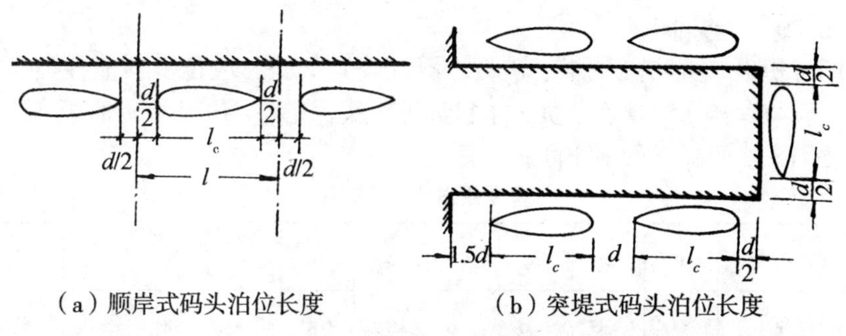

（a）顺岸式码头泊位长度　　（b）突堤式码头泊位长度

图 2-7　泊位长度示意图

（二）海港陆域要求

海港陆域是供旅客上下船、装卸货物、堆存货物和转运用的陆地。

陆域由码头前沿作业区、库场区和辅助生产设备区等三部分组成。由港口库场至码头前沿称为码头前沿作业区，包括码头及通往港外的道路、铁路、装卸及运输机械等。库场区供货物在装船前或卸船后短期存放用，设置仓库、堆场、铁路线和道路等。当港口有大量货物需火车运输时，可设置港口车站和调车场。为辅助生产工作，完成水陆联运，设有各种辅助生产设备。

1. 码头泊位数及码头泊位长度

码头的泊位数主要根据货物年吞吐量（即一年间经由水运输出、输入港区并经过装卸作业的货物总量）决定。而一个码头泊位的通过能力（一年间既定的设备条件下，按合理操作过程、先进的装卸工艺和生产组织所允许通过的货运量）又与货种、装卸工艺与合理调度有关。一般可用下式计算：

$$n=\frac{Q_m}{P} \tag{2-2}$$

式中：n——码头泊位数；

Q_m——货物最大月吞吐量，t；

P——一个码头泊位的月通过能力，t。

图 2-7（a）和（b）为顺岸式码头与突堤式码头泊位长度示意图。其单个泊位的长度为：

$$l=l_c+d \tag{2-3}$$

式中：l_c——设计最大船舶总长度，m；

d——沿码头线相邻两船间距，m，一般采用 $0.1l_c \sim 0.15l_c$。

所谓**顺岸式码头**即码头沿海岸平行布置，形式简单，船舶靠岸方便，一般用于河口港及具有狭长的海岸港。**突堤式码头**又称直码头，码头自岸边伸入水中。这种码头占用岸线较少，使港口布置紧凑，多在海港中采用。突堤式码头宽度以满足布置各种设备需要为宜，码头长度应满足铁路布置的要求。还有一种挖入式港池可以在很短的岸线范围内获得较长的码头线，不受风浪影响。但这种港池工程量大，造价高，没有较好的地形和地质条件，不宜选用。

2. 各类码头的间距

装卸有粉尘的货物（如煤、矿石、石灰等）码头，应位于其他各类码头常风向下方，应与食盐、粮食、杂货、木材加工码头保持不小于100m 的距离。表2–4为各专业码头之间要求的最小间距。

表2–4 各专业码头最小间距 单位：m

编号	货物名称	1	2	3	4	5	6	7	8	9	10	11
1	件货	0	0	0	0	100	100	100	200	0	50	0
2	五金机器	0	0	0	0	0	100	0	0	0	50	0
3	木材	0	0	0	0	0	100	0	0	0	100	0
4	砂石、矿渣	0	0	0	0	0	0	0	0	50	50	100
5	水泥	100	0	0	0	0	0	0	0	100	100	200
6	生石灰	100	100	100	0	0	0	0	50	100	100	100
7	矿石	100	0	0	0	0	0	0	0	50	50	100
8	煤	200	0	0	0	0	50	0	0	150	100	200
9	散装粮食	0	0	0	50	100	100	50	150	0	50	50
10	棉花	50	50	100	50	100	100	50	100	50	0	100
11	客运	0	0	0	100	200	100	100	200	50	100	0

3. 码头前沿作业区宽度

码头前沿作业区宽度与码头形式、装卸工艺流程、道路宽度、铁路股道数以及仓库布置有关。

仓库的容量和面积是库场布置、设计的基本依据，关系到库场能否有效地发挥其功能。要求前方库场的容量与泊位的通过能力相适应，保证装卸作业连续不断地进行。

前方仓库（货场）通常与码头泊位相对布置。仓库长度 $L=(l_c+d)-a$，式中 a 为仓库间距（考虑道路布置与安全距离），如图2–8 所示。

4. 库场区

库场区面积大小应根据货物种类、货物多少、储存期限、运输条件等决定。

库场容量可按下式计算：

$$E=\frac{QK_r}{30}t_d \tag{2-4}$$

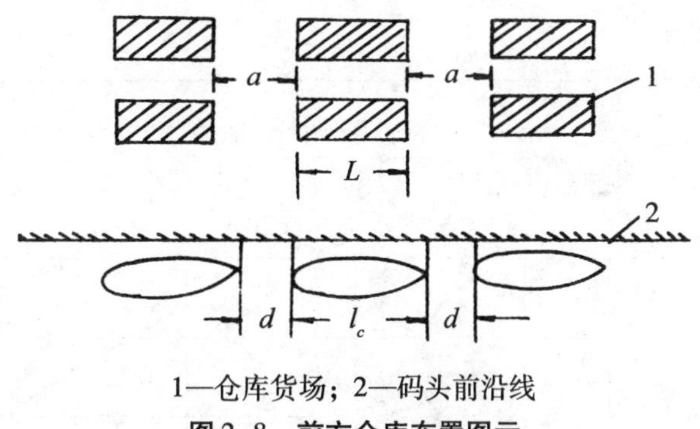

1—仓库货场；2—码头前沿线

图 2-8　前方仓库布置图示

式中：E——库场容量，t；

Q——月最大货物吞吐量，t；

K_r——设计最大入库百分比，一般在 80% ~95%；

t_d——货物在库场内平均存放天数。

库场面积可按下式计算：

$$A=\frac{E}{qk} \tag{2-5}$$

式中：A——库场总面积，m^2；

E——所需库场容量，t；

q——单位堆货面积上的货物存放量，t/m^2；

k——库场总面积利用系数，为有效面积与总面积之比。

（三）大连海港各作业区分布举例

图 2-9 为大连海港平面布置及各作业区分布图。图中还绘有鲇鱼湾原油码头及大窑湾新建港区。

图 2-9 中大港区是城市客运码头、新建的国际旅游码头以及件杂货装卸作业区，与城市联系方便；黑嘴子作业区水域较浅，主要是沿海小船靠泊；香炉礁作业区主要装卸木材、生铁，供应邻近的木材加工和机械加工工业；北部的甘井子作业区处于城市主导风向的下风侧，主要是配合化工厂、热电厂、石油化工厂等需要而建的煤炭、石油码头。此外，已经投产使用的大连新港——鲇鱼湾原油码头以及计划在城东北部辟建的渔港都远离市区，和城市既有联系又互不干扰。大窑湾新港区与城市有高速公路及铁路联结，交通方便，对大连乃至东北地区经济发展起着重大作用。

（四）大连港老港区改造已纳入大连港总体规划

图 2-9 大连海港平面图是大连湾西岸的港区，它是大连港及大连市“以港兴市”的主要发源地，先后建设的大量港口及厂矿企业码头、船坞等设施，是改革开放 30 多年来大连港运输生产的主要依托。为把大连港建成层次清晰、功能完善、核心竞争力强劲的现代化国际大港，在新的《大连港总体规划》中，第一次把老港区城市化改造纳入了大连港总体规划，对老港区改造所涉及的港口功能调整、港

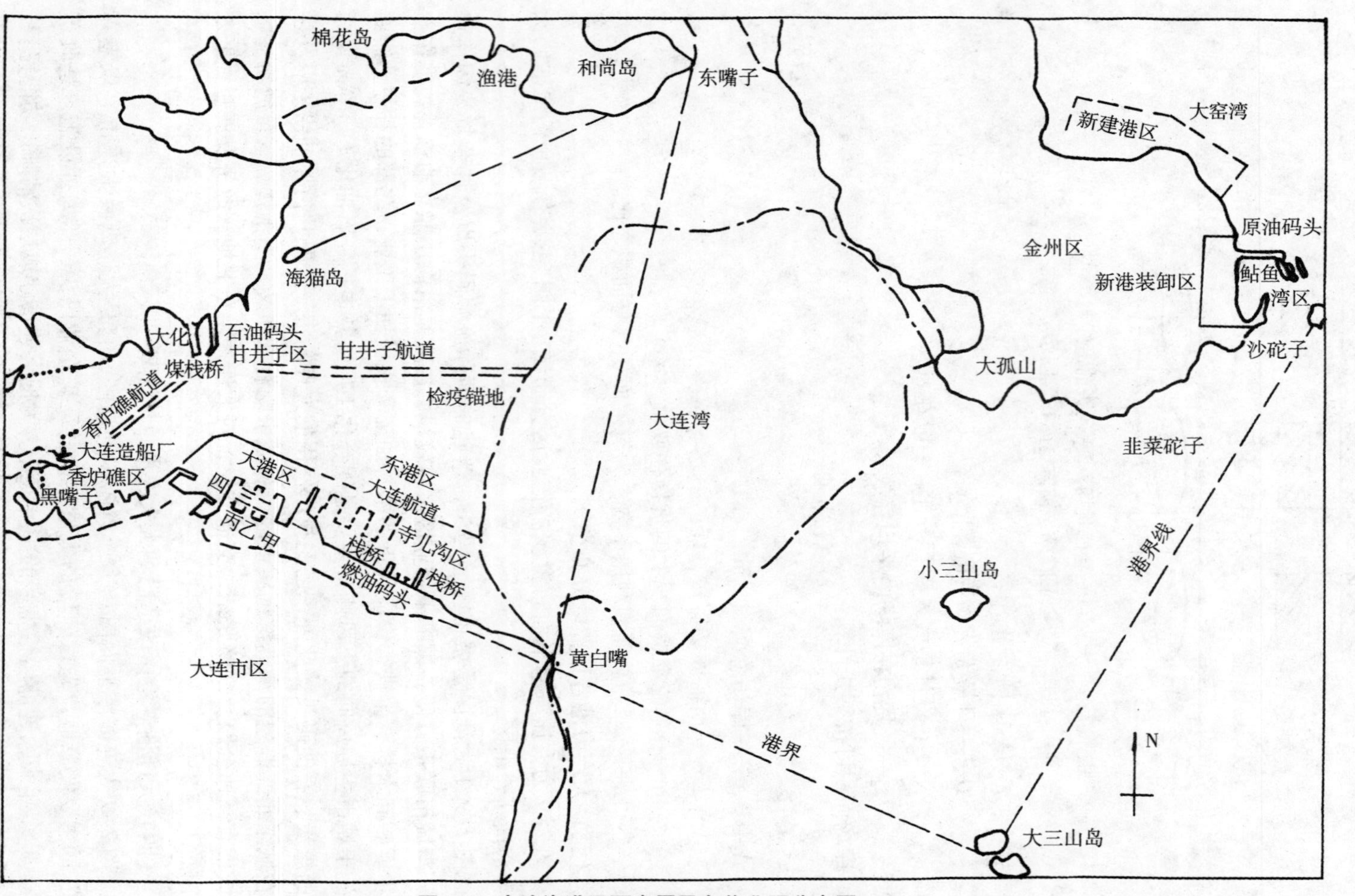

图2–9 大连海港平面布置及各作业区分布图

航商贸服务区的建设等问题进行较为完整的阐述，特别是明确了集装箱、油品、散矿石、粮食等专业化货种的功能布局等，为老港区改造提供了参考。

（五）大连港总体规划核心内容

2008 年 8 月，国家批复了《大连港总体规划》，确定了大窑湾核心港区和长兴岛临港工业区两大发展重点。《大连港总体规划》的港口目标是：大连港吞吐量 2010 年、2020 年分别达到 2. 5 亿吨和 3. 93 亿吨，其中集装箱吞吐量分别达到 800 万 TEU 和 1 700 万 TEU。

1. 总体规划

规划大连港，将以“一岛三湾”（大孤山半岛、大窑湾、鲇鱼湾、大连湾）（参见图 2–9 位置）综合运输港区和长兴岛临港工业港区为核心，相应发展大连湾西岸和普兰店湾诸港区、旅顺新港港区及庄河港等中小港站，形成重点突出、层次清晰的总体发展格局。构建集装箱、石油、铁矿石、粮食、商品汽车、陆岛滚装和旅客运输等七大专业化中转运输系统，建设以石化、装备制造、船舶制造、电子信息产业为主的四大临港和临海产业基地，构筑综合物流、国际邮轮、航运商务三大服务中心。依托“两大核心港区、七大运输系统、四大产业基地、三大服务中心”，形成功能完善的现代化港口服务体系。

2. “一岛三湾”核心港区

“一岛三湾”核心港区包括大孤山半岛周边的大窑湾港区、鲇鱼湾港区、大孤山南港区、大孤山西港区、和尚岛港区等。核心港区通过各港区的功能分工和有机结合，集中发展港口中转综合运输及相关的物流、保税、信息等现代化的港口服务功能，构筑大连港综合运输体系的核心，为整个东北地区各类物资转运和对外贸易服务，使之成为现代化大连港的重要标志，成为建设东北亚重要的国际航运中心的主要载体。

“一岛三湾”各港区规划的具体功能是：大窑湾港区——以国家集装箱运输为核心的大型现代化综合性国际深水港区；鲇鱼湾港区——以原油、成品油和各类液体化工产品为主的大型专业化液体杂货港区；大孤山南港区——以装卸外贸进口铁矿石为主的大型专业化港区；大孤山西港区——以散粮运输为主的大型专业化港区；和尚岛港区——以跨海客运货滚装（货运为主）运输及修造船为核心的港区；大连港区——主要为中心城区范围的内资物资交流和海峡客运滚装、国际旅游客运服务；大石化港区——保留港口功能，根据产业发展需要，适当改进和调整。

3. 长兴岛港区

长兴岛和其南邻的西中岛、凤鸣岛一带的葫芦山湾、董家口湾，是辽东半岛尚未开发的优良港口资源，其岸线、土地和交通位势等条件优越，具有发展成为大连港又一个大型深水港区的良好前景。规划长兴岛港区以葫芦山湾公共港区起步，逐步形成大型石化、冶金、造船和装备制造产业的临海工业基地；远景成为大连港公共运输功能进一步扩张和转移的主要承接地和新的港口发展重心，总体港口容量相当于或超过现有的“一岛三湾”核心港区，可以满足 21 世纪大连市港口的发展需要。

二、河港平面布置

河港建筑在天然河道、人工运河、湖泊和水库沿岸。它是内河船舶停靠、装卸货物、旅客来往、编解船队、补给和修理船只的场所，也是水陆联运的枢纽。

河港港口也由水域和陆域组成。水域包括航道、码头前水域或港池、锚地等。陆域包括码头、库场及用来布置各种运输、装卸机械和港口辅助生产设施所占的陆地。

图 2-10 为内河港口组成及平面布置图示。

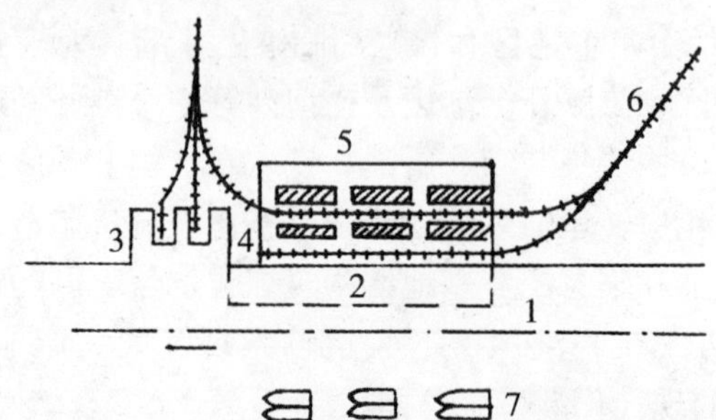

1—航道；2—码头前水域；3—港池；4—码头；5—仓库区；6—铁路；7—锚地

图 2-10　内河港口组成及平面布置图示

（一）河港水域要求

1. 码头前沿高程

码头前沿高程应根据港口吞吐量大小、河流水文特征、地形地势、装卸工艺、货种、铁路与公路的连接条件，特别是防洪水位等因素决定。根据码头等级（一般分一等～三等）和河流水文特性，码头的设计高水位按洪水位频率 10%～1%（即重现期 10 年遇～100 年遇）来选定。

2. 码头设计低水位和水深

港口水域的设计低水位，应与所在航道的设计低水位相适应，一般采用多年历时保证率 90%～98% 的水位。

进港航道和码头前水域的设计深度 H 同样等于船舶吃水深度 T 加上最小富余水深 h（一般为 0.2m～0.5m）。图 2-11 为河港顺岸式重力式码头水位、水深示意图。

3. 航道宽度

单向航行时，航道宽度应不小于设计标准船型（或船队）宽度的 1.5 倍。双向航行时，航道宽度应不小于设计标准船型（或船队）宽度的 2.6 倍。

4. 码头前沿水域及港池

顺岸式码头前沿供船舶停靠和装卸所需的水域，不得占用主航道，其宽度一般为 3 倍～4 倍设计标准船型的宽度。前沿水域一般自船位端部与码头前沿线成 30°～45°交角向外扩张，扩张部分应达到设计水深，如图 2-12 所示。

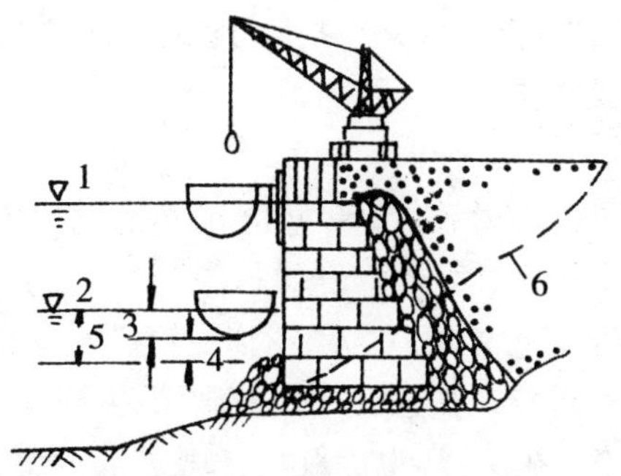

1—设计高水位；2—设计低水位；3—船舶吃水深 T；4—富余水深 h；5—设计水深 H；6—原河道底边线

图 2-11　河港顺岸式重力式码头水位、水深示意图

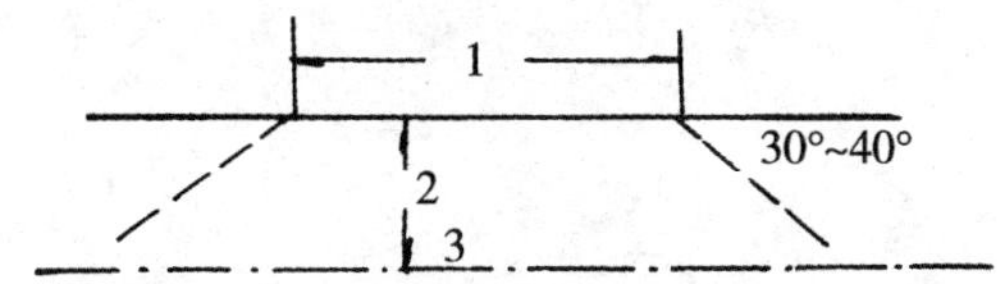

1—泊位长度；2—3 倍 ~4 倍船宽；3—主航道

图 2-12　顺岸式码头前沿水域

船舶靠岸时必须逆水流方向，船舶和硬绑顶推船队转头所需水域的长度（沿水流方向）一般为 2.5 倍 ~4.0 倍的设计标准船型或船队总长，其宽度（沿垂直水流方向）一般不小于 1.5 倍的设计标准船型或船队总长。软拖船队转头时，需要的长度、宽度可适当减少。船型为单车单舵时，水域宽度一般不小于 2.5 倍的设计标准船型或船队总长。

当河道狭窄、码头前水域满足不了转头需要时，可在港口区附近的上下游河段选择调头水域或采用挖入式港池。

当港池两侧布置泊位，驳船由拖轮拖带进出港池，驳船在港池内自行转头时，港池宽度可按下式计算：

$$B=1.2l_c+nB_c \tag{2-6}$$

当港池一侧布置泊位，驳船由拖轮带进出港池，驳船在港池内自行转头时，港池宽度按下式计算：

$$B=1.2l_c+(n-2)B_c \tag{2-7}$$

式中：B——挖入式港池宽度，m。

l_c——设计标准船型长度，m。

B_c——设计标准船型宽度，m。

n——与港池同一侧船位数有关的系数，同一侧船位数为 1 ~2 时，$n=2$；同一侧船位数为 3 ~5 时，$n=4$；同一侧船位数为 6 ~10 时，$n=6$。

5. 锚地

锚地宜选在作业区附近，能避风、浪小、水深、流速较缓、与主航道及其他水上设施干扰少的水域。锚地底质以砂质粘土为宜，不要占用捕鱼区或设在过江电缆区。油船锚地应单独设置并位于港区下游。

（二）河港陆域要求

一般河港陆域宽度在 120m ~ 160m 范围内，即每米码头线需陆域面积 $120m^2$ ~ $160m^2$。

1. 码头型式的选择

河港码头最常见的有斜坡式和直立式两种，图 2-13 中（a）~（f）为最常见的几种斜坡式码头示意图。它们总的特点是：斜坡与自然地形吻合，码头修建简单，造价较低，便于维修。但起重运输条件较差，码头前沿水深不足时，必须使用囤船、墩座等（如图 2-13 中（b）、（d）、（e）所示），并根据水位涨落经常移泊。这种型式码头的适用条件是：码头面至设计低水位的高差大于 15m 或小于 15m 而岸坡平缓的货运码头；码头面至设计低水位的高差大于 5m 的客运码头和以客运为主的客货码头。

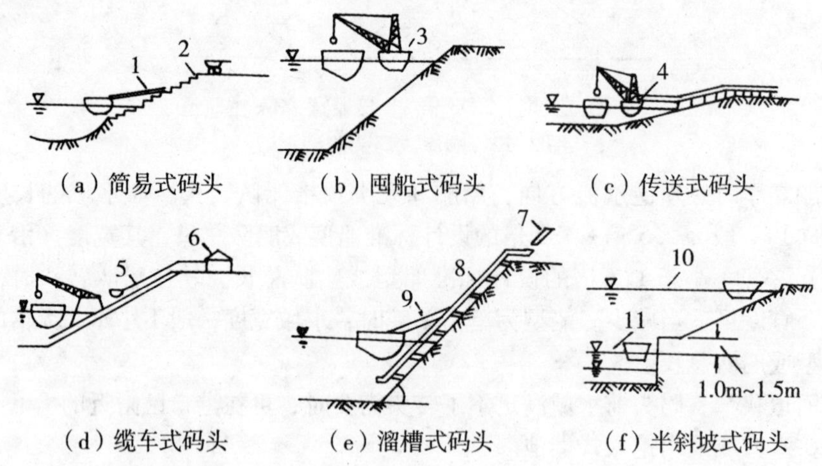

1—跳板；2—踏步；3—囤船；4—传送带；5—缆车；6—绞车房；7—溜斗；8—固定溜槽；9—活动溜槽；10—高水位；11—低水位

图 2-13　固定式斜坡式码头图示

图 2-11 为一种直立式重力式结构码头型式。它的特点是便于配备各种型式起重设备，以提高码头机械化程度，船舶停靠及装卸作业方便。但造价高，施工期长，低水位作业时控制起吊不便。它适用于码头面至设计低水位的高差在 12m 以下，河床稳定岸坡较陡且有条件采用起重机构的货运码头。此外，还有突堤式码头，其特点是能停泊较多的船舶，占用岸线长度较少，但造价高。适用于江面较宽的大型码头，还有建造更简便的浮码头，适用于水位变化小于 5m ~ 6m 的情况，沿岸靠船墩，适用于输送液体的码头。

2. 货运码头线长度的估算

货运码头线长度可按下式估算：

$$L_{cw}=n_{cw}\times L,\ n_{cw}=\frac{Q}{P_{zh}},\ Q=\overline{Q}K_b \tag{2-8}$$

式中：L_{cw}——港口码头线长度，m；

n_{cw}——船泊位数；

L——船的泊位长度，m；

Q——根据设计任务，按码头专业分工确定的月最大货物吞吐量，t；

P_{zh}——一个船位的月综合通过能力，t；

$\overline{Q}$——月平均吞吐量，t；

K_b——货物的月不平衡系数，取1.20～2.00（年吞吐量小取小值，年吞吐量大取大值）。

3. 客运站

河港客运站站址选择应满足河港港址选择的一般要求。客运站的布置首先应考虑便利旅客并与城市规划布局相协调，同时应考虑与铁路、公路的联运及与城市交通的衔接问题。如有沿江道路时，客运站应尽量建于沿江道路的外侧。进港、离港的旅客出入口应分开设置。候船室离客运码头较远时，应在码头入口处设置带有雨棚的廊道供旅客临时休息之用。客运站的建筑标准应与当地建筑标准相适应。大型客运站在建筑装修、设备条件及建筑标准方面应适当提高。此外，客运站还应根据有关规定考虑设置防火及人防工程设施。

（三）河口港实例——上海港

上海是河口港城市。港区共有11个装卸作业区和3个服务站，万吨级泊位近50个。由于整个城市用地集中在黄浦江以西，加之历史上形成原因，以致浦西的港区陆域腹地狭小，库场紧张，而浦东的几个作业区用地情况较好，如图2-14所示。在港区规划布局时结合考虑航道水深条件和城市用地的特点，做了如下总的安排：

（1）中转物资如粮、煤、矿粉等码头，尽量设在浦东，不占用浦西各区的库场面积，可减少对城市交通运输的压力。如浦东第七装卸区（如图2-14所示）为转运煤码头，本市用煤则在第六区，并配有专用线进库。

（2）水深条件较好的地段辟建以外贸为主的作业区，如第九区、第十区都可停泊万吨以上的大船。

（3）第三区、第五区为历史上形成的沿海客运和外轮客运码头，与市中心联系方便；国际旅游客船码头规划在黄浦江下游吴淞镇海滨公园附近，以避免远洋巨轮在江中穿梭运行带来干扰。

（4）在市中心区的江岸线段主要用做城市滨江绿化，如外滩公园附近江段，以供人们游憩，不用做任何装卸作业区。

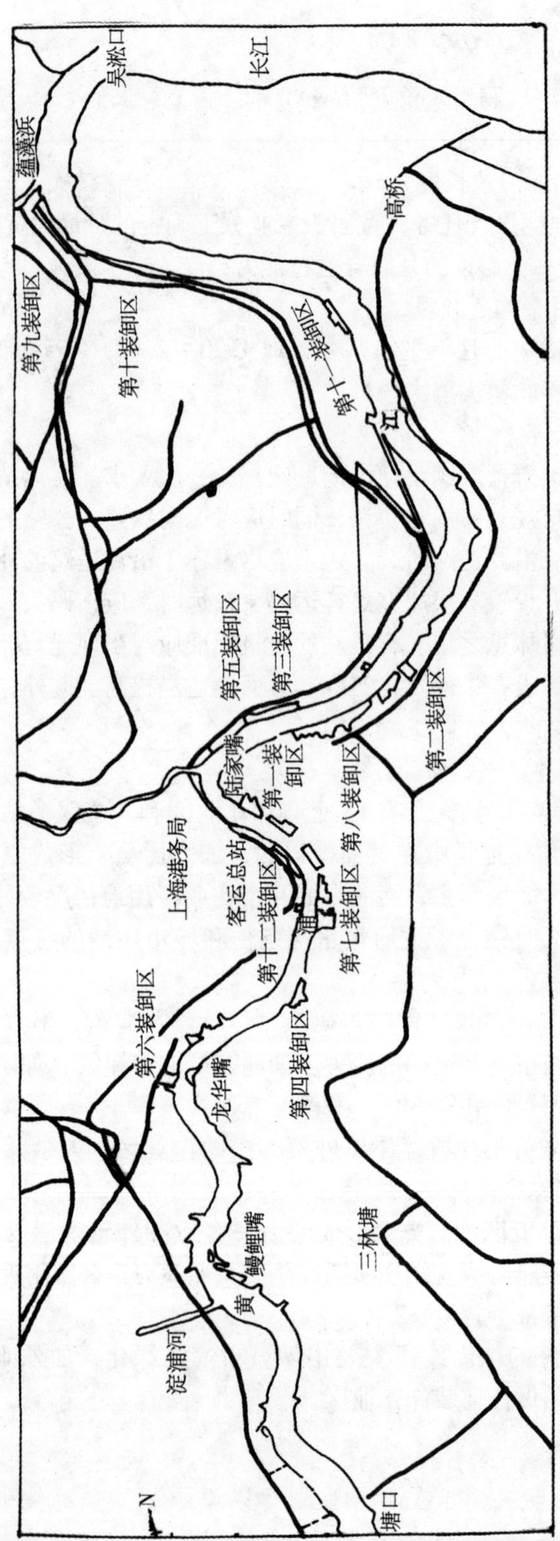

图2-14 上海港装卸区作业位置图

第三节　机场的位置与城市的关系

随着民用航空事业的发展与普及，机场已成为每个城市的重要组成部分。而现代飞机飞行速度愈来愈快，运载量也愈来愈大，使它在城市对外交通运输中的比重愈来愈大，对城市影响也愈来愈大。在城市规划工作中，必须妥善地考虑机场位置的选定，以及机场与城市的距离和交通联系等问题。

一、机场位置选择

1. 机场用地应当平坦，并有一定排水坡度（但一般机场跑道的最大纵坡也不要大于10‰），要有良好的工程地质、水文地质条件，不应位于有矿藏和山体滑坡地区以及洪水易淹地区，当然还要避免占用大量良田。

2. 按机场的级别要求，保证足够的机场用地面积，保证净空限制区内没有障碍物。图2–15为我国一级机场净空限制范围示意图。

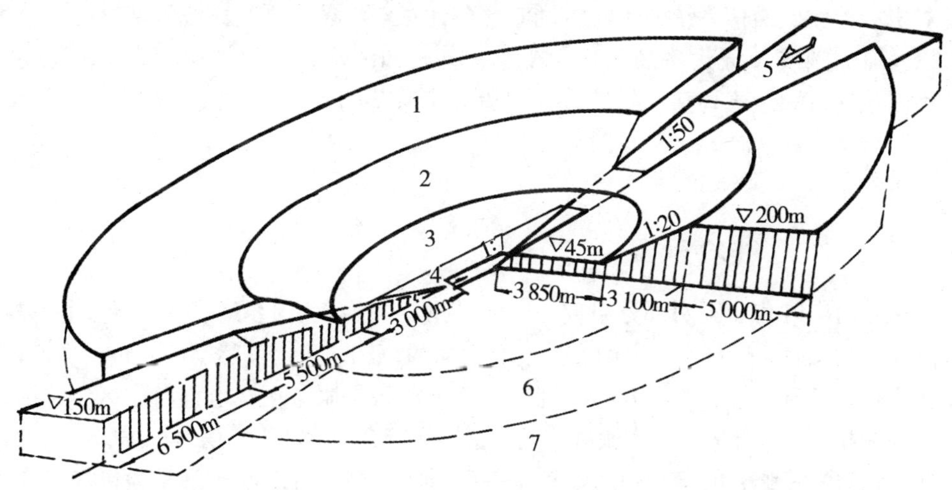

1—外水平面；2—锥形面；3—内水平面；4—过渡面；5—端净空面；
6—二级～四级机场净空限制范围；7—一级机场净空限制范围

图2–15　我国一级机场净空限制范围示意图

3. 气象条件对飞机起飞、降落有较大影响，特别是风向、风速和气温等。尽量使机场跑道轴线与本地区主导风向具有较小的夹角。争取逆向起飞降落，不受横向风速干扰，有利安全。

4. 为避免飞机起飞、降落时越过城市市区上空而产生骚扰，机场位置宜在城市两侧且跑道轴线不穿过城市区，如图2–16中a、d和e所示。要避免如图2–16中b所示的布置。由于受自然地形等条件限制，一定要穿过城市上空时，也要争取将机场设于离城市较远的郊区，保证其端净空面不在城市市区范围内，如图 2-16c 所示。

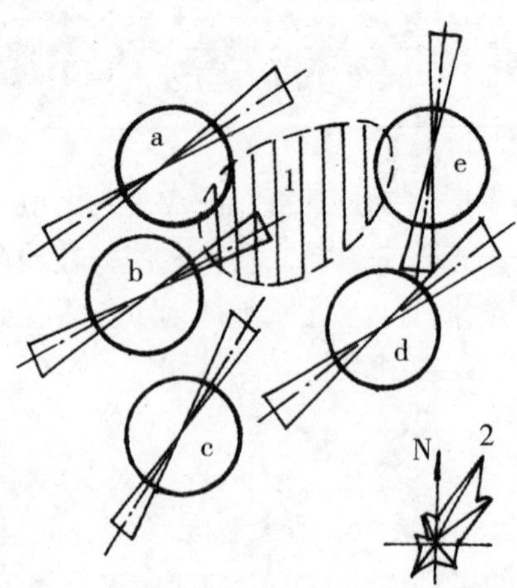

1—城市市区；2—本地区主导风向

图 2-16　机场位置与城市市区的关系图

5. 为满足机场通信联络方面的要求，选择机场位置时应避免附近有电波、磁场对机场导航、通信系统的干扰；同时还要注意对机场周围高压线、变电站、电讯台以及有高频或 X 光设备的工厂、企业、科研和医疗单位的影响。此外，还要注意不要选在有大量飞鸟活动的地区，避免飞机升降时，飞鸟被吸入造成飞机失事。最后，城市中有两个以上机场时要注意避免两者干扰；选择机场位置时还要为今后发展留有余地。

二、机场内的布置

机场由空区和陆区两部分组成。空区是指机场内飞机起降、装卸、调动、停机以及飞机起飞后或降落前在机场及其上空活动的范围，包括等待空区、进近净空区、机场飞行区（升降带、滑行道和停机坪）等。陆区是服务区，也称航站区，包括技术服务区和行政服务区。技术服务区是为指导飞行、通信联络、信号标志、飞机的技术保养和修配等服务的建、构筑物和设备所占的区域。行政服务区是为机场工作人员、旅客、邮件、货物服务的建、构筑物所占的区域。陆区还包括职工生活区域、商业区及与机场有关的小型工业企业设施等。图 2-17 为民用机场组成示意图。

1. 跑道

跑道布置与机场容量、基地风向有关。飞机应在逆风下升降，逆风风速愈大，起飞时所需滑跑距离愈短，逆风降落既可以缩短滑跑距离，又能增加安全性。横风（指侧向有一定强度的风）时，飞机起飞降落均较危险。跑道布置形式有带形、平行形、交叉形、V 形和集中形等。跑道的长度与宽度和飞机特性、跑道有效纵坡等因素有关。图 2-18 为我国一级机场在标准条件下（即海拔高度为零、气温 15℃、无风、无坡情况）的长度与宽度。机场海拔高度每升高 100m，长度增长 2.5%；温度超高 1℃，长度增长 1%；坡度增大 0.1%，跑道增长 1%。

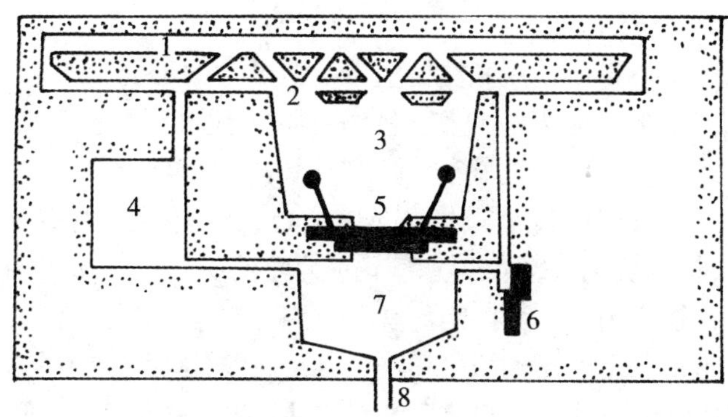

1—升降带、跑道；2—滑行道；3—停机坪；4—技术服务区；
5—候机楼；6—行政服务区；7—停车场；8—通往城市的道路

图 2–17　民用机场组成示意图

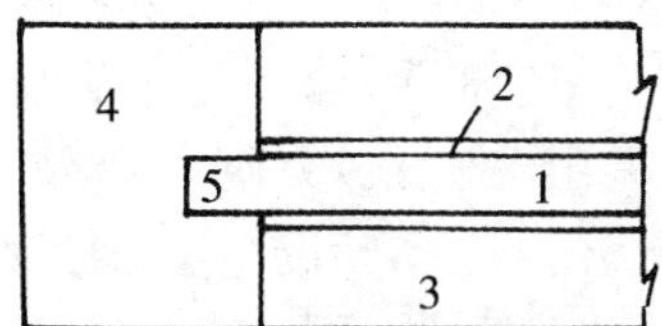

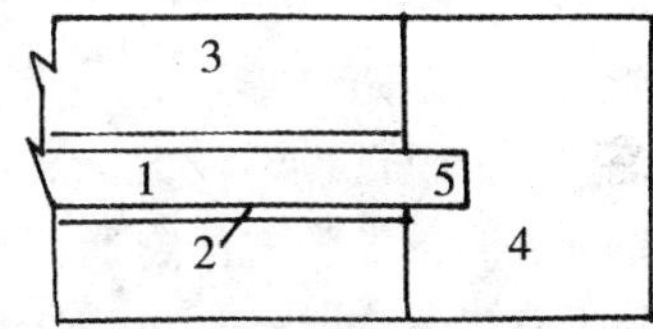

1—跑道长 2 800m，宽 45m；2—跑道道肩，宽度≥60m；
3—侧安全道，等于跑道长度，宽度 300m；
4—端安全道，长 200m；5—过渡面，长度 60m

图 2–18　我国一级机场跑道及升降带组成图

2. 滑行道

滑行道的作用是使飞机在跑道上降落后，很快滑行离开跑道，以免影响其他飞机使用跑道，以及飞机起飞前从滑行道可以迅速进入跑道。

3. 停机坪

停机坪有登机口停机坪、整备停机坪、试运转停机坪、防磁停机坪、机库停机坪等。一般说的停机坪是指登机口停机坪。飞机在此载卸旅客、货物、行李，装载燃料、水、食物和清洁机舱等。

停机坪的规划与布置应根据机坪类别，停放飞机的类型、数量、停放方式和自滑式牵引等因素确定。

三、机场与城市距离和交通的联系

机场并不是航空运输的终点，而是地—空运输的一个衔接点，航空运输的全过程必须有地面交通的配合才能最后完成。目前，世界各国机场—城市的地面交通联系的速度与效率已成为提高现代空运的主要矛盾。随着飞机航速的不断提高，飞行所花的时间将愈来愈短，地面交通所占的比重就会愈来愈增加，这是非常不合理的。因此，在城市规划中，必须很好地解决这个问题。

1. 机场与城市距离

前面谈到从机场本身的使用和建设，以及对城市的干扰、人防、安全等方面考虑，机场与城市的距离远些为好，但从机场为城市服务，更好地发挥高速的航空交通优越性来说，则要求机场接近城市为便利。我国机场与城市中心距离最远的是兰州中川机场（52km）、重庆白市驿机场（40km）；中等距离的有：北京首都机场（27km）、长沙大托铺机场（26km）、南宁的吴圩机场（27.8km）和哈尔滨的阎家岗机场（32km）；较近的有：武汉南湖机场（5km）、广州白云机场（6km）、南京大校场机场（6km）和昆明巫家坝机场（6.5km）。据国外60多个机场统计：机场距离城市10km~20km者约占15%；30km~40km者约占35%。城市规划总的原则是：必须努力争取在满足机场选址要求的前提下，尽量缩短机场与城市的距离。

2. 机场与城市的交通联系

为了发挥航空运输的快速特点，与城市联系的地面交通愈快愈好，一般希望机场到城市所花的时间在30分钟以内。目前，国内外采用的方式主要有专用高速公路、高速列车、地下铁道等。地下铁道、高速列车运量大、速度快，但要多一次转乘，增添了麻烦，而且投资较大、灵活性差；采用汽车比较方便、灵活、直接；但随着小汽车的增加，常常造成交通堵塞、停车场地不够等情况。最好是设专用高速公路和城市环道系统相联结，可望达到快速、通畅的要求。

第四节　长途汽车公路与城市的联系

一、公路线路与城市的联结

我国一些城市往往是沿着公路两边逐渐发展形成的，有些中小城市公路则是沿着城门向外伸展。在旧城中，公路与城镇道路并不分设，它既是城镇的对外公路，又是城镇的主要道路，两边商业、服务设施很集中，行人密集，车辆往来频繁，相互干扰很大。由于过境交通穿越，分割居住区不利于交通安全，影响居民生活，如图2-19中（a）所示，这种布置远远不能适应城市交通现代化的要求。图2-19中（b）是一种改造旧城的形式。它将过境交通引至城市外围通过，将汽车站设在城市边缘的入口处，使入境的交通终止于此，不再进入市区。对等级高的公路，通过城镇的车流入境比重愈小，公路愈宜离开城区，与城镇的联结可采用入城道路引入，如图2-19中（c）所示。一般大城市往往是公路的终点，入境交通较多。如果城镇较大，汽车站设在城市边缘，旅客不便，希望引入市区。此时，宜与城市部分主干道联结并与密集地区相切而过，而不必穿越城市中心区，如图2-19中（d）所示。更大规模的城市内，往往设有城市环路环绕于城市中心区外围。环路是交通性干道，公路的过境交通可利用它通过城市，也不必穿越市中心区，如图2-19中（e）所示。对具有外环和内环干道的城市，外环道路往往兼作城市近郊工业区之间联系的交通性干道。此时，公路可先与外环联结，通过较少的交叉点引入内环，再进入城市道路系统，如图 2-19 中（f）所示。最后如图 2-19 中（g）所示则属于公路与城市道路各自自成系统互不干扰，公路从城市功能分区之间通过，与城市不直接接触，而在一定的入口处与城市道路联结。

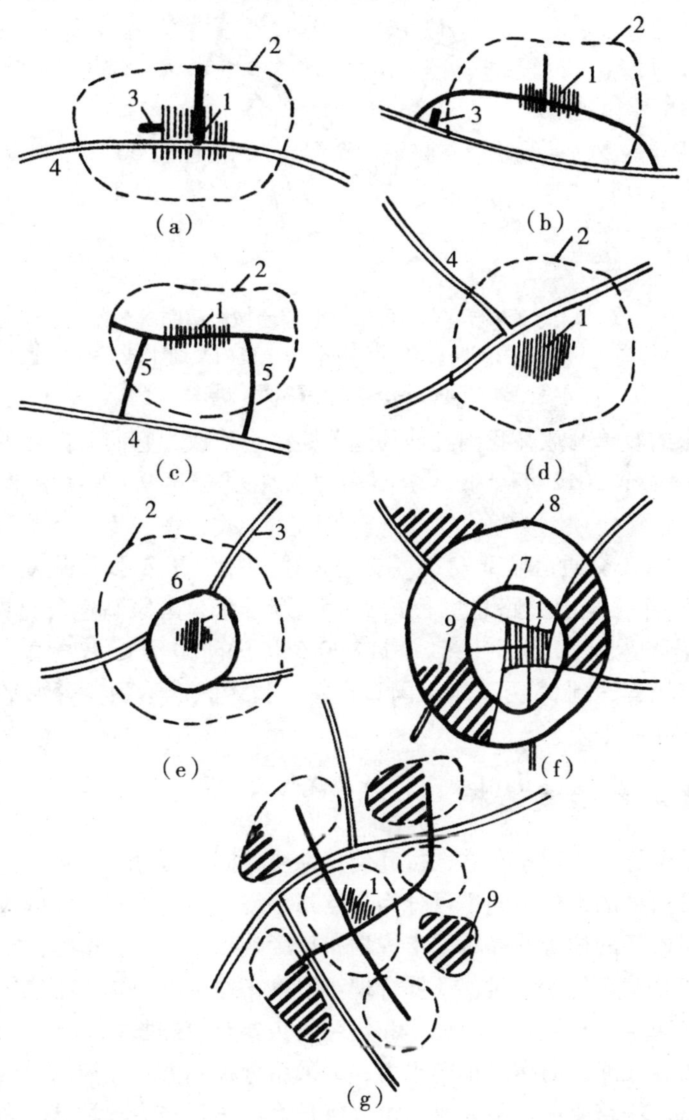

1—城市中心；2—城市区界线；3—车站；4—公路；5—入城道路；
6—城市环路；7—城市内环路；8—城市外环路；9—工业区

图 2-19　公路与城市联结的方式

为充分发挥汽车运输的特点，国内外高速公路发展很快。它在断面组成上，中央设分隔带，使车辆分向安全行驶；与其他线路交叉时，全部采用立体交叉，并控制出入口；有完善的安全防护设施，专供高速（一般为 80km/h～120km/h）车辆行驶。高速公路布置一般远离城市，与城市的联系必须采用专用的支路，并采用有控制的互通式立体交叉，如图 2-20 所示。

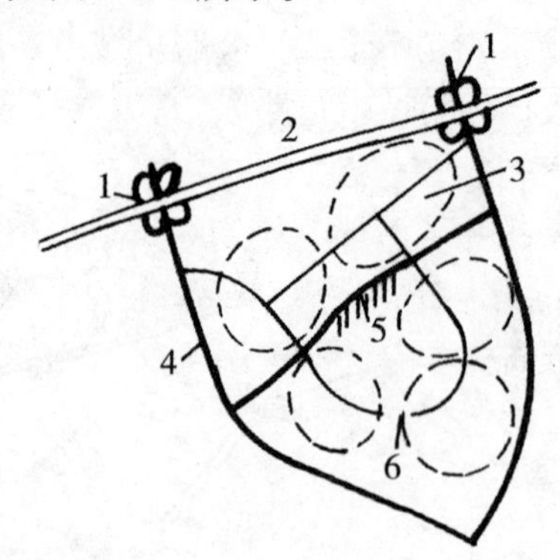

1—立交桥；2—高速公路；3—城市功能区；
4—专用支路；5—市中心；6—市内交通干线

图 2-20 高速公路与城市的联结

随着国家的改革开放，我国各地高速公路大量建成，它们对提高运输效率起了巨大的作用。截至 2012 年年底，全国高速公路里程达 9.62 万千米，居世界第一位。

2011 年 4 月，交通运输部发布《交通运输“十二五”发展规划》。该规划中提出，到 2015 年，全国公路总里程达到 450 万千米，国家高速公路网基本建成，高速公路总里程达到 10.8 万千米，覆盖 90% 以上的 20 万以上城镇人口城市，二级及以上公路里程达到 65 万千米，国省道总体技术状况达到良等水平，农村公路总里程达到 390 万千米。

二、站场的位置选择

公路车站又称为长途汽车站，按其使用性质不同，可分为客运站、货运站和技术站；按车站所处的地位不同，可分为起点站、终点站、中间站和区段站。

长途汽车站场的位置选择对城市规划布局影响很大。在城市总体规划中考虑功能分区和干道系统布置的同时，还要合理布置汽车站场的位置。布置原则是使用方便，不影响城市生产和生活，与火车和轮船码头要有较好联系，便于组织联运。大城市客运量大，线路方向多，车辆也多，可采用分路线方向在城市设两个或几个客运站；中小城市铁路交通量不大时，可以将长途汽车站与火车站结合布置。

货运站场的位置选择与货主的位置和货物的性质有关。如果为供应城市人民的日常生活用品，宜布置在市中心区边缘，可与市内仓库有便捷的联系；若货物性质对居民区有影响或中转货物，则不宜布置在市中心或居住区内，应布置在仓库区、工业区货物较为集中的地区，亦可设在铁路货运站、货运码头附近，便于组织水陆联运；并注意与城市交通干道的联系。技术站主要对汽车进行清洗、检修（保养）等工作，它的用地要求较大，对居住区有一定干扰，因此一般应布置在市区外围公路附近，与客、货站有方便的联系，与居住区有一定的距离。

第五节　小结

本章主要介绍了城市中铁路、港口、机场和长途汽车等对外交通设施的位置选择与用地布局，说明了对外交通设施的规划与城市的关系。

□ 关键概念

顺岸式码头　突堤式码头

□ 复习思考题

1. 铁路、站场位置应怎样选择?
2. 海港的组成及其平面布置是怎样的?
3. 河港平面布置是怎样的?
4. 机场位置的选择是怎样的?
5. 长途汽车站场与城市各部分的关系如何?

第三章

城市规划中的工业布置

□ 学习目标

本章主要掌握城市规划中的工业布置以及防止工业对城市的环境污染的要求；熟悉工业地带组合城市与城市群的建设与发展，旧城市工业布局怎样进行调整与改造；了解工业的分类和各类工业区的组成。

工业是城市形成与发展的主要因素。大规模的工业建设不仅带动了原有城市的发展，也促进了新城市的产生。例如，20 世纪 60 年代随着石油开采和石油化学工业发展而建立起来的大庆市，随着汽车工业发展而建立起来的十堰市等。

工业的发展会带动市政公用设施、各种交通运输设施、配套工业、服务设施和设计科研机构等相应发展，也促进郊区经济作物的发展。因此，工业的布置方式在一定程度上影响着城市规划的总布局。

工业需要大量科技人员、技术工人和各种劳动人员，需要大量客、货运量，因此它对城市的主要交通流向、流量将起决定性影响。任何新工业的布置和原有工业的调整，都会带来城市交通运输的变动。

工业给城市以生命力，促使城市发展，创造了物质与精神文明，使城市壮大并富有生气，但同时也给城市带来各种问题。例如，许多工业在生产中排弃大量废水、废气、废渣和噪声，造成环境的严重污染，引起城市自然环境生态平衡的破坏。1995 年 6 月 2 日我国政府发布的《一九九四年中国环境状况》表明，总体上看以城市为中心的环境污染仍在发展并逐渐向农村蔓延，生态破坏的范围仍在扩大。环境问题已成为制约经济发展和影响人民身体健康的重要因素。这其中工业污染就是环境污染的主要来源，其中乡镇工业污染比重呈增长趋势。因此，城市规划的重要任务之一就是全面分析工业对城市的影响，使城市中的工业布局既满足工业发展的要求，又有利于城市本身的健康发展。

第一节　城市中工业布置的要求

一、城市中工业布置的综合要求

1. 城市工业用地的形状和大小

不同类型的工业企业随着其机械化、自动化程度、运输方式、工艺流程、工业厂房建筑层数等的不同，其用地面积和形状是不同的。例如，电缆厂厂房长度根据工艺要求有时需要 1km 长，用地必须是长条形，自动化程度高的化肥厂其占地面积仅为老厂的1/10；采用传送带运输的钢厂占地约为采用铁路运输钢厂的1/4。年产100万吨钢的工厂占地约需200公顷（1公顷为10 000m^2），加上配套和协作项目，用地还要扩大2倍~3倍。

2. 地形要求

布置工业用地的自然坡度要和该厂选用的运输方式、工艺特点和要求的排水坡度基本适应，即铁路运输场地坡度不宜大于2%，以保证地面水迅速排走，地形坡度不宜小于0.5%。对利用重力运输的水泥厂、选矿厂应设在山坡地带，对安全距离要求很高的工厂宜布置在山坳或丘陵地带。

3. 水源要求

工厂应靠近水质、水量等均满足生产需要的水源处。在安排工业项目时应注意工业与农业、人民生活用水的协调平衡。由于冷却、工艺、原料、锅炉、冲洗以及空调的需要，如火力发电、造纸、纺织和化纤等，用水量都很大且水质要求很高，因此，水源条件对这些厂的选址往往起到决定性作用。如辽阳市化纤厂厂址之所以选在辽阳市市内，就是因为附近有一个水质很好的汤河水库。

4. 能源要求

布置工业区必须有可靠的能源。对用电量大的炼铝厂、电炉炼钢、有机合成和电解厂等要尽可能靠近廉价电源（最好是水电站）布置，以减少架设高压电线、升降电压带来的电能损失。染料厂、胶合板厂、氨厂、碱厂、印染厂、人造纤维厂、糖厂、造纸厂以及某些机械厂生产过程中，由于加热、干燥和动力等需要大量蒸汽及热水，因此应尽可能靠近热电站布置。它们之间的距离，往往由送出来的蒸汽压力与使用时所需的压力来决定，一般以不超过4km为宜，最好在0.5km~1.5km之间；输送热水时，一般为4km~5km，有时可达到10km~12km。

5. 工程地质与水文地质要求

在山区建厂时，应特别注意地质条件，不要选在位于滑坡、断层、岩溶和泥石流等地段；在黄土地区，应注意地基的湿陷量不宜过大，地下水位最好是低于厂房建筑的基础，水质要求对混凝土不产生腐蚀作用。工业用地应避开洪水淹没地段，应根据防洪标准进行校核。

6. 某些工业的特殊要求

有些工厂对气压、温度、空气含尘量、防磁、防电磁波以及地基、土壤、防爆和防火等有特殊要求，应予以满足。

二、工业对交通运输的要求

建设各种工业生产企业需要来自各地的建筑材料、设备与物资，在工业生产中同样也需要大量的运输工作。有些工业生产运输占有相当的比重，如钢铁、水泥等工业生产运输费用可占生产成本的15%～40%。因此，在有便捷运输条件的地段布置工业，不但有效地节省建厂投资，加快工程进度，同时，在生产中还能减少成本，保证生产顺利进行。不少城市中的工业多沿公路、铁路、通航河道进行布置。图3-1为上海市嘉定县工业沿通航河道与公路进行布置的示例。各类工业运输方式选择应进行优化，即根据货运量大小、货物单件尺寸与特点、运输距离等，经分析比较后确定运输方式。考虑的运输方式主要有以下几种：

1. 铁路运输

第二章介绍了铁路运输的特点是运量大、效率高、运费低，但建设投资大、用地面积大且要求地形较平坦。因此，只有需要大量燃料、原料和生产大量产品的冶金、化工、重型机器制造厂，或者大量提供原料、燃料的煤、铁、有色金属开采业，或只有一个原料基地的工业等，铺设专线铁路才是经济的。一般要求年运输量大于10万t或单件重量在5t以上，或者体形很大，有可燃气体、酸等不允许转运的货物时，才可铺设。

2. 水路运输

水路运输费用最为低廉，在有通航河道的城市安排工业，特别是木材、造纸原料、砖瓦、矿石和煤炭等大宗货物的运输，应尽量采用水运。交通部曾在秦皇岛先后修建几期煤码头，将山西大同的煤，通过专线铁路运到秦皇岛，然后海运至广东等地，是一项经济效益极为显著的工程。采用河道水运的工厂应尽量布置在江边。

3. 公路运输

公路运输的特点是机动灵活，基建投资少，建设速度快，是运量较少且无法采用铁路、水路运输时的主要运输方式。布置时应注意与码头、火车站、仓库等有便捷的交通联系。公路运输大件货物时，应注意沿线构筑物、桥隧要满足体积、高度和重量的要求。

4. 连续运输

连续运输包括传送带、传送管道、液压、空气压缩输送管道、悬索及单轨运输等方式。它可用作固定点之间液态、气态和散装等货物运输，节省装卸工作。

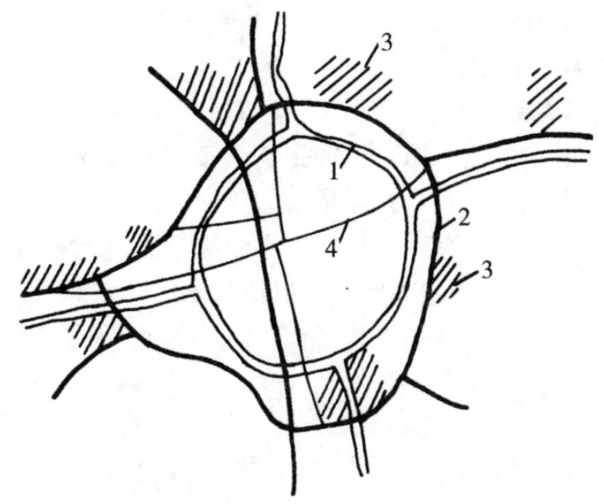

1—河道；2—公路；3—工业；4—城市道路

图 3-1　上海市嘉定县工业沿河道、公路布置图

三、工业区与居住区合理距离的要求

城市中劳动的人流是最经常也是最大的客流。为减少客运交通消耗，节约人们在路途上所花费的精力和时间，要求工业区与居住区距离近便。一般工业区与居住区的距离以步行不超过 30 分钟为宜。对工厂规模很大，厂区本身往往达数千米（如上海石油化工总厂厂区长达 7km)，应组织安排交通工具。根据北京市的调查，步行上班的距离，一般在 1km 以内的占 80%，1.5km 以内的占 86%，时间约需 15 分钟；当距离加大至 5km ~ 6km 时，大多以自行车为交通工具，时间约需 26 分钟；当距离为 9km 以上时，则多乘班车、公共汽车或电车上下班。由于每个家庭的劳动人口很难在同一部门、同一地区工作，在规划中，应主要着眼于均衡分布工业区，减少单向高峰交通量。

第二节　防止工业对城市环境污染的要求

改革开放以来，经济建设得到空前的发展，但负面影响是一些城市的环境污染。早在“十一五”规划时，我国政府就明确指出：“要综合治理大中城市环境污染，加强工业污染的防治，加快燃煤电厂二氧化硫治理，重视控制温室气体排放，妥善处理生活垃圾和危险废物。要进一步健全环境监管体制，提高环境监管力度，实施排放总量控制、排放许可和环境质量评价制度。”这里提到的城市环境污染是指在城市范围内，由于人类活动造成的水污染、大气污染、固体废弃物污染、噪声污染、热污染和放射污染等的总称；城市环境质量评价的具体内容包括：根据国家为保护人群健康和生存环境，对污染物（或有害因素）容许含量（或要求）所做的规定，按一定的方法对城市的环境质量所进行的评定、说明和预测。本节重点是介绍防止工业对城市环境污染的要求。

工业生产中排出大量废水、废气、废渣（其中有些废水、废气含有大量有毒物质），并产生噪声，使空气、水、土壤受到污染，造成本城市，甚至本地区和一条河流地段（如淮河中、下游）环境质量的恶化，将严重影响人们的生活。先进的工业国家为改善被污染的环境质量不得不付出巨大的代价。我国近几年来工业污染问题越来越引起人们的重视。因此，在城市规划工业布局时，应特别给予重视。为避免工业对城市的污染，在布局时应注意以下几方面问题。

一、减少有害气体对城市的污染

1. 使散发有害气体的工业不要过分集中在一个地段

工业生产散发出的各种有害气体、煤烟及二氧化硫等会给人类和各种动植物带来危害。1994 年根据我国 88 个城市统计，二氧化硫超过国家二级标准的城市就有 48 个。其中，以重庆、贵阳最为严重。由于二氧化硫超标而产生酸雨的城市有 81.6%，酸雨最严重的城市有长沙、南充、赣州、怀化和梧州。此外，还要了解各种工业排出的废气的成分与数量。特别注意不要把废气能互相作用而产生新的污染的工厂布置在一起，如氮肥厂和炼油厂排放的废气在阳光下会发生复杂的化学反应，形成极为有害的光化学污染。

2. 工业在城市中的布置要综合考虑风向、风速、季节和地形等多方面的影响因素

在群山环绕的盆地、谷地，四周为高大建筑包围的场地，静风频率较高的地区，都不宜布置产生有害废气的工业。为减少废气对城市居民污染，污染源宜布置在常风向的下游，使风吹扩散的有害气体不致影响上游的居民区；城市周围有山环绕时，为使烟囱排放的含硫烟气在高空扩散稀释，必须加高烟囱的高度。例如，美国密契尔电厂，因附近 6km ~ 30km 范围内有一系列高约 200m 的山脊，最后烟囱加高到 368m。

3. 设置必要的防护带

工业区与居民区要求隔开一定距离，称卫生防护带，带内加以绿化。其距离大小随工业排污的性质与数量而变化。实践证明，它能在污染源未完全彻底消除之前，在一定程度上改善居住环境。卫生防护带内一般可以设置一些少数人使用的、停留时间不长的建筑，如消防车库、仓库、停车场、市政工程构筑物等；不得将体育设施、学校、儿童机构和医院等布置在防护带内。为节约用地，亦可利用水面作为防护带，如湖北蒲圻将化肥厂、砖瓦厂布置在河流对岸就是一例。

卫生防护带绿化，最好选用对有害废气有抵抗能力的或者能吸收有害气体的树种。一般沿防护林带外围种植灌木，中央棋盘式交叉种植乔木，乔木下部再种植灌木。防护带宽度以工业污染被消除减弱到卫生限量之内为标准。

二、防止废水、废渣及噪声污染

1. 防止工业废水污染

水在流动中有自净作用，当排入水体的污物数量过大，超过自净能力时，就将引起水质恶化。工业生产过程中产生大量含有各种有害物质的废水，如不加控制任意排放，就会污染水体和土壤，进一步造成水源缺乏。1994 年据全国 7 大水系和内陆河流的 110 个重点河段统计，符合《地面上环境质量标准》一、二类的占 32%，三类的占 29%，属于四、五类的占 39%，主要污染指标为氨氮、高锰酸盐指数，挥发酚和生化需氧量，大中城市下游河段还普遍受大肠菌群污染。为此，规划工业时，在城市现有或规划的水源上游，不得布置排放有害废水的工业，亦不得在排放有害废水的工业下游开辟新的水源。比较积极的办法是按照不同水质要求，把工厂串联起来，实行水的重复使用，尽量减少废水排放量，如将发电厂的冷却水就近供给洗煤厂使用，将烧碱厂高浓度的废液就近供给需要低浓度碱的造纸厂使用等。此外，可集中布置废水性质相同的工厂，以便统一处理废水，如纺织、制革和造纸等厂都排放含有机物废水，布置在一起统一用微生物处理。总之，统一规划布置，既可以处理废水，又能达到经济的效果。

2. 防止工业废渣污染

工业废渣主要来源于燃料和冶金工业，其次来源于化学和石油化工工业，它们的废渣数量多、化学成分复杂，有时具有毒性。绝大多数工业废渣可以回收，如制造矿渣水泥和粉煤灰砖等。否则，堆放这些废渣不仅需占用大片土地，而且对土壤、水质及大气产生污染。

3. 防止噪声干扰

从工厂的性质看，噪声最大的是金属制品厂，其次是机械厂和化工厂。因此，工业布置时尽量将噪声大的工业布置在离居住区较远的地方。布置一定宽度的绿化带，亦可减弱噪声干扰。

第三节　旧城市工业布局的调整与改造

城市总体规划的重要任务，除了对新建工业进行安排以外，还需对城市现有工业布局进行调整与改造，以改善现有交通、卫生、生产和生活等状况。由于种种原因，旧城工业布局往往不尽合理、设备陈旧、厂房占地很小，因此，旧城工业区的改造远较新建工业区复杂。

一、旧城工业布局存在的问题

（1）工厂用地面积普遍较小，不能满足生产发展的需要；有的工厂分散几处、生产过程不连续；有的工厂位于小巷深处，道路不通畅、运输不便，容易造成交通堵塞和事故。

(2) 居住区与工厂混杂是目前我国城市中较为普遍的问题。噪声、烟尘、废气、废水污染严重，影响附近居民身体健康。造成这些情况的原因主要是城市发展使一些工厂所在的郊区变成了城市中心地区，如湖北省荆门市磷肥厂原布置在郊区，炼油厂兴建后，磷肥厂厂址就成为市中心地区。

(3) 近些年来大量街道工业，利用破旧闲房建厂，生产性质复杂且不稳定，规模虽不大，但污染严重。

总之，有的旧城工业的混乱布局，既污染了城市环境，又不利于生产进一步发展，是旧城改造中的突出问题。

二、旧城调整改造的措施

首先要深入调查研究，按照城市总体规划原则，制定工业调整改造方案，具体可采用以下几种措施：

1. 留

原有的工厂厂房设备好，位于交通方便、市政设施齐全的地段，对周围环境没有影响，可以保留，允许就地扩建。

2. 改

改包括改变生产性质和改革工艺、生产技术两个方面。原有厂房设备皆较好，但对周围环境有影响，应改变生产性质，限制生产发展，改革工艺，以减轻对环境的污染。

3. 并

规模小、车间分散的工厂可适当合并，改善技术设备，提高生产率。

4. 迁

凡生产过程中对周围环境有严重污染，又不易治理，或易燃、易爆的工厂，尽可能迁往远郊；厂区用地狭小、设备差，生产无发展余地，或厂房位置妨碍城市重要工程建设的工厂应迁建；运输量很大，城区内无法增建运输设施的工厂，亦可根据情况迁建。工厂搬迁费较多，因此必须有计划结合发展生产和工业调整更新设备逐步进行。湖北省沙市近几年来在实现城市规划过程中，坚持对居住区内的工业逐步调整，目前已形成合理的规划布局。日本有些城市从20世纪60年代开始把市区工厂有计划地迁往郊区，如东京、大阪、名古屋等城市，完成了大量工厂搬迁，更新了技术设备，腾出了城市内土地，消除了污染源，促进了生产的发展和人们生活的改善。

第四节　工业的分类与各类工业区的组成

一、工业的分类

按工业性质可分为冶金工业、电力工业、燃料工业、机械工业、化学工业、建材工业以及电子工业等。

按环境污染程度可分为隔离工业、严重干扰和污染的工业、有一定干扰和污染的工业和一般工业等。

隔离工业指放射性、剧毒性、有爆炸危险性的工业，这类工业污染极其严重，一般布置在远离城市的独立地段上。

严重干扰和污染的工业指化学工业（包括石油化工联合企业)、冶金工业（包括钢铁联合企业和有色金属冶炼厂）等。这类工业的废气、废水、废渣污染严重，为保证居住区环境质量，这些厂应按当地最小频率的风向布置在居住区的上风侧，与城市居住区保持一定距离，需设置绿色防护带。

有一定干扰和污染的工业指某些机械工业、纺织工业等。它们也都有废水、废气，对居住区、公共设施等环境有一定干扰，可布置在城市边缘的独立地段上。此外，这些工业用地大、货运量也大，需要铁路运输，也需布置在城市边缘。

一般工业指的是电子工业、缝纫厂、小型食品工业、小五金、百货、文教、卫生、体育器械和手工业等，它们对周围环境基本无干扰和污染，货运量不大，不需铁路运输，可布置在城内和居住用地的独立地段上。

二、工业用地在城市规划建设用地中的比重

工业用地在城市建设中需要量较大，一般规定城市建设中工业用地应占建设总用地的15%～25%；大城市宜取规定的下限，设有大中型工业项目的中小工矿城市，其工业用地比重可大于25%，但不宜超过30%。在规定人均单项建设用地指标中，工业用地应为10. 0m^2/人～25. 0m^2/人，同样规定大城市宜采用下限，设有大中型工业项目的中小工矿城市，人均工业用地指标可适当提高，但不宜大于30. 0m^2/人。

三、工业区的组成与类型

为了节约工业用地，把相关的一些工业组成工业区，是合理、经济规划城市工业的有效途径。

1. 工业区的类型及优点

一般根据生产特点和生产中的协作关系，组成不同类型的工业区，如以某种工业为主形成的冶金、化工、纺织、机械、建材等专业工业区，根据协作关系形成的综合工业区等。有时为了某种共同特定的需要，组成工业区，其生产上并无协作关系，如需要共同的地形条件、共同的运输方式，甚至有共同排出的污染物质需要联合统一治理等。

在专业工业区中以主体工业为主，辅以配套工业。例如，冶金工业区除炼铁、炼钢、轧钢等主要工厂外，同时建有热电、炼焦、耐火材料和水泥等原材料厂及硅酸盐制品、石膏板及预制构件厂；机械工业区则包括各种不同机械厂，如湖北某工业区包括汽车配件厂、鼓风机厂、汽轮机厂、汽车标准件厂、农机厂、缝纫机厂、

电机厂、微型电机厂等。

黑龙江省哈尔滨市某工业区是在统一规划下形成的，布置的主要工厂有电机厂、锅炉厂、汽轮机厂，这些厂在生产中有密切协作关系；此外还就近布置了绝缘材料厂，统一配置了热电厂和医院、商业服务网点，与工厂专业密切联系的哈尔滨电工学院以及哈尔滨量具刃具厂技校均设置在相应的厂前区中。广东省某工业区建有大中型轻、化工厂十余座，其中化工厂与苎麻、纺织、硬化油及氮肥厂互有协作关系。化工厂向各厂提供的各种产品占总产量的一半，且大部分用管道运输，供水与铁路亦为各厂联合经营，住宅区集中修建，是厂际协作较好的例子。

组成工业区的优点主要是可以大大节省工业用地，同时有利于各厂协作，都能得到经济效益。如各工业区各专业工厂的仓库（原料、成品和半成品），动力及市政建设（氧气厂、变电站、空压站、油库、水厂、污水处理、各种管线），公共服务设施（书店、百货商店、体育文化中心等）都可以统一修建、共同使用。再如，运输设施也可以联合修建铁路专用线、公路和航运码头，皆可显著节约投资，加快建设速度。

2. 工业区规模

在城市中各工业区的规模，随着工业区的分布、组成，工业的内容、性质以及建设条件和自然条件而有所不同。工业区规模过小，则无法提高各种设施的协作程度；工业区规模过大，则造成交通运输、工业人口和污染的过分集中。因此，合理分析研究其规模，是城市规划中很重要的任务。我国城建部门曾要求在 30 万人口以下城市安排 1 ~ 2 个工业区，30 万 ~ 50 万人口城市安排 2 ~ 3 个工业区，并提出工业区用地不宜超过 700 公顷 ~ 800 公顷，职工人数不宜超过 5 万人 ~ 6 万人，工业区中的项目则以 10 ~ 15 个为宜。实际上，我国中小城市中工厂多但工业区规模较小，10 万人口以下城市有两个左右。如兴化老河口镇有 6 万人口，拥有化工、机械、轻纺等工业区，这些工业区多限于性质相同的厂集中布置，厂际协作不多。

第五节　工业地带组合城市与城市群建设的形成

一、工业地带形成加速组合城市的发展

1. 工业地带

随着现代化大工业和工业联合集团化的趋势，城市化程度越来越高。有些地区，由于交通、资源和消费等有利条件，工业大量集中，城市之间几乎连成一片，就形成了新的城市形态，称**工业地带**或城市集聚区。改革开放后我国辽宁中部地区、京津唐地区、沪—宁和沪—杭地区的工业发展，已逐步形成工业地带。发达的国家如美国东北部大西洋沿岸北起波士顿、南至华盛顿、东起纽约、西至芝加哥的巨大城市带，就是在开发资源，建立工业区，集中发展交通运输、商业、金融、服

务业的基础上，形成的庞大的工业地带。再如日本，由于资源贫乏，工业原料大多来自国外，因此大型工业企业都沿海布置。目前，东京与东面的横滨连成一片，形成了京滨工业地带；往南向千叶县发展，成为京叶工业地带；东北向茨城发展，是鹿岛工业区。东京附近地区已形成了巨大的东京首都圈工业地带。该地区主要工业是钢铁、石化、机械等，职工和产值都占日本全国的1/3。再如德国的鲁尔区是以采矿业为基础形成的著名工业地带，这里煤炭资源丰富，工业用水充足，水陆交通方便，就近有洛林的铁矿石，工业发展条件十分优越，形成煤炭、钢铁、机械、电力和化工等工业地带，产值占德国总产值的40%，是德国、欧洲的重要工业中心。鲁尔区内，大小城镇鳞次栉比，城镇之间只有几 km 至几十 km，包括 8 个大城市区和十几个 10 万人 ~100 万人较大的中心城市。

2. 组合城市

随着工业的发展，工业地带的形成，将逐渐形成多个城市（镇）的集合，称**组合城市**。例如，我国的上海市从 20 世纪 50 年代开始就由近及远，逐步地开辟了吴淞、五角场、桃浦、漕河泾、长桥和高桥等 6 个近郊工业区与嘉定、安亭、松江、闵行、吴泾、金山卫和宝山等 7 个远郊卫星城镇，如图 3-2 所示。这些工业区和卫星城镇既有工业又有生活居住区，在促进生产发展、调整城市布局、合理分布工业、控制上海市区规模等方面都起到较好的作用，使上海市从一个单一城市，逐步向群体组合城市发展。今后这种组合城市还会向整个地区扩大发展。

二、21 世纪城市群建设与发展

城市群是指以中心城市为核心向周围辐射构成的多个城市的集合体。城市群在经济上紧密联系，在功能上具有分工合作，在交通上联合一体，并通过城市规划、基础设施和社会设施建设共同构成具有鲜明地域特色的社会生活空间网络。几个城市群或单个大的城市群可进一步构成国家层面的经济圈，对国家乃至世界经济发展产生重要的影响力。

在本章第五节第一个问题“工业地带形成加速组合城市的发展”中，介绍了早期的城市组合的情况。改革开放以后，随着地区经济的迅速发展，我国由组合城市又向城市群建设前进一步，在改革开放初期已形成城市群发展格局的是珠江三角洲城市群、长江三角洲城市群和京津冀城市群。

中国发展研究基金会 2010 年 9 月 21 日发布的《中国发展报告 2010》提出推动和培育 20 个城市群的发展。优化开发 3 个特大城市群，即环渤海（包括京津冀、辽中南和胶东半岛）、长江三角洲、珠江三角洲地区。重点发展 8 个大城市群，即哈长地区（黑龙江省的哈大齐和吉林省的长吉地区），闽东南地区（福建沿海地区），江淮地区（安徽皖江地区），中原地区（河南中部），长江中游地区（包括湖南的长株潭、湖北的武汉城市圈、江西的昌九地区），关中平原地区，成渝地区，北部湾地区。培育发展冀中南城市圈、太原城市圈等 9 个城市化地区。

综上所述，产业发展、土地集约化利用是导致出现城市群的主因，今后我国将

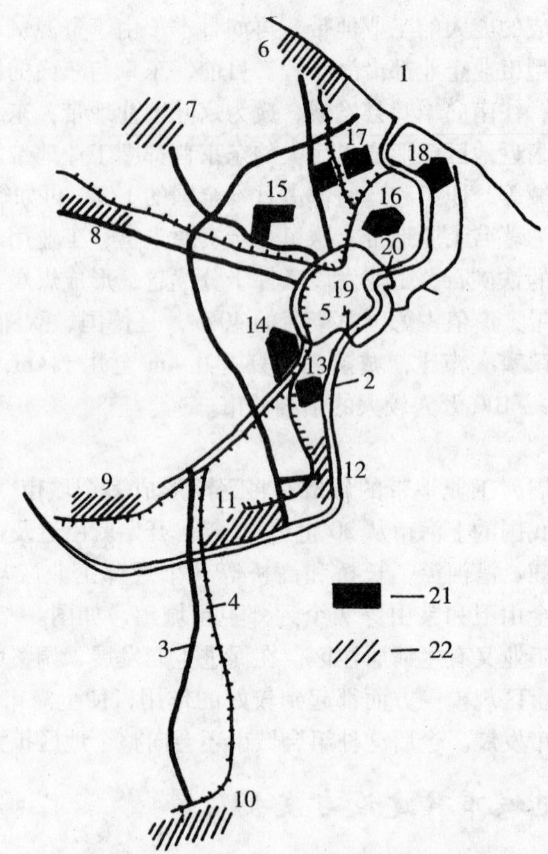

1—长江；2—黄浦江；3—公路；4—铁路；5—市区；6—宝山；
7—嘉定；8—安亭；9—松江；10—金山卫；11—闵行；12—吴泾；
13—长桥；14—漕河泾；15—桃浦；16—五角场；17—吴淞；
18—高桥；19—南浦大桥；20—杨浦大桥；21—近郊工业区；
22—远郊卫星城镇

图 3-2 上海市组合城市形态示意图

推动和培育更多的城市群。从新型工业化产业的集聚、产业发展的内在规律来认识城市群建设和城市化的动力，从城市化的动力来刻画城市化的空间布局，使城市空间布局适应城市产业的发展。这样，就能完成一个战略规划实践的全过程。

第六节 小结

本章主要介绍了城市中工业布置的要求，防止工业对城市环境污染的要求，旧城市工业布局怎样进行调整与改造，工业的分类和各类工业区的组成，最后阐述了工业地带组合城市与城市群的建设与发展。

□ 关键概念

工业地带　组合城市　城市群

□ 复习思考题

1. 城市中工业布置的综合要求是什么？
2. 工业对交通运输的要求是什么？
3. 怎样防止工业对城市环境的污染？
4. 旧城市工业布局调整改造的措施有哪些？
5. 工业用地在城市规划建设用地中的比重如何？
6. 城市群建设与经济发展的关系如何？

第四章

城市仓库规划与布置

□ 学习目标

本章主要掌握城市仓库的布置要求，熟悉仓库规模的估算，了解仓库的分类。

这里讲的仓库不包括各工业企业内部、对外交通设施内部和商业服务内部的仓库，而是指城市由于自己的需要而单独设置的，短期或长期存放生产、生活资料的仓库和堆场。仓库用地较多；与城市其他功能部分（如工业、对外交通、城市道路、生活居住等）有着非常密切的联系，是城市正常组织工厂生产、安排人民生活的重要保证。同时，由于其储藏的物资种类多、数量大、周转频繁，对城市交通与环境影响也很大。因此，布置牵涉面广，因素复杂，必须在城市规划中做好统一安排。

第一节　仓库的分类

一、从影响城市卫生、安全观点的分类

1. 一般性综合仓库

这类仓库的技术设备比较简单。储存的商品其物理、化学性能比较稳定，互不干扰。对城市环境没什么污染，如百货、五金、花纱布、医药器材、烟叶、土产品仓库，以及无危险、无污染的化工原料仓库，一般性工业成品仓库，一般性（不需冷藏的）食品仓库等。

2. 特种仓库

这类仓库对交通、设备、用地有特殊要求，或者对城市卫生、安全有一定影响的，如冷藏、活口、蔬菜、粮、油、燃料、建筑材料，以及易燃、易爆、有毒的化工原料等仓库。

二、从城市使用的观点或按仓库职能的分类

1. 储备仓库

保管储存国家或地区的储备物资，如粮食、工业品、设备等的仓库称**储备仓库**。这些物资主要不为本市服务，流动性不大，但一般规模较大，对外交通要便利。

2. 转运仓库

转运仓库是专为路过中转的物资用做短期存放的仓库，不需要在本市加工包装。

3. 供应仓库

供应仓库其储存物资主要是为供应本市生产、生活服务的生产资料和居民日常生活消费品，这类仓库有时还用做货物的加工包装。

4. 收购仓库

收购仓库主要是把零碎物资收购暂时储存，再集中批发转运出去，如农副产品等。

第二节　仓库布置的要求

一、仓库位置对自然条件提出的技术要求

对一般的仓库，选择其位置必须地势高亢，地形平坦，有一定坡度，便于排水；地下水位不能太高，蔬菜仓库地下水位须低于-2.5m；土壤承载力高，河岸、山坡建库应注意避免滑坡。

二、不同类型、不同性质和不同用途的仓库要求

对于不同类型、不同性质和不同用途的仓库宜分别布置在不同的地段，同类型仓库尽可能集中布置，居民日用品仓库应均匀分布，以接近供销点。下面以我国某中等港口城市为例，进行介绍。

1. 储备仓库

储备仓库一般应设在城市郊区、远郊、水陆交通条件方便的地方，宜有专用独立地段，如图4-1中5 所示。

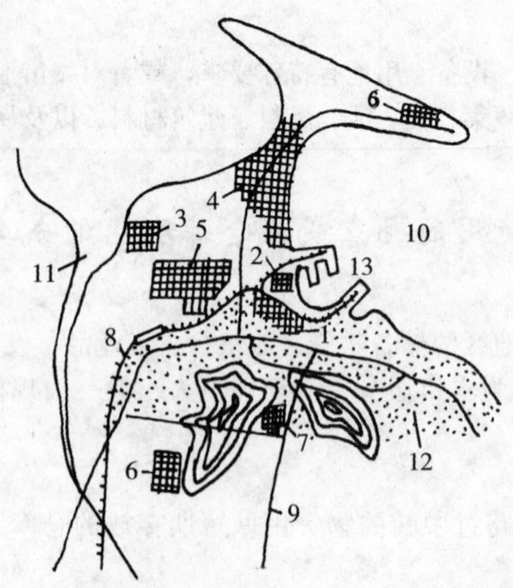

1—为本市服务的仓库；2—转运仓库；3—危险品仓库；
4—港外二线仓库；5—大型储备仓库；6—油库；7—战备仓库；
8—铁路；9—公路；10—港湾；11—河口；12—城市区；
13—突堤式码头

图4-1 某中等港口城市仓库布置图

2. 转运仓库

转运仓库也应布置在城市边缘或郊区，并与铁路、港口等对外交通设施紧密结合，如图4-1中2所示。

3. 为本市服务的仓库

该类仓库要求接近供应地区，具备方便的市内交通条件，如图4-1中1所示。

4. 收购仓库

如属农副产品、当地土特产收购的仓库，要求接近供应地区，交通方便。

5. 特种仓库

特种仓库如危险品仓库、易爆仓库、剧毒仓库等，要布置在城市远郊的独立特殊专门用地上，如图4-1中3所示。冷藏库设备多、容积大，运输量比较大，宜布置在郊区河流沿岸，建有码头或专用线。蔬菜仓库应设于城市市区边缘通向四郊的干道入口处，不宜过分集中，以免运输线太长、损耗太大。木材仓库、建筑材料仓库等，运输量大、用地大，常设于城郊对外交通运输线或河流附近。

6. 燃料、易燃材料和起灰尘建筑材料仓库

石油、煤炭、木柴及其他易燃物品仓库，应满足防火要求，布置在郊区独立地段。气候干燥、风速特大的城市，需布置在大风季节城市的下风向或侧风向。油库选址应离开城市居住区、变电站、交通枢纽、机场等重要建筑与设施地区，如图4-1中6所示。对水泥仓库、起灰尘建筑材料、煤炭等根据不同情况与居住区中间要设卫生防护带，距离应为100m～300m。

易燃和可燃液体仓库要设隔离地带，其间距见表4-1。

表4-1　**易燃和可燃液体仓库的隔离地带表**　单位：m

隔离地带	仓库容积	
	$600m^3$ 以上	$600m^3$ 以下
（1）至厂区边界	200	100
（2）至居住街坊边界	200	100
（3）至铁路、港口用地边界	50	40
（4）至江河码头边界	125	75
（5）至不燃材料露天堆场边界	20	20

第三节　仓库规模的规划与估算

城市各种类型的仓库究竟设置怎样的规模，影响因素很复杂，需要在城市规划中全面统筹分析研究决定。一般说来，它与城市大小、城市地理位置、城市主要性质、经济特点等有关。大城市人民生活需求高，为城市服务的仓库就应大一些；工业城市一般附属工业企业的仓库规模较大，交通枢纽城市则转运仓库多一些，疗养旅游的城市小型商品、生活用品需要就多一些，而且随着生产力的发展，人们消耗品品种数量将日益增多，国家储备量也相应增长，仓库用地将会逐年增加。所以各种仓库的发展规模必须根据整个城市发展规模相应拟定。具体地按要求估算出近期、远期各种仓库年吞吐量（t），然后即可根据下面的公式，估算各类仓库的吨位、用地面积和堆场的用地面积。

（1）根据年吞吐量及计划的年周转次数，估算仓库的容量或吨位（仓容吨位）：

$$仓容吨位=\frac{年吞吐量}{年周转次数} \tag{4-1}$$

（2）根据实际仓容吨位、进入仓库的比重，可算出进仓系数，考虑仓库单位面积的可承受荷载重和面积利用率，计入层数及建筑密度，可计算得出仓库用地面积：

$$仓库用地面积=\frac{仓容吨位\times进仓系数}{单位面积荷重\times仓库面积利用率\times层数\times建筑密度} \tag{4-2}$$

（3）计算堆场用地面积为：

$$堆场用地面积=\frac{仓容吨位\times（1-进仓系数）}{单位面积荷重\times堆场面积利用率} \tag{4-3}$$

仓库用地面积即为上述仓库用地面积与堆场用地面积的总和。规定城市总体规划最后要编制城市建设用地平衡表（参见本书第八章中表8-4），其中就要求统计总物流仓储用地，用地代号为W。规定仓储用地具体包括：仓储企业的库房、堆场和包装加工车间及其附属设施用地。还规定总物流仓储用地（W）下应分三项统计，即：(1) 一类物流仓储用地（W1）（对居住、公共环境基本无干扰、污染的物流仓储用地）；(2) 二类物流仓储用地（W2）（对居住、公共环境有一定干扰、污染的物流仓储用地）；(3) 三类物流仓储用地（W3）（存放易燃、易爆和剧毒危险品专用仓储用地）。

第四节　小结

本章主要介绍了城市中仓库的分类，仓库布置的要求，对仓库规模的规划与估算进行了重点讲解。

□ 关键概念

储备仓库　转运仓库　供应仓库　收购仓库

□ 复习思考题

1. 城市仓库是如何分类的？
2. 仓库布置的要求是什么？
3. 怎样估算仓库的容量或吨位？
4. 怎样计算仓库用地面积？
5. 怎样计算堆场用地面积？

第五章

城市道路系统规划

□ **学习目标**

本章主要掌握城市道路网的布局形式，城市道路排除地面雨水系统以及地下管线与地上杆线的布置，熟悉城市道路规划经济指标及其测定，城市道路交叉布置形式，了解城市道路断面的规划设计和城市交通对道路规划建设的基本要求。

城市是工业生产、商业、科技、教育、文化等人口集中的地区，城市居民为了从事正常的生产、服务、生活活动，就产生了大量的、经常性的各种出行：如居民上下班、生活物资购买以及教育、文化需要的经常性出行往返等；此外，为了适应工业生产和城市生活物资供应的需要，在城市内外与各区之间就必然产生大量复杂的货物流动。各种出行及货物运输往来是通过选择相应经济合理的交通方式，采用不同的运输工具来进行的。各类车辆（包括步行）在城市道路系统上行驶往来，以完成各种性质的客、货运输任务，称为城市交通。它包括动态交通（车辆、行人流动）与静态交通（车辆、行人停驻）。

城市道路系统的定义是指城市范围内由不同功能、等级、区位的道路，以及不同形式的交叉口和停车场设施，以一定方式组成的有机整体。

城市道路系统中的道路一般包括主干道（指全市性的干道）、次干道（指地区性或分区干道）和支路（指居住区道路和连通路），它们共同构成了城市道路网。城市道路网特别是干道网的规划是否合理，不仅直接影响城市对外、对内的交通运输、生产和人们生活的正常进行，而且也影响所有城市地上、地下管道和道路两侧建筑的兴建。城市干道走向一旦确定，道路网一经形成就很难改变，因此城市道路规划可以说是城市建设的百年大计。

第一节　城市交通对道路规划建设的基本要求

城市道路规划必须结合城市性质与规模、用地功能分区布置、交通运输要求、自然地形、工程地质水文条件、城市环境保护和建筑布局等要求进行综合分析，反复比较来确定。这样才能建成一个系统完整、功能分明、线形平顺、交通便捷通畅、布局经济合理的城市道路网。其具体要求是：

1. 道路建设、运输要经济

道路建设、运输要经济，包括道路建设时工程投资费用要经济和道路运行时维护费用要经济；同时还包括运行时交通运输成本费用和时间要节省等几个方面。道路规划设计的总目标就是以最少的建设投资和正常的维护费用，获得最大的服务效果与交通运输成本的节省。规划时要注意把道路、居住区建筑和公用设施有机结合起来考虑；要根据交通性质、流向、流量的特点，结合地形和城市现状，合理布置线路及其断面大小；对交通量大、车速高的干道路线要平顺布置，次要干道可着重地形、现状，不一定强求线形平顺，以达到节省投资的目的。

2. 区分不同功能道路性质，分流交通

尽量考虑区分不同功能道路性质进行分流，是使交通流畅、安全与迅速的有效措施。随着城市工农业生产和各项事业的兴旺发达，城市客、货运交通量和汽车、自行车的迅速增长，很多城市的交通拥挤状况日趋严重。在市场经济中，流通是第一位的。从人流来看，人的流通不仅是上下班的范畴，已扩大到社会交往、信息交流。从物流来看，对交通需求量的增长更为突出。从 1990 年开始，城市道路担负的货运量即为全国公路、铁路、水运、民航和管道 5 种运输方式货运量的 5.9 倍，城市客运周转量为全国客运周转量的 1/3。因此，在城市干道和交叉口就经常发生拥挤和堵塞，引起交通事故。解决的办法除积极新建和扩建道路外，按客、货流不同特性，交通工具不同性能和交通速度的差异进行分流，即将道路区分不同功能，妥善组织平交道口交通，布置必要的立体交叉、人流与车流分隔，是有效的措施。做到车辆、行人“各从其类，各行其道”，从而保证交通流畅与安全。

3. 道路网规划应注意城市环境的保护

城市主要道路走向一般应平行于夏季主导风向，这样有利于城市通风。北方城市冬季严寒且多风沙，道路宜布置与主导风向成直角或一定角度，可以减少大风直接侵袭城市。为减少机动车行驶排出的废气和噪声的污染，布置干道时应注意采用交通分隔带，加强绿化，道路两侧建筑宜后退红线，特别要注意保持居住区与交通干道之间有足够的消声距离。

4. 城市道路规划应注意道路与建筑整体造型的协调

城市道路不仅是城市的交通地带，通过路线的柔顺、曲折、起伏，两旁建筑的进退、高低错落和绿化配置，以及沿街公用设施、照明安排等有机协调配合，将对城市面貌起到重要的作用,可以给城市居民和外地旅客以整洁、舒适、美观和富有朝气的感受。

第二节　城市道路的分类及主要布局形式

一、城市道路的分类

前述我国城市道路一般分为主干道、次干道与支路。但城市规模、性质不同，道路分类也不尽相同。特大城市、大城市道路功能分得较细，类别等级也较复杂。大城市归纳划分为六类，即快速交通干道（要求设计行车速度在 60km/h～80km/h 之间，与同级道路相交需采用立交），主要交通干道和一般交通干道（要求设计行车速度为 60km/h 和 40km/h），以上交通干道的两侧，均不宜布置能吸引大量人流的大型商业、文化娱乐设施。还有就是区干道、支路及专用性道路（即独立的自行车道、步行街道等）。图 5-1 为北京干道网布局示意图。对商业大街规划时应限制货运车辆通行，如图 5-1 中的 5 即王府井大街等。

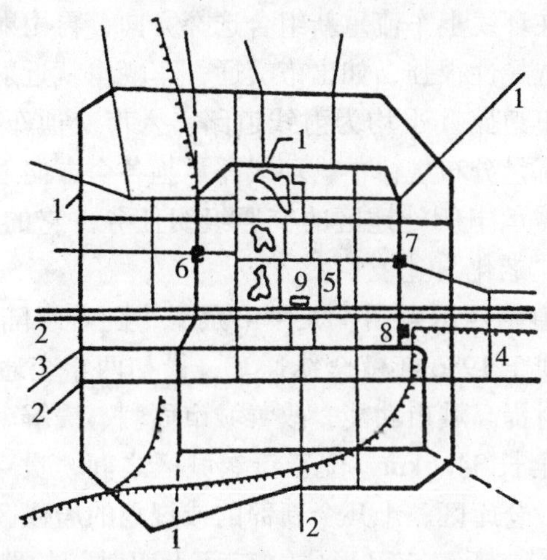

1—快速交通干道；2—主要交通干道；3—次要交通干道；
4—工业区道路；5—全市性商业大街；6—阜成门；7—朝阳门；
8—北京火车站；9—天安门

图 5-1　北京市干道网布局示意图

二、城市道路网的布局形式

城市范围内由不同功能、等级、区位的道路，以一定密度和适当的形式组成的网络结构称**城市道路网**。

城市道路网的布局形式，大体上可归纳为方格形、放射形、放射环形、自由式等路网。

1. 方格形路网

在平原地区，一般中小城市常采用方格形路网，我国一些历史悠久的古城道路系统也往往是在严整的方格形路网基础上发展起来的。其特点是道路系统简洁、明确，划分的街区比较方整，在路网密度较高的情况下，有利于组织单向交通，如西安市等。如图 5-1 所示，北京市在外环路建设以前也属于方格形路网。

2. 放射形路网

城市道路从中心地区向外沿不同方向伸展，形成放射形路网。其特点是中心地区与外围地区交通联系便捷，也较易适应各种地形条件，但道路往往形成锐角形相交，不利于组织交通运输，城市外围地区之间联系也较困难。实际上目前已很少有单纯的放射形路网，往往是放射形路和方格形路或环形路结合起来。

3. 放射环形路网

放射环形路网是当今世界非常流行的一种城市道路网形式，我国许多城市也都采用了这种形式。这是由于一些大城市和特大城市在不断向外扩展的过程中，逐步形成了放射路和几条围绕中心区的环路组成的形式。其优点是中心区和外围地区、外围地区之间都有便捷的联系，其运行方式是市内大区域交通由射线及其他道路将车流引导到环线上，在环线上车流重新组合选择方向，再由射线及其他道路将流量疏散。这种交通单向选择性很强，如出市交通，车辆由就近射线驶向环线，在环线上选择出市道路，出市道路几乎均为射线道路。入市交通车流流向则与出市正相反。其缺点是在这种流量分布规律中，环线需承担各个方向射线及其他道路传输来的车流，同时环线还需承担所处地区的交通组织任务，它的负荷强度比射线大得多，因此环线比射线“老化”速度快。

图 5-2 为天津市道路网示意图。天津市是一个随着水陆交通的发展而发展起来的城市。市区中环线于 1986 年就全线通车，最初两年交通流呈自由流状态，车流密度低，车速快，对提高城市功能、改善城市面貌、缓解市内交通紧张状况起到了重要作用。中环线全长 34.5km，位于新老城区之间，贯穿城市内 5 个行政区，沿途经过几个工业区、仓库区、十几个新辟的或规划的居住区以及规划的城市副中心、地区中心。20 世纪末天津市已形成“三环十四射”的路网骨架。然而，随着机动车拥有量大幅度增加，使得交通量不断增加，在中环线上表现得更为突出。20 世纪 90 年代初路段小时流量为 2 300 辆 ~2 700 辆，一年后调查，流量就达 2 800 辆 ~3 900 辆。因为中环线的断面形式不统一，部分路段开始饱和，出现压车现象，车速开始下降。在交叉口，如中环线的京津公路口、复康路口流量已接近或超过 3 000辆，西青道口已达 4 000 辆。因此，中环线的车流已不再是自由流，只能称其为准稳定流。然而，十几条射线却没有出现流量迅速增加到趋于饱和的情况。当然，天津路网出现这种情况与工业布局导致大量的车流需要在环线上长距离运行有一定关系，但从北京前几年的情况看，也存在类似的问题。从天津市“三环十四射”的路网规划实践经验可以得出，规划环线道路的等级标准应高于射线的等级标准，道路断面应一致。

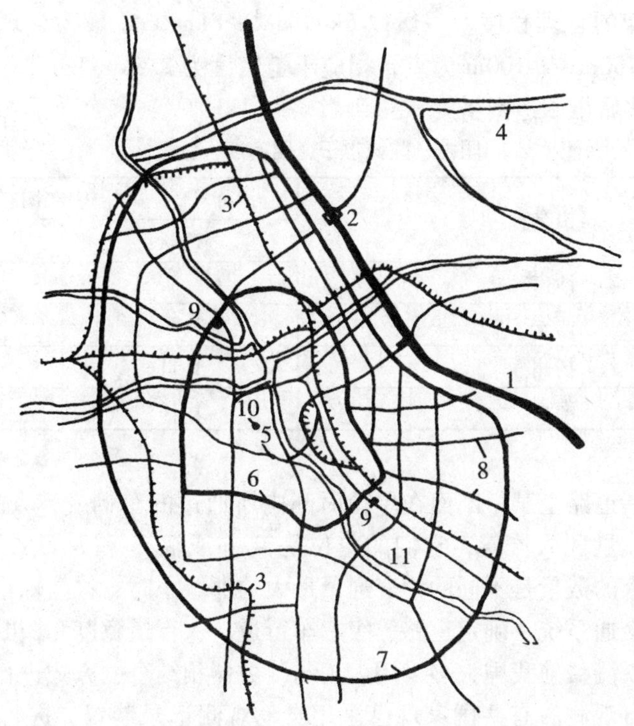

1—高速公路；2—立交桥；3—铁路；4—河流；5—内环线；
6—中环线；7—外环线；8—射线；9—副中心；10—劝业场；11—海河

图 5-2　天津市“三环十四射”形道路网示意图

在放射环形路网中，绝大多数路口的车流转弯流向比重很高，这也是放射环形路交通流的一个特点。这些交叉口基本上是环线与射线相交的交叉口。实践证明，只要能够保证这些交叉口的安全与畅通，就基本保障了城市动脉的循环和正常运转。这就要求对重要的枢纽性质的交叉口必须处理成为立体交叉，而且应采用定向立交—环线跨射线为宜。

4. 自由式路网

在山区、丘陵地带、水网或海湾地形条件比较复杂的城市，道路结合地形变化，多起伏弯曲，形成自由式道路网。

第三节　城市道路规划经济指标及其测定

城市道路规划经济指标主要有：

1. 道路网密度

道路网密度表示城市建成区域或城市某一地区内平均每 km^2 城市用地上拥有的道路长度，单位为 km/km^2。它是城市道路网规划的一个重要经济指标，它标志着城市道路分布的合理程度，一般以 6km/km^2 ~ 8km/km^2 较为合理。一般认为城市干道间距以 700m ~ 1 100m 为宜，相应干道密度为 2.8km/km^2 ~ 1.8km/km^2，表 5-1 为国内一些城市干道网密度。

表 5-1　　**国内一些城市干道网密度一览表**　　单位：km/km^2

城市名称	干道网密度	
	现状	规划
沙市	1.80	2.80
西安	1.54	1.90
扬州	1.11	3.12
南京	1.16	3.65

2. 交通量

交通量是指道路上某一断面在单位时间内所通过的车辆或行人的数量。因此，交通量分为车流量和人流量，它们的单位是辆/d 或辆/h 和人/d 或人/h。一天 24 小时车辆或行人的数量是不同的，交通量最大的那个小时，称高峰小时。交通量是规划城市道路交通系统、确定道路等级、车行道、人行道宽度和横断面组成的主要依据。交通量观测目前我国大多采用人工与计数器相结合的方式进行，即选择抽样日期和时间进行观测。有些国家现已采用自动观测记录装置，进行长期的连续观测，能够取得更加完整的各种交通现状资料。表 5-2、表 5-3 为××路段交通量统计表的格式和交叉口机动车流量观测数据统计表的格式。

表 5-2　　**××路段交通量观测统计表（观测断面 A）**

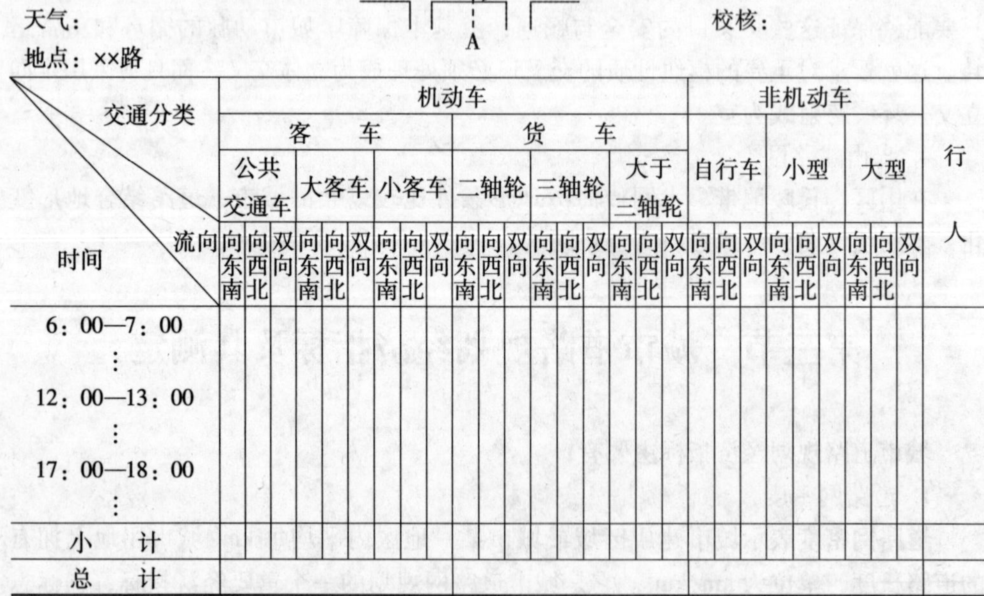

日期：　　观测地点简图　　观测：
星期：　　　　　　　　　　整理：
天气：　　　　　　　　　　校核：
地点：××路

交通分类 / 流向 / 时间	机动车																		非机动车									行人
	客车									货车									自行车			小型			大型			
	公共交通车			大客车			小客车			二轴轮			三轴轮			大于三轴轮												
	向东南	向西北	双向	向东南	向西北	双向	向东南	向西北	双向	向东南	向西北	双向	向东南	向西北	双向	向东南	向西北	双向	向东南	向西北	双向	向东南	向西北	双向	向东南	向西北	双向	
6：00—7：00																												
⋮																												
12：00—13：00																												
⋮																												
17：00—18：00																												
⋮																												
小　计																												
总　计																												

表 5-3　　××路与××路交叉口 A 断面车流量驶入交叉口观测数据统计表

日期：　　　观测位置图　　　N　　　观测：

星期：　　　　　　　　　　　　　　　整理：

天气：　　　　　　　　　　　　　　　校核：

地点：××路与××路交叉口　　　观测断面A

方向 / 车种 / 时间	右转							直行							左转							三向合计
	客车			货车			小计	客车			货车			小计	客车			货车			小计	
	公交车辆	大客车	小客车	二轴轮	三轴轮	大于三轴轮		公交车辆	大客车	小客车	二轴轮	三轴轮	大于三轴轮		公交车辆	大客车	小客车	二轴轮	三轴轮	大于三轴轮		
6：00—7：00																						
7：00—8：00																						
⋮																						
18：00—19：00																						
小　计																						
总　计																						

图 5-3 为根据实测资料绘制的某城市干道网上汽车交通流量分布图示。图 5-4 为某交叉道口汽车流量流向分配图示。图 5-5 为根据各路段调查结果绘制的高峰小时各种机动车辆比重变化图。图 5-6 为某交叉路口各种交通流量分时分布曲线图。

应当指出，观测统计表格的内容是根据不同的观测目的和要求而设计的。其中，对时间分段和交通分类两项应予以仔细考虑，分得过粗会影响使用要求，过细则会花费大量人力。可根据规划目的要求，设计各种统计表格。

3. 道路通行能力

道路通行能力，是指一条道路在单位时间内，在正常气候和交通条件下，保证一定速度安全行驶时，可能通过的车辆或行人数量。它是检验一条道路是否充分发挥了作用和是否发生阻塞的理论依据。

一条道路上的车辆通行能力，以一条车道为单位来计算。理论上计算一条车道的通行能力，是假定车辆保证一定车速，车辆与车辆之间有最小的安全距离，一辆随着一辆连续行驶，每小时能通过的最大车辆数，即一条车道的理论通行能力。一列连续行驶的车辆，假定每一个车辆的长度均为 l 米，车辆间最小安全距离为 s

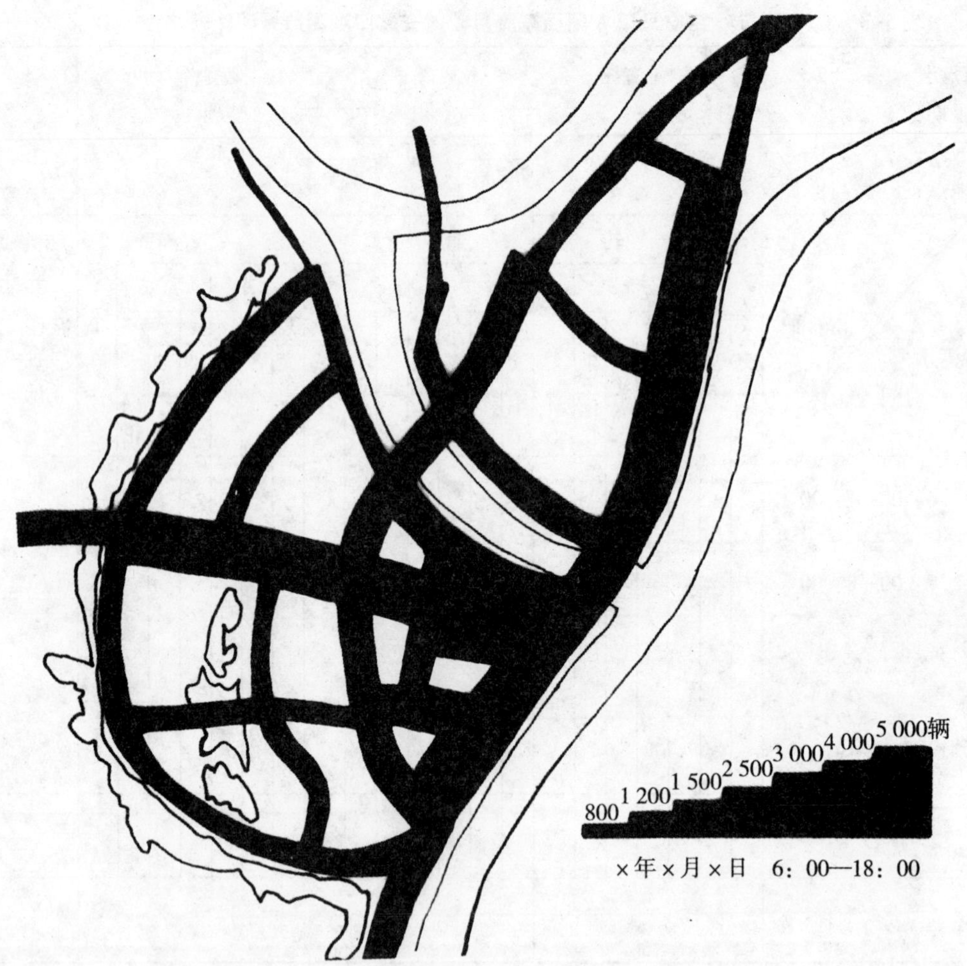

图 5-3 某城市干道网上汽车交通流量分布图示

米，两者之和称车头间距 L 米。最小安全距离 s 由以下三项距离组成：①司机看到前方障碍物到动手制动，这段时间为 t，时段 t 内车辆已行驶的距离为 vt；②车辆开始制动到车辆完全停住的距离 kv^2；③车制动停住后与障碍物之间应有的安全距离 l_0，则 L 表达式为：

$$L=l+s=l+vt+kv^2+l_0 \tag{5-1}$$

式中：v——行车速度，m/s。

t——司机反应时间，一般为 1.0s～1.5s。

k——制动系数，等于$\frac{1}{2g\varphi}k_1$，k_1 为制动安全系数，取 1.2～1.7；φ 为摩擦系数，各种类型路面不同状态下的 φ 值见表 5-4。研究资料表明，计算行车速度为 60km/h 时，φ 不应小于 0.4；速度为 30km/h～40km/h 时，φ 值不应小于 0.3。

l_0——制动后的安全距离，m。

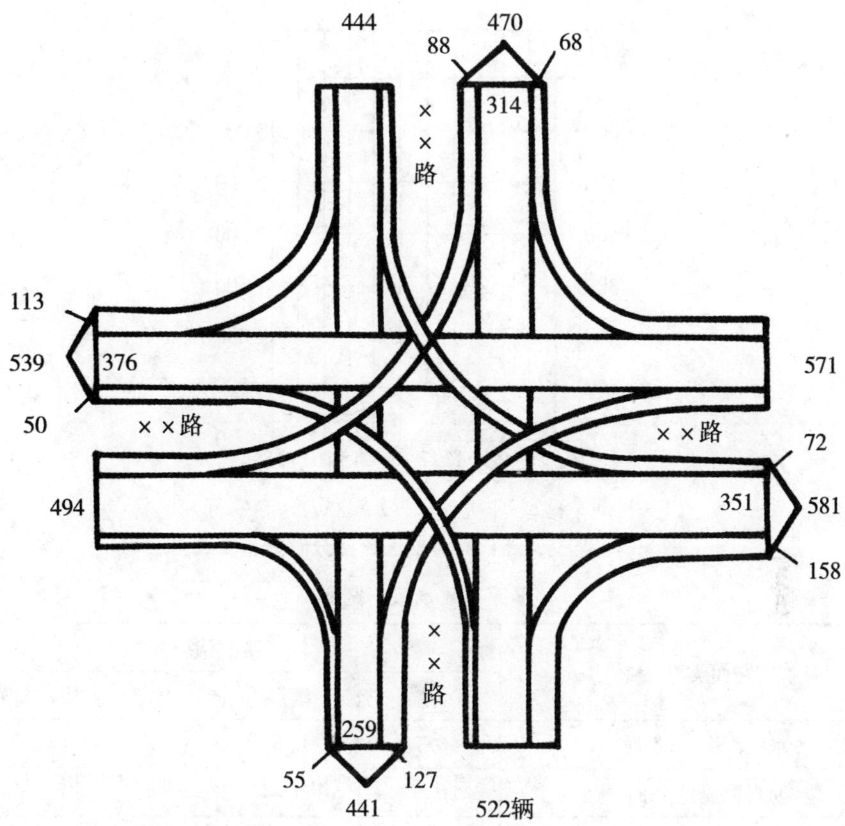

图 5-4　某交叉道口汽车流量流向分配图示

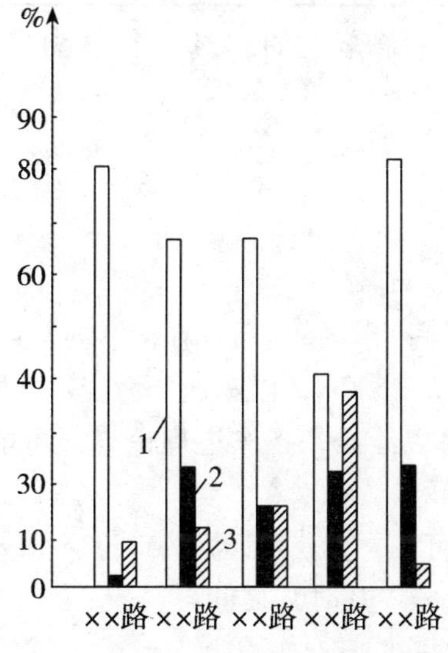

图 5-5　各路段高峰小时各种机动车辆比重变化图

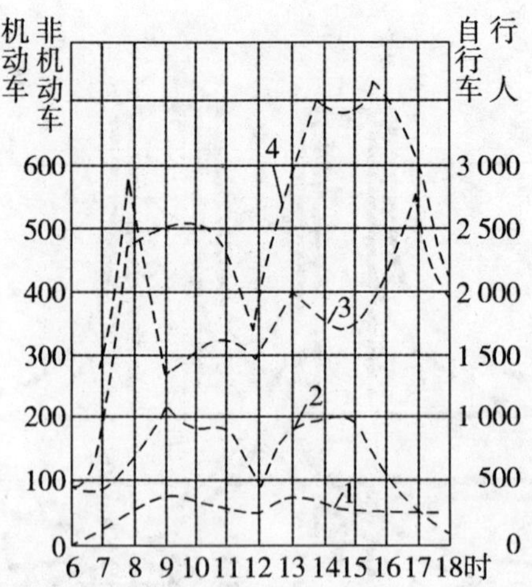

1—机动车；2—非机动车；3—自行车；4—行人

图 5-6 某交叉路口各种交通流量分时分布曲线图

表 5-4 **摩擦系数 φ 值一览表**

路面类型	路面状况			
	干燥	潮湿	泥泞	冰滑
水泥混凝土路面	0.7	0.5		
沥青混凝土路面	0.6	0.4		
表面处治	0.4	0.2		
中级或低级路面	0.5	0.3	0.2	0.1

根据通行能力定义，一条车道的理论通行能力（或称可能通行能力）N_p（辆/h）可写成：

$$N_p=\frac{3\,600v}{L}=\frac{3\,600}{L/v}=\frac{3\,600}{t_i} \tag{5-2}$$

式中：L——车头间距，m；

v——车行速度，m/s；

t_i——行车“时间间隔”，等于 L/v，单位为 s。

如 $t=1.0s$，$l=3.0m$，$l_0=5.0m$，以车速 v 为变量，摩擦系数 φ 为参数，代入式（5-1）、式（5-2），可以绘出一条车道理论（或可能）通行能力 N_p 与车速 v 的关系曲线（如图 5-7 所示）。

从图 5-7 中曲线规律可见，为获得最大的理论通行能力 N_p，车速应在 20km/h（φ=0.3 时）到 50km/h（φ=1.0 时）之间。

4. 道路通行能力的规定

道路通行能力分为可能通行能力与设计通行能力。

在城市一般道路与一般交通的条件下，在不受平面交叉口影响时，一条机动车

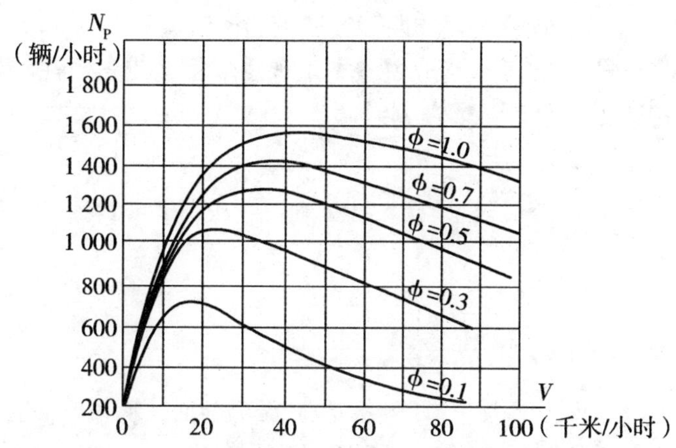

图 5-7　一条车道理论通行能力与车速关系曲线图

车道的可能通行能力按下式计算：

$N_p = 3\,600 / t_i$

式中：N_p——一条机动车车道的路段可能通行能力，pcu/h；

t_i——连续车流平均车头间隔时间，s/pcu。

当本市没有 t_i 的观测值时，可能通行能力可按表 5-5 选取。

表 5-5　一条车道可能通行能力

计算行车速度（km/h）	50	40	30	20
可能通行能力（pcu/h）	1 690	1 640	1 550	1 380

对不受平面交叉口影响的机动车车道设计通行能力计算公式如下：

$$N_m = a_c N_p \qquad (5\text{-}3)$$

式中：N_m——一条机动车道的设计通行能力，pcu/h；

a_c——机动车道通行能力的道路分类系数，见表 5-6。

表 5-6　机动车道的道路分类系数

道路分类	快速路	主干路	次干路	支路
a_c	0.75	0.80	0.85	0.90

注：快速路指城市道路中设有中央分隔带，具有 4 条以上机动车道，全部或部分采用主体立交与控制出入，供汽车以较高速度行驶的道路，又称汽车专用道。

5. 道路设计小时交通量的规定

为了设计路面宽度（即确定车道数），必须掌握规划设计年限的设计小时交通量 N_h，具体可用下列计算公式：

$$N_h = N_{da} k \delta \qquad (5\text{-}4)$$

式中：N_h——设计年限的设计小时交通量，pcu/h；

N_{da}——设计年限的年平均日交通量，pcu/d；

k——设计高峰小时交通量与年平均日交通量的比值；

δ——主要方向交通量与断面交通量的比值。

年平均日交通量与 k、δ 值均应由各城市观测取值，或参照性质相近同类型道路数值选用。初估还可选 $k=11\%$，$\delta=0.6$。

第四节　城市道路断面的规划设计

一、道路横断面红线宽度

沿着道路宽度方向，垂直于道路中心线所做的剖面，称**道路横断面**。道路横断面由车行道、人行道和绿化带等部分组成。根据道路等级、功能不同，可有各种不同断面形式，但其宽度不得超过城市规划的控制线（通常称道路红线）宽度。道路红线宽度内的道路总宽简称路幅。

二、道路横断面设计原则与基本要求

道路横断面设计应在城市规划的红线宽度范围内进行。横断面形式、布置、各组成部分尺寸及比重应根据道路类别、级别、计算行车速度、设计年限的机动车道与非机动车道交通量和人流量、交通特性、交通组织、交通设施、地面杆线、地下管线、绿化和地形等因素统一安排。其具体要求如下：

（1）保证车辆和行人交通的安全与通畅；

（2）横断面布置应与道路功能、沿街建筑物性质、沿线地形相协调；

（3）减少由于交通运输所产生的噪声，减少灰尘和废气等对大气的污染；

（4）满足路面排水及绿化、地面杆线、地下管线等公用设施布置的工程技术要求；

（5）节约城市用地、节省工程费用、兼顾城防要求；

（6）考虑远近期规划与建设的结合及过渡。

三、城市道路横断面典型类型及基本尺寸

《城市道路设计规范：CJJ 37—90》给出的城市道路横断面有四种典型类型，它们是：

1. 单幅路横断面

单幅路适用于机动车交通量不大，非机动车较少的次干路、支路以及用地不足、拆迁困难的旧城市道路。其尺寸如图 5-8 所示。

2. 双幅路横断面

双幅路适用于单向两条以上机动车车道、非机动车较少的道路。有平行道路可供非机动车通行的快速路和郊区道路以及横向高差大或地形特殊的路段，亦可采用双幅路。其特点是路面中心设置中间分隔带，如图 5-9 所示。中间分隔各部分尺寸见表 5-12。

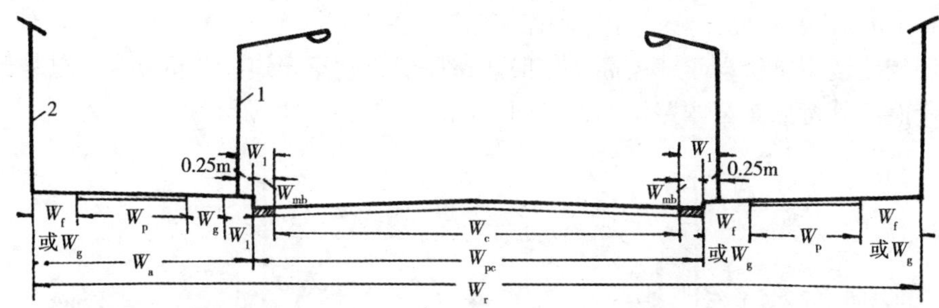

W_f—设施带宽；W_g—绿化带宽度；W_p—人行道路宽度；W_a—路侧带宽度；W_1—侧向净宽；W_{mb}—非机动车道路缘带宽度；W_c—机动车车行道或机动、非机动车混合行驶车行道宽；W_{pc}—机动车道路面或机动与非机动车混合行驶路面宽度；W_r—红线宽度

1—路灯；2—电线杆

图 5-8　单幅路横断面图

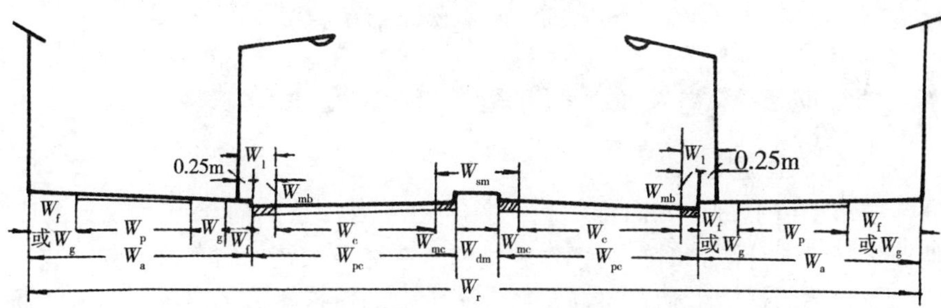

W_f，W_g…—同图 5-8；W_{mc}—机动车道路绿带宽度；

W_{sm}—中间分车带宽度；W_{dm}—中间分隔带宽度

图 5-9　双幅路横断面图

3. 三幅路横断面

三幅路适用于机动车交通量大、非机动车多、红线宽度大于或等于 40m 的道路。其特点是中间机动车大道外设有非机动车道，且中间设有两侧分车带，如图 5-10所示。两侧分隔带各部分尺寸见表 5-12。

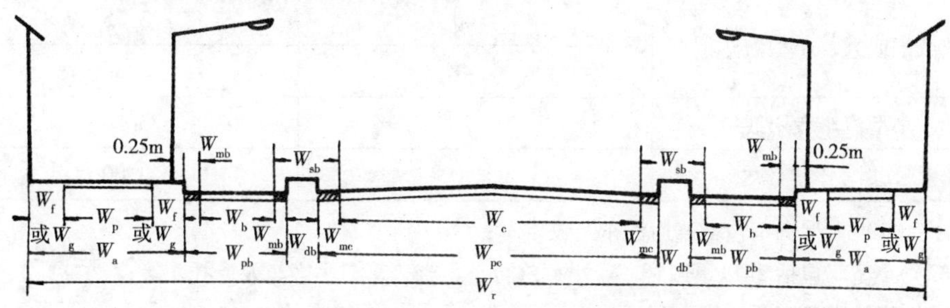

W_f，W_g…—同图 5-9；W_b—非机动车车行道宽度；

W_{db}—两侧分隔带宽度；W_{sb}—两侧分车带宽度

图 5-10　三幅路横断面图

4. 四幅路横断面

四幅路适用于机动车速度高、单向两条以上机动车车道、非机动车多的快速路与主干路。其特点是三幅路中间设中间分隔带，如图 5-11 所示。

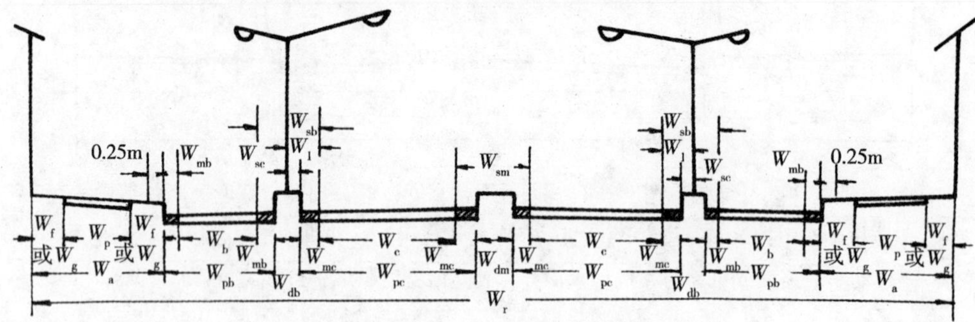

W_f，W_g…—同图 5-10；W_{sc}—机动车车行道安全带宽度

图 5-11 四幅路横断面图

四、城市道路宽度的计算及各部分尺寸的决定

1. 机动车车道宽度计算

通常城市干道上每个方向都不止一条车道。当几条同向车道上的车流成分一样，彼此之间又无分隔带时，由于驾驶员惯于选择干扰较少的车道行驶，故靠近中线的车道通行能力最高，估算机动车道一个方向的通行能力，以各条车道的通行能力相加即得。根据前述式（5-4）算得设计年限的设计小时交通量 N_h 及式（5-3）算得的一条机动车车道的设计通行能力 N_m，即可按下式求得机动车道宽度为：

$$\text{机动车道宽度}=\frac{N_h}{N_m}\times\text{一条机动车道宽度} \tag{5-5}$$

表 5-7 给出了一条机动车车道宽度值。

表 5-7 一条机动车车道宽度

车型及行驶状态	计算行车速度（km/h）	车道宽度（m）
大型汽车或大、小型汽车混行	≥40	3.75
	<40	3.50
小型汽车专用线		3.50
公共汽车停靠站		3.00

注：（1）大型汽车包括普通汽车及铰接车；

（2）小型车包括 2t 以下载货车、小型旅行车、吉普车、小客车及摩托车等；

（3）交叉进口道宽适当加宽。

2. 非机动车车道宽度计算

非机动车车道宽度见表 5-8。现以自行车为例，求其道路总宽度。由表 5-8 可见，一条自行车道宽度为 1.0m。不受平面交叉口影响时，一条自行车车道的路段可能通行能力为：

$$N_{pb}=3\,600N_{bt}/[t_f(W_{pb}-0.5)] \tag{5-6}$$

式中：N_{pb}——一条自行车车道的路段可能通行能力，veh/（h·m）；

t_f——连续车流通过观测断面的时间段，s；

N_{bt}——在 t_f 秒时段内通过观测断面的自行车辆数，veh；

W_{pb}——自行车车道路面宽度，m。

表5-8　**非机动车车道宽度**

车辆种类	自行车	三轮车	兽力车	板车
非机动车车道宽度（m）	1.0	2.0	2.5	1.5～2.0

求得不受平面交叉口影响，一条自行车车道的路段设计通行能力为：

$$N_b=a_bN_{pb} \tag{5-7}$$

式中：N_b——一条自行车车道的路段设计通行能力，veh/（h·m）；

a_b——自行车车道的道路分类系数。对快速路、主干路 $a_b=0.80$；次干路、支路 $a_b=0.90$。

受平面交叉口影响，一条自行车车道的路段设计通行能力，有分隔设施时，推荐值为1 000 veh/（h·m）～1 200veh/（h·m）；以路面标线划分机动车与非机动车道时，推荐值为800 veh/（h·m）～1 000 veh/（h·m）。自行车交通量大的城市采用大值，小的采用小值。

同理，已知设计年限的设计小时自行车交通量 N_{bh}（veh/h），除以 N_b 后，即得自行车道宽度（m）。

3. 人行道宽度的计算

人行道宽度必须满足行人通行的安全和顺畅，用以下公式计算，但不得小于表5-11 最小宽度。

$$W_p=N_w/N_{w1} \tag{5-8}$$

式中：W_p———人行道宽度，m；

N_w———人行道高峰小时行人流量，p/h；

N_{w1}———1m 宽人行道的设计行人通行能力，p/（h·m）。

人行道应分为人行道、人行横道、人行天桥和人行地道。它们的可能通行能力见表5-9。设计通行能力还要根据不同地点乘以相应的折减系数，见表5-10。最小宽度见表5-11。

表5-9　**人行道、人行横道、人行天桥、人行地道的可能通行能力**

类　别	人行道 p/（h·m）	人行横道 p/（t_{gh}·m）	人行天桥、人行地道 p/（h·m）	车站、码头的人行天桥、人行地道 p/（h·m）
可能通行能力	2 400	2 700	2 400	1 850

注：t_{gh}为绿灯小时（h）。

表 5-10 **人行道、人行横道、人行天桥、人行地道的设计通行能力**

类别	折减系数			
	0.75	0.80	0.85	0.90
人行道 p/（h · m）	1 800	1 900	2 000	2 100
人行横道 p/（t_{gh} · m）	2 000	2 100	2 300	2 400
人行天桥、人行地道 p/（h · m）	1 800	1 900	2 000	—
车站、码头的人行天桥、人行地道 p/（h · m）	1 400	—	—	—

表 5-11 **人行道最小宽度** 单位：m

项目	人行道最小宽度	
	大城市	中、小城市
各级道路	3	2
商业或文化中心区以及大型商店或大型公共文化机构集中路段	5	3
火车站、码头附近路段	5	4
长途汽车站	4	4

4. 分车带宽度尺寸

前述分车带按其在横断面中的不同位置与功能分为中间分车带（简称中间带）及两侧分车带（简称两侧带）。分车带由分隔带及两侧路缘带组成。分隔带缘石围砌高出路面 10cm ~ 20cm。分车带最小宽度及侧向净宽度等尺寸一般规定见表 5-12。

表 5-12 **分车带最小宽度**

分车带类别		中间带			两侧带		
计算行车速度（km/h）		80	60，50	40	80	60，50	40
分隔带最小宽度 W_{dm}，W_{db}		2.00	1.50	1.50	1.50	1.50	1.50
路缘带宽度（m）	机动车道 W_{mc}	0.50	0.50	0.25	0.50	0.50	0.25
	非机动车道 W_{mb}	—	—	—	0.25	0.25	0.25
侧向净宽（m）	机动车道 W_1	1.00	0.75	0.50	0.75	0.75	0.50
	非机动车道 W_1	—	—	—	0.50	0.50	0.50
安全带宽度（m）	机动车道 W_{sc}	0.5	0.25	0.25	0.25	0.25	0.25
	非机动车道 W_{sc}	—	—	—	0.25	0.25	0.25
分车带最小宽度 W_{sm}，W_{sb}		3.00	2.50	2.00	2.25	2.25	2.00

注：（1）快速路及小于 40km/h 的次干路，按表中 80km/h，40km/h 规定算。

（2）支路可不设路缘带，但应保证 25cm 侧向净宽。

（3）表中分隔带最小宽度系按设施带宽度 1m 考虑的，如设施带宽度大于 1m，应增加分隔带宽度。

2004 年 2 月 12 日建设部、国家发改委、国土资源部、财政部联合下达《关于清理和控制城市建设中脱离实际的宽马路、大广场建设的通知》，要求一律停止批准红线宽度超过 80m 和超过 2 公顷的游憩集合广场，对今后规划设计给出了范围，见表 5–13。

表 5–13　**有关城市宽马路、大广场的规定**

城市大小	城市干道宽度（包括绿化带）（m）	广场面积（公顷）
小城市、镇	不超过 40	1
中等城市	不超过 55	2
大城市	不超过 70	3
人口超过 200 万的特大城市	超过 70 要专门论证	5

五、城市道路纵断面设计基本原则

道路纵断面以及平面布置的选择与设计属于道桥专业的内容，这里只概括讲一下纵断面设计的五条基本原则：

（1）道路纵断面设计应根据城市规划控制标高并适应临街建筑立面布置和地面排水。

（2）为保证行车安全、舒适，纵坡宜缓顺，起伏不宜频繁。

（3）山城道路及新辟道路的纵断面应综合考虑土石方挖填的平衡、汽车运行的经济效益，合理确定标高及坡度。

（4）机动车与非机动车混合行驶的车行道，应按非机动车爬坡能力设计纵坡。

（5）纵断面设计应对沿线地形、地质、水文、气候、排水和地下管线要求综合考虑，机动车行道最大纵坡应按表 5–14 中规定的数值选用。

表 5–14　**机动车行道最大纵坡度表**

计算行车速度（km/h）	80	60	50	40	30	20
最大纵坡度推荐值（%）	4	5	5.5	6	7	8
最大纵坡度限制值（%）	6	7		8	9	

注：（1）海拔 3 000m ~4 000m 高原城市道路最大纵坡推荐值均减小 1%；

（2）积雪寒冷地区最大纵坡推荐值不得超过 6%。

第五节　城市道路交叉布置

一、城市道路交叉口设计原则与规定

城市道路交叉口应按城市规划道路网设置。道路相交时宜采用正交，必须斜交时交叉角应大于或等于 45°。不宜采用错位交叉、多路交叉和畸形交叉。

交叉口设计应根据相交道路的功能、性质、等级、计算行车速度、设计小时交通量、流向及自然条件等进行。前期工程应为后期扩建预留用地。

交叉口设计应与交通组织设计、交通标志、标线结合考虑。

二、交叉口类型与适用条件

道路与道路交叉地点称道路交叉口，一般分为平面交叉和立体交叉两种。应根据技术、经济及环境效益综合分析，合理确定。

1. 平面交叉

平面交叉口的类型有十字形、T 形、Y 形、X 形及环形。应根据城市道路的布置、相交道路等级、性质和交通组织等确定。

环形交叉口适用于多条道路交汇或转弯交通量较大的交叉口，如图 5-12（a）和（b）所示。快速路或交通量大的主干路上均不应采用环形平面交叉。坡向交叉口的道路纵坡度大于或等于 3% 时，也不宜采用环形平面交叉口。

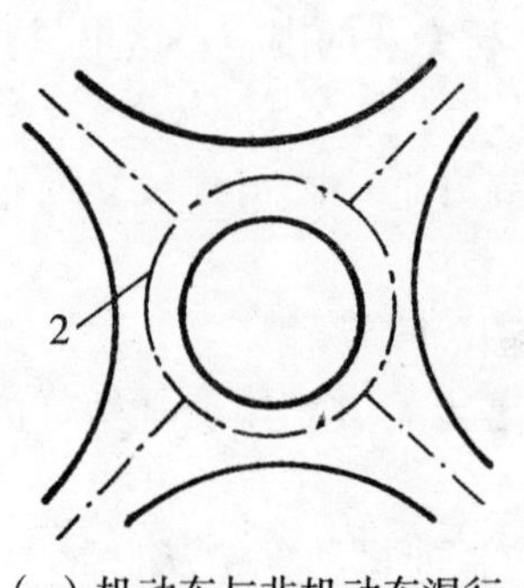

（a）机动车与非机动车混行

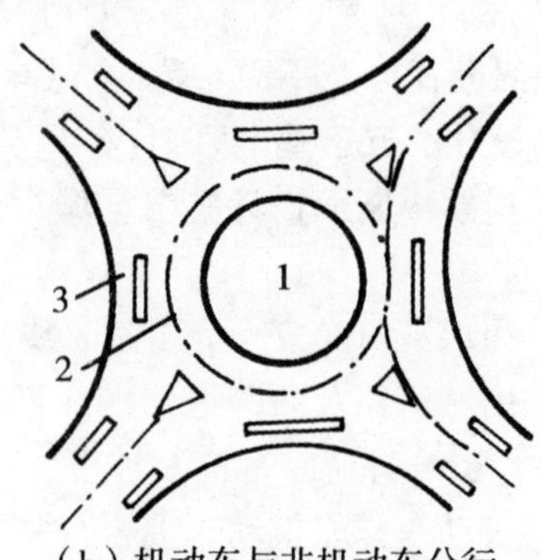

（b）机动车与非机动车分行

图 5-12　环形平面交叉口示意图

1—中心岛；2—机动车车行道中心；3—非机动车车行道

2. 立体交叉

立体交叉设计应根据交叉口设计小时交通量、流向、地形、地质等具体情况综合分析，进行技术经济和环境效益比较后确定，有分离式和互通式两大类。它们典型形式和适用条件如下：

（1）分离式立体交叉适用直行交通为主且附近有可供转弯车辆使用的道路，如图 5-13（a）所示。

（2）菱形立体交叉可保证主要道路直行交通顺畅，在次要道路上设置平面交叉口，供转弯车辆行驶，适用于主要与次要道路相交的交叉口，如图 5-13（b）所示。

（3）部分苜蓿叶形立体交叉可保证主要道路直行交通顺畅，在次要道路上可采用平面交叉或限制部分转弯车辆通行，适用于主要与次要道路相交的交叉口，如图 5-13（c）所示。

（4）苜蓿叶形立体交叉与喇叭形立体交叉适用于快速路与主干路交叉处。苜蓿叶形用于十字形交叉口，喇叭形适用于 T 形交叉口，如图 5-13（d）、（e）、（f）所示。

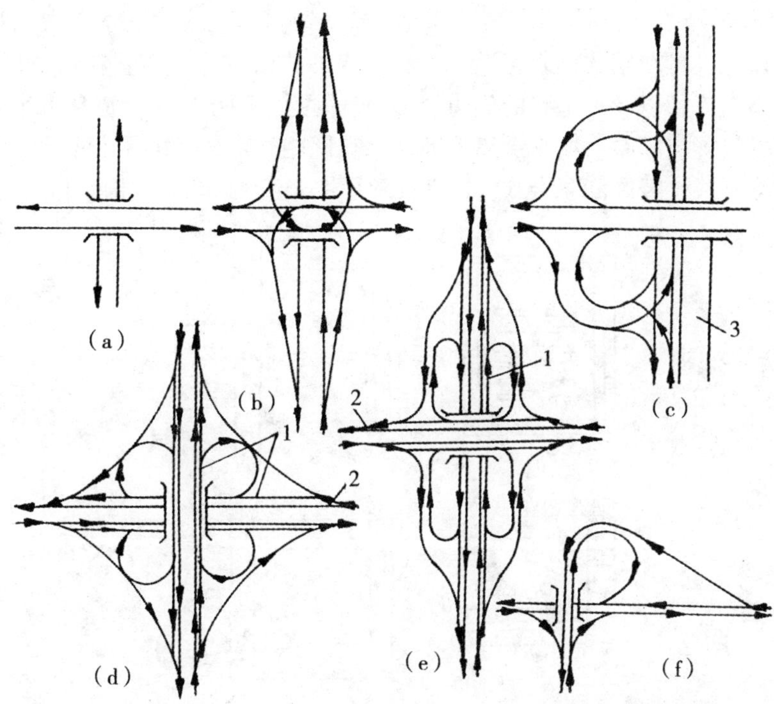

(a) 分离式立体交叉；(b) 菱形立体交叉；(c) 部分苜蓿叶形立体交叉；
(d) 苜蓿叶形立体交叉；(e) 长条苜蓿叶形立体交叉；(f) 喇叭形立体交叉
1—集散车道；2—变速车道；3—河流

图 5-13　交通道路立体交叉类型图

第六节　城市道路排除地面雨水系统

城市道路地面雨水的排除系统规划将在第六章中讲解。本节只讲述与道路有关的排水孔、沟构造。地面排雨水可分为明式、暗式和混合式三种。明式排水适用于中小城镇或大城市郊区道路，它结合道路纵坡在适当地点设置横向明沟引向邻近的河流、水沟排走。暗式系统则采用雨水沟管排水。图 5-14 为暗式排水沟系统示意图。

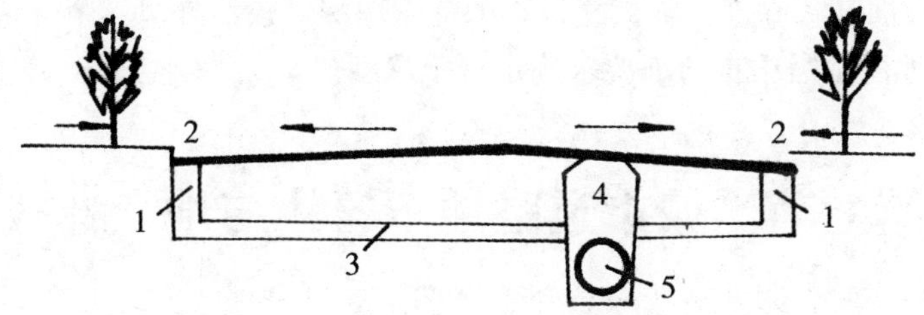

1—雨水口；2—雨水进水口；3—支管；4—检查井；5—雨水排水管道

图 5-14　暗式排水沟系统示意图

1. 雨水口

雨水口是设置在暗式雨水管道上汇集雨水的构筑物。它布置在居住区出入口、道路交叉口、广场以及沿道路的侧边处。根据附近排雨水的设计流量大小确定雨水口的形式、位置与间距。城市道路上的雨水口间距一般为30m～60m。雨水口布置形式可分为平式、竖式和联合式。图5-15为平式雨水口和竖式雨水口示意图。

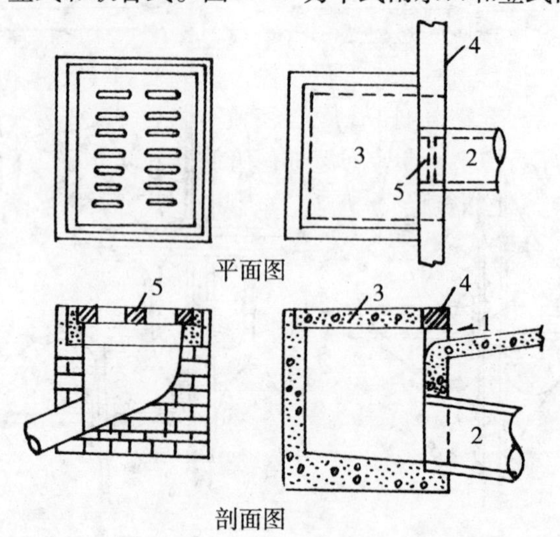

（a）平式雨水口　　（b）竖式雨水口

1—边沟；2—连接管；3—盖板；4—侧石；5—格栅

图5-15　道路雨水口示意图

2. 雨水管道

雨水口进入的雨水，通过支管流入雨水管道。雨水管道多沿道路靠近人行道或绿化分隔带的一侧布置。当道路红线宽度大于60m时，可沿街道两侧双线布置。布置时注意与树木、杆柱和侧石保持一定横向距离。为防止淤积，最小流速常采用自清流速，一般为0.75m/s。最小管径不宜小于200mm～300mm。

雨水管道设计纵坡尽量与道路纵坡相近，但最大容许流速不宜大于5m/s（混凝土和砖砌管沟）。

雨水管的最小覆土深度，一般根据外部荷载、管材强度、当地冻土深度以及支管的连接要求而定。除连接临街建筑物的支管埋深可较浅外，其余管道一般不小于0.7m。北方地区则需根据防冻要求确定覆土深度。

第七节　城市道路地下管线与地上杆线

在城市规划中涉及很多工程规划问题，如给、排水工程，电力、通信系统工程等，这些内容将于第六章讲述。它们的地下管网与地上杆线一般都是沿城市道路网布置。

一、城市道路地下管线

城市地下管线设计应根据城市地下管网规划，综合设计、合理确定其位置与标高。建筑红线较宽时，给水、燃气、热力、通信、电力的地下分配管线与排水管可沿道路两侧双排敷设。管线应与道路中线平行，分配管线应敷设在支管线较多的同侧，同一管线不应从道路的一侧转到另一侧，以免增加管线的交叉。

地下管线一般应布置在路侧带下面。用地不够时，可布置在非机动车车行道下面。快速路机动车车行道下面不宜布置任何管线。

在主干路、次干路路侧带及非机动车车行道下面埋设雨水管、污水管。在支路下面可埋设各种管线。

各种管线与建筑物、树木、杆柱、缘石、其他管线间的水平距离和管线交叉时的垂直净距，应符合各专业有关规定。地下管线的埋设深度与结构强度应满足道路施工荷载与路面行车荷载的要求，否则应采取加固措施。图 5-16 和图 5-17 为给水管、排污水及雨水管、通信管沿城市道路铺设地下管线平面图及埋入路下剖面示意图。表 5-15 和表 5-16 为《城市居住区规划设计规范：GB 50180—93》给出的各种地下管线之间最小水平和垂直净距。

地下管线应考虑不影响建筑物安全和防止管线受腐蚀、沉陷、震动及重压。各种管线与建、构筑物之间最小水平距离见表 5-17。

表 5-15　**各种地下管线之间最小水平净距**　单位：m

管线名称		给水管	排水管	煤气管			热力管	电力电缆	通信电缆	通信管道
				低压≤0.005MPa	中压 0.005MPa ~0.3MPa	高压 0.3MPa ~0.8MPa				
排水管		1.5	1.5	—	—	—	—	—	—	—
煤气管	低压	0.5	1.0	—	—	—	—	—	—	—
	中压	1.0	1.5	—	—	—	—	—	—	—
	高压	1.5	2.0	—	—	—	—	—	—	—
热力管		1.5	1.5	1.0	1.5	2.0	—	—	—	—
电力电缆		0.5	0.5	0.5	1.0	1.5	2.0	—	—	—
通信电缆		1.0	1.0	0.5	1.0	1.5	1.0	0.5	—	—
通信管道		1.0	1.0	1.0	1.0	2.0	1.0	1.2	0.2	—

注：(1) 给排水管净距适用管径≤200mm，当管径>200mm 时，净距应≥3.0m。

(2) 大于或等于 10kV 的电力电缆与其他任何电力电缆之间应大于或等于 0.25m，如加套管，净距可减至 0.1m；小于 10kV 的电力电缆之间应大于或等于 0.1m。

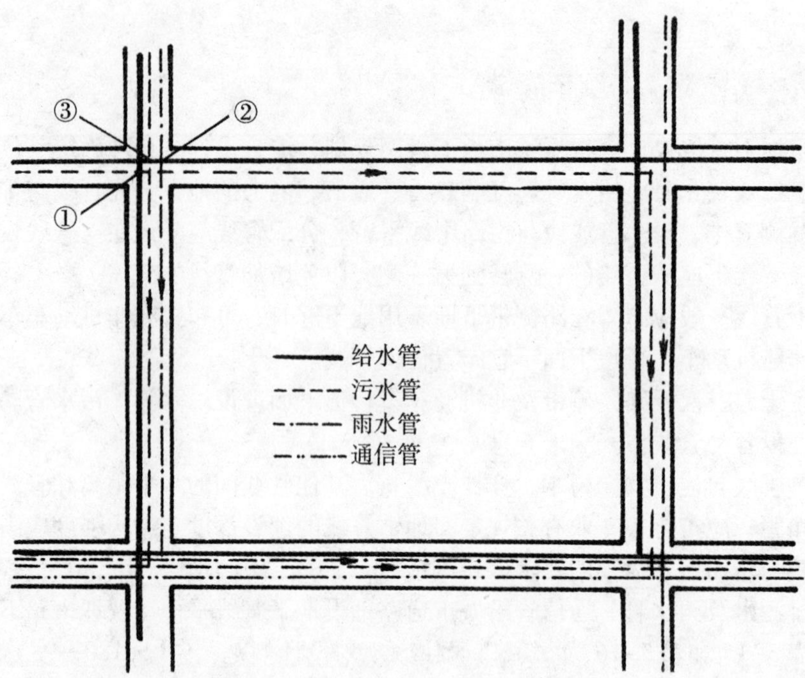

单位：m

①			②			③		
名称	断面直径	管底标高	名称	断面直径	管底标高	名称	断面直径	管底标高
给水	0.25	1 001.85	给水	0.15	1 001.85	给水	0.15	1 001.85
污水	0.20	998.82	雨水	0.60	1 000.80	污水	0.40	998.82
净距 2.55	地面标高	1 003.55	净距 0.39	地面标高	1 003.55	净距 2.58	地面标高	1 003.55

图 5-16 给水管、污水管、雨水管及通信管沿城市道路地下铺设图

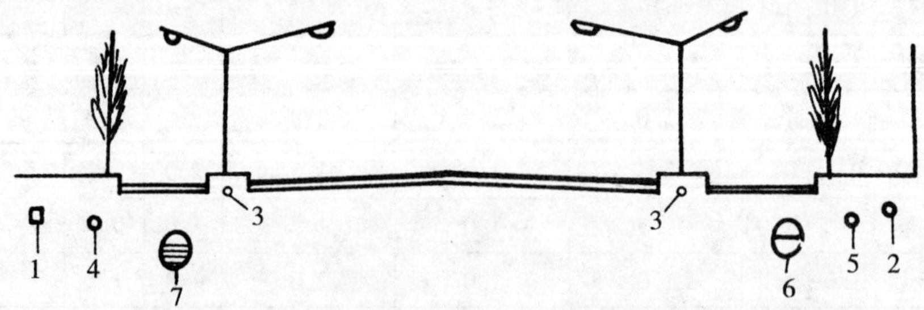

1—通信电缆；2—电力电缆；3—路灯电缆；4—煤气管；5—给水管；
6—污水管；7—雨水管

图 5-17 地下管线铺设剖面示意图

表 5-16　**各种地下管线之间最小垂直净距**　单位：m

管线名称	给水管	排水管	煤气管	热力管	电力电缆	通信电缆	通信管道
给水管	0.15	—	—	—	—	—	—
排水管	0.40	0.15	—	—	—	—	—
煤气管	0.15	0.15	0.15	—	—	—	—
热力管	0.15	0.15	0.15	0.15	—	—	—
电力电缆	0.15	0.50	0.5	0.5	0.5	—	—
通信电缆	0.20	0.50	0.5	0.15	0.5	0.25	0.25
通信管道	0.10	0.15	0.15	0.15	0.5	0.25	0.25
明沟沟底	0.50	0.50	0.5	0.5	0.5	0.5	0.5
涵洞基底	0.15	0.15	0.15	0.15	0.5	0.2	0.25
铁路轨底	1.0	1.2	1.0	1.2	1.0	1.0	1.0

表 5-17　**各种管线与建、构筑物之间最小水平间距**　单位：m

管线建、构筑物		建筑物基础	地上杆柱（中心）			铁路（中心）	城市道路侧石边缘	公路边缘
			<10kV	≤35kV	>35kV			
给水管		3.0	0.5	3.0	3.0	5.0	1.5	1.0
排水管		2.5	0.5	1.5	1.5	5.0	1.5	1.0
煤气管	低压	1.5	1.0	1.0	5.0	3.75	1.5	1.0
	中压	2.0	1.0	1.0	5.0	3.75	1.5	1.0
	高压	4.0	1.0	1.0	5.0	5.00	2.5	1.0
热力管		直埋 2.5 地沟 0.5	1.0	2.0	3.0	3.75	1.5	1.0
电力电缆		0.6	0.6	0.6	0.6	3.75	1.5	1.0
通信电缆		0.6	0.5	0.6	0.6	3.75	1.5	1.0
通信管道		1.5	1.0	1.0	1.0	3.75	1.5	1.0

注：表中热力管与建筑物基础的最小水平间距，当管沟敷设时取 0.5m；直埋闭式管径小于或等于 250mm 时取 2.5m，管径大于或等于 300mm 时取 3.0m；直埋开式取 5.0m。

二、地上杆线

地上杆线按规划横断面布置平行道路中线设置，并满足道路、建筑限界要求。架空通信线与电力线和路面（或地面）的最小垂直距离，见表 5-18 和表 5-19。

表 5-18 市内通信线与路面（或地面）垂直空距 单位：m

与道路平行时，线至路面（或地面）的最小垂直空距	与道路交叉时，线至路面（或地面）的最小垂直空距
4.5	5.5

表 5-19 架空电力线距地面的最小垂直距离 单位：m

地区	线路电压（kV）					
	配电线		送电线			
	<1	1～10	35	60～110	154～220	330
居民区	6.0	6.5	7.0	7.0	7.5	8.5
非居民区	5.0	5.5	6.0	6.0	6.5	7.5

地下管线不宜横穿公路绿地和庭院绿地。与绿化树种间的最小水平净距，宜符合表 5-20 的规定。

表 5-20 管线、其他设施与绿化树种间的最小水平净距 单位：m

管线名称	最小水平净距	
	至乔木中心	至灌木中心
给水管、闸井	1.5	1.5
污水管、雨水管、探井	1.5	1.5
煤气管、探井	1.2	1.2
电力电缆、通信电缆	1.0	1.0
通信管道	1.5	1.0
热力管	1.5	1.5
地上杆柱（中心）	2.0	2.0
消防龙头	1.5	1.2
道路侧石边缘	0.5	0.5

第八节　做好城市交通规划的同时必须加强城市交通的管理

改革开放以来，全国各大城市交通发生了巨大变化。市政府投入大量资金修建市环路，建设立交桥，各种道路网密布，大大提高了交通流量。然而，由于城市人口过于密集，用地十分紧缺，加上近年来汽车数量急剧增加，使城市交通紧张的困难更为突出。据统计，2012 年全国机动车拥有量已达 2.23 亿辆，小汽车已达 1.1 亿辆，80%为私人拥有。我国一些大城市交通拥堵问题非常严重，特别是大城市中心区更是“重中之重”。

一、产生城市交通拥堵的原因

1. 各级道路网密度与综合区、居住区开发配套不够

以北京为例，近年来北京市在道路建设上花费了大量资金、人力，建设了三环、四环、五环、六环路，取得了明显成绩，人均道路面积增加了不少。可是从路网的密度看，不能看总平均，而应分级控制路网密度。北京城区的支路密度是偏低的。按规定，城市支路道路网密度是 $3km/km^2 \sim 4km/km^2$；如果是一般商业集中地区应为 $10km/km^2 \sim 12km/km^2$；如果是市中心区，建筑容积率达到 8 时，宜为 $12km/km^2 \sim 16km/km^2$。支路道路网密度低于这个指标，堵车是必然的。再宽的主干道，再多的快速路和立交桥，也解决不了交通堵塞的问题。

此外，居住区和综合区开发与城市道路系统有密切关系。以北京为例，三环路内住宅小区规模越来越大，如果再成片开发，势必造成“肠梗阻”，打乱街道路网的合理布置，而在三环、四环路内再大片开发综合区，交通也一定会成为瓶颈问题。例如，北京国贸三期在第一阶段策划时要建 330m 高层，交通专家评估分析认为：如建 30 万 m^2，目前道路还可负担；如扩建到 35 万 m^2，就要加建一条城市支路通过该地块。

2. 城区内交通停车位设计（设置）存在的问题

应当说，城市动态交通与静态交通共同构成城市交通的整体。过去城市道路规划对此问题估计严重不足。随着机动车保有量的大幅增长，城市静态交通问题更为显著。首先停车位怎么估算，过去定额中公共建筑的车位标准是 25 辆/万 $m^2 \sim 45$ 辆/万 m^2，现在已上升到 65 辆/万 m^2，而且还有增无减，要达到 90 辆/万 $m^2 \sim 100$ 辆/万 m^2，因此必须开发利用地下空间存车，这样可为地面尽可能多地保留城市宽敞空间和绿地创造条件。

3. 城市公交线路吸引乘客不利

这客观上造成了“小汽车交通增长—交通环境恶化—修建道路—小汽车交通继续增长—交通环境进一步恶化—再修路”的恶性循环。

二、解决的战略出路与具体对策

1. 统一认识上的误区

在过去城市交通规划中，有以下 5 点误区：①重视道路、立交桥建设，忽视城市交通发展战略。表现在各大城市修路建桥，改善城市交通的热情高涨，但缺乏长远、科学的城市交通发展战略，形成道路交通建设“头痛医头，脚痛医脚”的局面。治理工作往往顾此失彼，投入不少，收效甚微。②重视车辆的机动性，忽视“人”的可达性。道路拓宽改造及交通畅通工程等，都以提高机动车的速度为目标，往往牺牲了市民的交通可达性。从城市可持续发展角度看，大城市交通的发展应以可达性为核心，而不是机动性。因为“交通的目的是实现人和物的移动，而不是车辆的移动”。③交通规划和土地利用规划互相脱节。土地利用和城市交通是

“交通源”和“交通流”的关系。不考虑道路承载能力的超强度的土地开发，是大城市中心区交通拥堵的主要原因。④重视道路交通“硬件”建设，忽视交通管理及政策等“软件”建设。⑤重视局部道路改造，忽视道路整体系统性建设。

2. 战略出路

（1）必须坚持公交优先的发展战略，大力发展城市公共交通，尤其是大容量的快速轨道系统，而且公交优先，还有交通结构、资金投入和政策倾斜等更深层次的优先发展问题，只有这样才能提高公交的吸引力。

（2）步行优先战略。城市中心区是“人气”最旺和人流最密集的地区，经验表明在城市中心区建立完善的步行系统，可以把人们的购物、休闲、旅游活动从汽车交通的威胁中分离出来，不仅可以创造“步行者的天堂”，而且有利于商业经营和城市中心区繁荣，增强城市中心区的活力，如德国慕尼黑市中心区、巴黎德方斯中心区等，都是城市中心区步行优先实践的成功典范。

（3）开展交通需求管理（TDM）优先发展战略的研究。20 世纪 80 年代，国外大城市出现了交通需求管理（TDM）理论与实践，通过制定交通需求政策，减少和调整交通量，由原来的追求“供需平衡”转向“以供定需”管理政策，缓解中心区日益恶化的交通拥堵问题。

（4）加强立体化、网络化交通发展战略。大城市中心区人流密集，空间资源有限，应尽可能利用地下空间和空中资源，采取立体交通模式，实施人车分离，各行其道，互不干扰。

3. 具体对策

（1）疏解

大城市中心区过高的人口和机动车密度，必须有机疏解。合理调整城市中心区布局结构，如建立城市副中心，分解现有城市中心多功能重叠等，这是缓解中心区交通拥堵的关键所在。

（2）减量

重视土地利用和交通规划的“一体化”研究，大城市中心区尽可能不规划大量吸引人流、车流的公建设施。做到交通规划与城市规划同步进行，甚至引领城市规划，以交通建设为纽带和导向推进城市建设。

（3）截流

城市中心区交通拥堵，在很大程度上是由于过境车流穿越中心区所造成的，如有些城市中心区过境车流达 60%。因此在中心区外围建立环形快速路，适时打断穿越城市中心交通干道，有助于缓解大城市中心区交通压力。此外，在中心区边缘地带建设停车场，便于人们换乘公交进入市中心区，也会大量缩减进入市中心的车辆。

（4）整治

对大城市中心区现有路网进行整治，进行合理分级，调整路网结构和路网密度，开辟疏运干道，改造“卡脖子”、“蜂腰”、“瓶颈”路段，拓展改造交叉路口等，最大限度挖掘现有道路交通资源的潜力，在一定程度上能缓解大城市中心区交通拥堵压力。

（5）严管

采取智能化高科技手段，在中心区实行严格的交通管理，最大限度提高现有道路的通行能力。

4. 城市地下空间开发利用

开发城市地下空间是提高城市空间资源利用效率、开发地下交通系统、提高防灾和战备能力的有效途径。城市地下空间规划建设，包括地下步行道路系统、地下停车场、地下快速轨道交通系统以及地下高速道路系统和换乘枢纽等。这些地下交通设施系统与地上空间发展形成有机的结合。

5. 努力发展绿色交通

当今世界绿色交通风起云涌，如欧盟国家许多大城市里，都设有公交专用道，其他车辆不得驶入公交专用道，公交车行驶速度很快。公交车专用道旁边是自行车道，只许自行车进入，其他车辆只得在机动车道上缓缓行驶。

第九节　小结

本章主要介绍了城市交通对道路规划建设的基本要求，城市道路的分类及主要布局形式，城市道路规划经济指标及其测定，城市道路断面的规划设计，城市道路交叉布置形式等内容。同时还介绍了城市道路排除地面雨水系统以及地下管线与地上杆线的布置，最后对城市道路交通管理进行了阐述。

□ 关键概念

城市道路网　道路网密度　道路通行能力　道路横断面

□ 复习思考题

1. 城市道路的分类有哪些？
2. 城市道路网的布局形式有哪些？
3. 城市道路规划经济指标有哪些？
4. 城市道路横断面典型类型有哪些？
5. 城市道路交叉口的类型有哪些？
6. 城市道路地下管线与地上杆线如何布置？
7. 怎样加强城市交通的管理？

第六章

城市规划中的工程规划

□ 学习目标

本章主要掌握城市给水、排水、电力、供热、燃气、通信等系统的布置形式，熟悉城市防灾与减灾规划和城市环境卫生工程系统规划的主要内容，了解工程规划的内涵。

在城市规划中要解决的工程问题很多，如给水工程、排水工程、防洪工程、供电工程、供热工程、燃气工程以及开发新区的土地工程准备等。除防洪工程外，一般称它们为市政公用设施。在城市规划中，上述各单项工程由专业工程技术人员负责，但这些单项的综合、领导与配合工作，由城市规划人员承担，如城市用地竖向规划及管网工程综合等。

第一节 城市给水工程规划

水是一切生物赖以生存的最基本条件，是人类一切经济活动的命脉。城市供水是现代社会发挥城市的中心作用、实现经济繁荣、建设环境舒适现代化城市的决定因素。解决好城市供水问题，对保证城市各项事业顺利发展，保持良好的生态环境，使城市可持续发展有着十分深远的重要意义。

为了集取天然河道水、地下水或水库蓄水的淡水资源，经过一定处理，使之符合工业生产用水和居民生活饮用水的标准，并从水源地安全、可靠、经济合理地输送到各类用户，需要修建给水工程系统，为此需要做好城市给水规划。

一、城市用户用水总量测算

设计给水工程首先要确定设计水量。通常将设计用水量作为设计水量。

设计用水量是根据设计年限内用水单位数、用水定额和用水变化情况预测计算得到的用户日用水总量。设计用水量包括下列用水：（1）综合生活用水量 Q_1，包括居民生活用水量和公共建筑及设施用水；（2）工业企业生产用水量 Q_2；（3）工业企业工作人员生活用水量 Q_3；（4）浇洒道路和绿地用水量 Q_4；（5）未预见水量和管网漏失量 Q_5；（6）消防用水量 Q_x。

（一）各项用水量计算

1. 综合生活用水量 Q_1

$$Q_1=fq_1N_1 \tag{6-1}$$

式中：f——给水普及率，%；

q_1——最高日综合生活用水定额，m^3/d，见表6-1；

N_1——设计年限内计划人口数。

表6-1　**综合生活用水定额**　单位：L/（cap·d）

城市规模	特大城市		大城市		中、小城市	
用水情况 / 分区	最高日	平均日	最高日	平均日	最高日	平均日
一	260～410	210～340	240～390	190～310	220～370	170～280
二	190～280	150～240	170～260	130～210	150～240	110～180
三	170～270	140～230	150～250	120～200	130～230	100～170

注：（1）特大城市指市区和近郊非农业人口100万及以上的城市；大城市指市区和近郊非农业人口50万及以上，不满100万的城市；中小城市指市区和近郊非农业人口不满50万的城市。

（2）一区包括贵州、四川、湖北、湖南、江西、浙江、福建、广东、广西、海南、上海、云南、江苏、安徽、重庆；二区包括黑龙江、吉林、辽宁、北京、天津、河北、山西、河南、山东、宁夏、陕西、内蒙古河套以东和甘肃黄河以东的地区；三区包括新疆、青海、西藏、内蒙古河套以西和甘肃黄河以西的地区。

2. 工业企业生产用水量 Q_2

$$Q_2=q_2N_2(1-n)\quad (m^3/d) \tag{6-2}$$

式中：q_2——工业万元产值用水量，m^3/万元；

N_2——设计年限内日计划万元产值，万元/d；

n——工业用水重复利用率，%。

3. 工业企业工作人员生活用水量 Q_3

$$Q_3=\sum(q'_3N'_3M'_3+q''_3N''_3M''_3)\quad (m^3/d) \tag{6-3}$$

式中：q'_3——生活用水定额，一般车间25L/（人·班），高温车间35 L/（人·班），小时变化系数2.5～3.0；

N'_3——每班工作人数，人/班；

M'_3——每日工作班数，班/d；

q''_3——淋浴用水定额，L/（人·班），见表6-2；

N''_3——每班淋浴人数，人/班；

M''_3——每日工作班数，班/d。

表6-2 工业企业内工作人员淋浴用水量

分级	车间卫生特征			用水量 L/（人·班）
	有毒物质	生产粉尘	其他	
1级	极易经皮肤吸收引起中毒的剧毒物质（如有机磷、三硝基甲苯、四乙基铅等）		处理传染性材料，动物原料（如皮、毛等）	60
2级	易经皮肤吸收或有恶臭的物质，或高毒的物质（如丙烯腈、吡啶、苯酚等）	严重污染全身或对皮肤有刺激的粉尘（如炭黑、玻璃棉等）	高温作业、井下作业	60
3级	其他毒物	一般粉尘（如棉尘）	重作业	40
4级	不接触有毒物质及粉尘，不污染或轻度污染身体（如仪表、机械加工、金属冷加工等）			40

4. 浇洒道路和绿地用水量 Q_4

$$Q_4 = q'_4 N'_4 M'_4 + q''_4 N''_4 M''_4 \quad (\mathrm{m^3/d}) \tag{6-4}$$

式中：q'_4、q''_4——浇洒道路和绿地用水定额，L/（$\mathrm{m^2}$·次）；

N'_4、N''_4——道路和绿地面积，$\mathrm{m^2}$；

M'_4、M''_4——每浇洒日道路和绿地次数，次/d。

5. 未预见水量和管网漏失量 Q_5

$$Q_5 = (15\% \sim 25\%)(Q_1+Q_2+Q_3+Q_4) \quad (\mathrm{m^3/d}) \tag{6-5}$$

6. 消防用水量 Q_x

$$Q_x = q_x N_x \quad (\mathrm{L/s}) \tag{6-6}$$

式中：q_x——一次灭火用水量，L/s，见表6-3；

N_x——同一时间内火灾次数，见表6-3。

（二）最高日用水量 Q_d

最高日用水量，是指设计年限内用水最多一日的用水量。可由上述各项用水求和得到：

$$Q_d = (1.15 \sim 1.25)(Q_1+Q_2+Q_3+Q_4) \quad (\mathrm{m^3/d}) \tag{6-7}$$

一般最高日用水量中不计入消防用水量，这是由于消防用水是偶然发生的，其数量占总用水量比重较小。但是对于较小规模的给水工程，消防用水量占总用水量

表 6-3　　城镇、居住区室外消防用水量

人数（万人）	同一时间内的火灾次数（次）	一次灭火用水量（L/s）	人数（万人）	同一时间内的火灾次数（次）	一次灭火用水量（L/s）
≤1.0	1	10	≤40.0	2	65
≤2.5	1	15	≤50.0	3	75
≤5.0	2	25	≤60.0	3	85
≤10.0	2	35	≤70.0	3	90
≤20.0	2	45	≤80.0	3	95
≤30.0	2	55	≤100	3	100

比重较大时，应将消防用水量计入最高日用水量。

给水工程设计将最高日用水量作为设计用水量，即设计水量。

二、城市供水流量变化曲线及给水工程设计流量计算

给水工程中各建筑物、构筑物、输水管路等建设规模取决于其设计流量的大小。设计流量依据最高日用水量及用户用水量变化情况确定。

（一）用户用水量变化曲线

在一个城市中，无论是生活或生产用水，用水量经常在发生变化。生活用水量随着生活习惯和气候而变化，如假期比平日用水高，夏季比冬季多；从我国大中城市的用水情况可以看出，在一天内又以早晨起床后和晚饭前后用水最多。

工业生产用水量中包括冷却用水、空调用水、工艺过程用水以及清洗、绿化等其他用水，在一年中水量也是有变化的。冷却用水主要是用来冷却设备，带走多余热量，所以用水量受到水温和气温影响，夏季多于冬季，例如火力发电厂、钢厂和化工厂在6—7 月份高温季节的冷却用水量约为月平均用水量的 1.3 倍；空调用水量用以调节室温和湿度，一般在 5—9 月时使用，在高温季节用水量大；除冷却、空调外的其他工业用水量，一年中比较均衡，很少随气温和水温变化，如化工厂和造纸厂，每月用水量变化就很小；还有一种季节性很强的食品工业用水，在高温时生产量大，用水量骤增。

1. 一年中日用水量变化曲线

图 6-1 为某城市一年中各日用水量变化曲线。图中最高日用水量 Q_d 与平均日用水量 $\overline{Q}$ 的比值，叫做日变化系数 K_d，即：

$$K_d=\frac{Q_d}{\overline{Q}} \quad \text{或} \quad \overline{Q}=\frac{Q_d}{K_d} \tag{6-8}$$

根据给水区的地理位置、气候、生活习惯和室内设施程度，其值约为

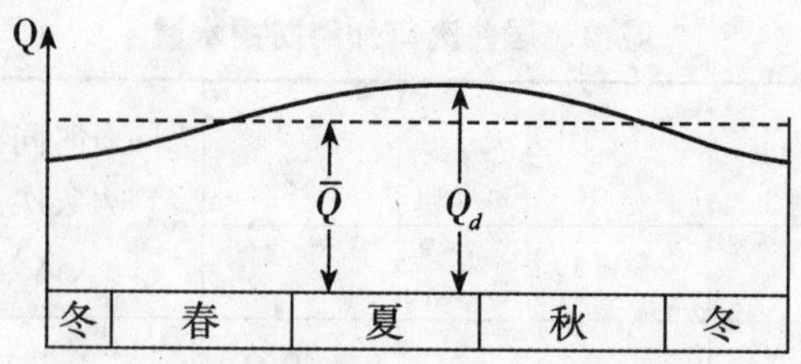

图 6-1　某城市一年中各日用水量变化曲线

1.1~1.5。初设时用（6-8）式可估算全年的总用水量 $W_{年}$，即：

$$W_{年}=365\overline{Q}=365\,\frac{Q_d}{K_d}\ (\mathrm{m}^3) \tag{6-9}$$

2. 最高日内各小时用水量变化曲线

在最高日内，每小时的用水量也是变化的。变化幅度与居民数、房屋设备类型、职工上班时间和班次有关。图 6-2 为某大城市最高日用水量时变化曲线。

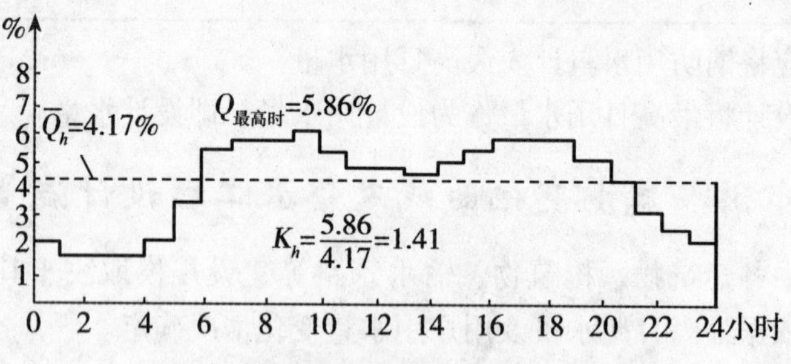

图 6-2　某大城市最高日用水量时变化曲线

一般时用水量以最高日用水量的百分数来表示。图中最高时用水量为 5.86%，发生在 9—10 时。将各时水量相加除以 24 小时，可算得平均时用水量，本例得 4.17%。同样得最高日最高时用水量与平均时用水量的比值，称时变化系数 K_h，本例 $K_h=\frac{5.86}{4.17}=1.41$。在我国 K_h 值一般在 1.3~1.6 之间，初设时大中城市用水较均匀，K_h 取较小值；小城市取较大值。

（二）确定设计流量

1. 取水构筑物、一级泵站、原水输水管、水处理构筑物设计流量 Q_I，按最高日用水量计算，具体按下式计算：

$$Q_I=\alpha\,\frac{Q_d}{T}\qquad (\mathrm{m}^3/\mathrm{h}) \tag{6-10}$$

式中：Q_d——最高日用水量，m^3/d，由（6-7）式算得；

T——给水系统连续制水小时数，h /d，一般昼夜连续工作为 24h；

α——自用水系数，取 1.05~1.10，视给水系统中水处理情况确定，如取地下水而不需复杂处理的，可取 $\alpha=1.00$。

根据公式（6-10）计算结果，可以制成最高用水日内均匀逐时供水量表，见表 6-4。

表 6-4　　**逐时用水量计算表**

时间（h）	综合生活用水		A 厂			B 厂			…	浇洒道路	浇洒绿地	未预见及遗漏	每小时用水量	
			生活	淋浴	生产	生活	淋浴	生产						
	%	m^3	m^3			m^3				m^3	m^3	m^3	m^3	%
0～1														
1～2														
⋮														
22～23														
23～24														
Σ	100	Q_1	Q_3		Q_2	Q_3		Q_2	…	Q_4		Q_5	Q_d	100

根据表 6-4，可以 24h 为横坐标，绘成以小时供水量为纵坐标的阶梯状供水量曲线。

2. 二级泵站设计流量 Q_{II}。

当配水管网中不设调节构筑物，二级泵站设计流量 Q_{II}应逐时等于用水量。这可通过水泵调速实现或多水源管网分时分级供水解决，即 $Q_{II}=\frac{K_hQ_d}{T}$（m^3/h）。如单位改为（L/s），则其设计流量为 Q_h，见式（6-11）。

$$Q_h=\frac{1\,000\times K_hQ_d}{24\times3\,600}=\frac{K_hQ_d}{86.4}\text{（L/s）} \tag{6-11}$$

式中：K_h——用水量的时变化系数。

3. 配水管网设计流量。

配水管网应保证在任何情况下满足用户用水量，因此，其设计流量同样按最高日最高时设计流量用公式（6-11）确定。

此外，配水管网设计还应满足消防时、转输时、事故时等工况的水量和水压转换，所以还要确定上述工况的计算流量。

三、输水管、配水管直径 d 的选择与材料

（一）管径 d 的计算

城市供水管包括输水管及配水管，它们管径的大小取决于通过的设计流量大小，需要进行配水网水力学计算，这里主要介绍估算方法。

输、配水管皆为有压流，其过水流量 q 等于管道过水面积 ω（m^2）乘以水流的平均流速 V（m/s），即：

$$q=\omega V=\pi\frac{d^2}{4}V$$

得管道内径：$d=\sqrt{\frac{4q}{\pi V}}$

根据我国各大城市给水网规划设计经验，可按管内经济流速 V_e 的方法，估算输、配水管道直径，即：

$$d=\sqrt{\frac{4q}{\pi V_e}} \tag{6-12}$$

经济流速 V_e 值为（相当每千米管段的水头损失为 5m 左右）：

当 $d=100\text{mm}\sim350\text{mm}$ 时，$V_e=0.6\text{m/s}\sim0.9\text{m/s}$。

当 $d=350\text{mm}\sim600\text{mm}$ 时，$V_e=0.9\text{m/s}\sim1.4\text{m/s}$。

当 $d=600\text{mm}\sim1\,000\text{mm}$ 时，$V_e=1.4\text{m/s}\sim2.0\text{m/s}$。

例：某新兴城市预测最高日最高时设计流量 $Q_h=0.577\text{m}^3/\text{s}$，计算其配水管道主干线输水管直径 d。

初值选经济流速 V_e 值，取 1.6 m/s，由式（6-12）可得：

$$d=\sqrt{\frac{4\times0.577}{\pi\times1.6}}=0.678\ (\text{m})$$

可取：

$$d=0.7\text{m}=700\text{mm}$$

（二）给水管的材料选择

给水工程中的管网投资一般为工程费用的 50%～80%，而管网工程在投资中，管材费用一般在 1/3 以上。

给水管网属于城市地下永久性隐蔽工程设施，要求很高的安全可靠性。给水管网由众多管连接而成，水管为工厂现成品，运到施工现场后进行埋管和接头。水管性能要求有承受内外荷载的强度、内壁光滑、寿命长、价格便宜、运输安全方便，并要求一定的抗侵蚀性。目前常用的给水管材料有以下几种：

1. 灰铸铁管

这是以往使用最广泛的管材，主要用在管径为 0.8m～1.0m 的地方。其优点是经久耐用、耐腐蚀性强、使用寿命长；缺点是质地较脆、不耐振动和弯折，易发生爆管，目前已不适应城市的发展趋势。

2. 球墨铸铁管

球墨铸铁管强度高、耐腐蚀、使用寿命长，安装施工方便，能适用于各种场合，如高压、重载、地基不良、振动等条件，抗震性能也好，并较适合于大中口径管道，是目前应用较广的管材。

3. 钢管

管径大于 1.2m 以上时宜采用钢管。钢管具有较好的机械强度，耐高压、耐振动、重量较轻、单管长度长、接口方便，有较强适应性；缺点是耐腐蚀性差，防腐处理造价高。钢管一般不直接埋地。

4. 钢筋混凝土管

随着预应力钢筋混凝土工艺的提高，钢筋混凝土管是较为经济的管材。它防腐能力强，不需任何防腐处理，有较好的抗渗性和耐久性。抗震性能也好，使用寿命长，低压大口径输水管可采用预应力钢筋混凝土管，高压大口径输水管现采用钢筒与预应力钢筋混凝土管复合而成的钢筒混凝土管，是较理想的大水量输水管材。

5. 塑料管

塑料管多用于小口径，适用于住宅主管安装，不宜埋在车道下。其优点是表面光滑、不易结垢、水头损失小、耐腐蚀、重量轻，加工连接方便；缺点是管材强度低、性质脆、抗外压和冲击性差。

四、城市供水资源的选择及节约用水规划

为了保证人类水资源可持续发展，了解一下我国水资源目前状况是必要的。

全球的水大概有 $14\times10^8 km^3$，其中 97% 为海水，淡水的 70% 又都储存在南、北极的冰山上，故流动在河川、湖泊中的地表水和地下水的淡水资源仅为地球上全部水量的 0.8%。

水在大陆—河海—大气中进行全球循环运动，这是自然规律，太阳能是水循环的动力。海面、湖面以及地表面接受太阳能而使水分大量蒸发到上空凝结成云，云随风飘动，遇冷降雨（雪、雾、霜），地面降水又形成地表和地下径流，地表水汇集成小溪、大江大河，奔流入海，然后再被蒸发……往复不断地进行着水文循环。

在水的自然循环体系中，人类活动的用水循环是一个旁路，这条旁路应该是有节制的，必须与之相协调，做到“天人合一”，才能永续生存和发展。当前，世界各国都不同程度地提出了“健康（健全、良性）水循环”的概念，是针对人们过度取用自然水，用后滥排污水和丢弃废物，滥施农药与化肥而提出的。所谓健康水循环，就是上游地区用水循环不影响下游水域的水体功能，水的社会循环不损害水自然循环的客观规律。对每一具体城镇建成一个完备的水循环系统，既要有安全、可靠的供水资源（系统），又要有污水收集、处理、深度净化的系统。

我国是一个贫水的国家，2003 年度确定为严重缺水的国家，人均占有淡水资源量仅为世界人均占有量的 1/4。河流年径流量是反映水资源的主要特征，它不仅包括大气降水和高山冰雪融水产生的动态地表水，而且包含绝大部分动态地下水。我国多年平均水资源总量为 $28\ 040.8\times10^8 m^3$，其中地表水多年平均值为 $27\ 114.2\times10^8 m^3$，地下水多年平均为 $926.6\times10^8 m^3$，总量占世界第六位。但按人均水资源总量却很少，只有 $2\ 700 m^3$，占世界人均水量的 1/4，而且水资源时空分配极不均匀。从空间说，长江流域以南的水量占 80%，黄河、淮河和海河三个流域水量只占 8%；从时间说，大部分河流夏季水量大而冬、春季水量却很少。

随着城市的发展，近几年来北方城市特别是北方沿海城市用水日趋紧张。目前，我国有近 300 个城市用水紧张，严重缺水的有 108 个城市。有的城市地下水已开采过量，形成了地下漏斗。如北京市由于用水紧张，不得不将原计划用于灌溉和发电的密云水库，改为专为城市供水。为了更可靠得到水源，我国已经开始启动了中线南水北调工程。沈阳、鞍山、大连同样把附近甚至很远的灌溉用的水库，引入城市供水，致使用水成本大大提高。所以新规划城镇时，最好是靠近河道选择河道

取水，无河道时，可选地下水，或者在附近河道修建专门供水的水库。另外，水资源严重污染也加剧了用水紧张的矛盾。

在选择水源和保护水源的同时，我们必须开展城市节制用水规划，要增强人民的节水意识和水资源危机感，努力建立节水型社会。

为了支持21世纪我国城市社会、经济和环境的可持续发展，促进节水型城市的建立，解决水资源的严重不足，必须解放思想、转变观念，适时调整用水战略，进一步强调城市节制用水的主导地位，提高城市节水的科学管理水平，就需要结合各地城市水资源状况，编制城市节制用水规划。

城市节制用水规划属于专业规划，是城市水资源规划的重要组成部分，也是城市国民经济和社会发展计划的重要内容。因此，节水规划必须在经济规划下进行。规划的根本目的在于使城市社会经济得到持续、稳定的发展，使人民的生活水平得到持续的提高。

截至2003年的统计，我国668个城市中，有85%以上建立了节水办公室。十几年来开展大量节水措施，取得了很大成绩。其具体措施有：

1. 工业节水

工业节水首先是尽量开发用水少的高新技术产业，然后尽量采用工业节水措施。

工业节水措施有三种类型：①提高生产用水系统的用水效率，亦即提高水的再用率，称“系统节水”；②加强节水管理，减少水的损失和淡水冷却水的用水量，称“管理节水”；③改变生产工艺，减少生产产品时水的需求量，称“工艺节水”。从1983—1997年，我国城市工业用水再用率从18%上升到73.35%；产品万元产值取水量也从495m^3/万元下降到89.8m^3/万元。分析以上节水效果，大致是“系统节水”占65%，“管理节水”和“工艺节水”共占35%。而其中“工艺节水”所占比重有限，今后应在企业改造、技术进步、产品结构上深入开展“工艺节水”，难度较前者更大。

2. 近郊农业用水节水

我国过去农田灌溉用水大部分是粗放型，灌溉用水利用率很低，致使灌溉的水量超过农作物实际需要水量的1/3～1倍。国外发达国家灌溉用水利用系数为0.7～0.8，我国只有0.3～0.5。今后要大力发展防渗渠道，采用管道灌溉，适度采用喷灌、滴灌等科学省水的灌溉制度。此外，在调整种植结构上尽量选择节水的农作物品种。

3. 城市污水再生利用

随着我国经济迅速发展，人民生活水平逐步提高，工业化与城市化加快，用水量增加，城市污水排放量也相应增加，加速了淡水的短缺，同时也加速了水环境污染。为了更好地改善水环境，保护水资源，采用处理与利用相结合的措施，即利用生态处理系统，在污水处理的同时实现污水的无害化和资源化，实现水的良性循环和水资源可持续利用。

城市污水是由生活污水和工业废水组成的。一般工业废水占56%，生活污水占

33%，而后者还在逐年增加。所谓再生水也称中水，是指经过处理后回用的工业废水和生活用水。污水利用一般是在二次生化处理基础上，经接触氧化，混凝沉淀，过滤和消毒处理，达到规定的水质标准后，作第二水源用于工业冷却、城市景观、日常冲洗、生态恢复、绿地和道路的浇洒等用水，表现了一定意义上的再生。城市污水再生利用规划与城市排水规划有关，将在"六、城市中水系统规划"部分中介绍。

4. 城市雨水的调蓄利用

城市可通过各种方式，如修建塘坝、水窖、涝地等工程措施，把汛期雨水储存蓄积，以备干旱时期使用，这对干旱地区有显著效果。

5. 海水利用

这里提的海水利用不是指海水淡化，而是指不经过淡水处理而直接替代某些场合下需用的淡水（新水）资源。

（1）工业冷却用水——前述城市用水中工业用水占60%，其中70%～80%为工业冷却用水。对有些设备可直接采用海水冷却。

（2）生产用水——建筑、印染、化工生产，部分可用海水代替淡水。

（3）洗涤、加工海产品时，可直接采用海水。

（4）碱厂可采用海水作为化盐用水。

（5）海水经过简单预处理，可以冲洗道路、厕所，消防和游泳池用水。据统计，冲洗厕所用水占城市生活用水的1/3左右，仅此一项改革就会对城市节水作出重大贡献。

五、城市给水系统

城市给水的取水、水质处理、输水和配水等工程设施是以一定方式组成的总体，称**城市给水系统**。

（一）城市给水工程

为城市提供生产、生活等用水而兴建的，包括原水的取集、处理以及成品水输配等各项工程设施称为城市给水工程。城市给水工程通常分为三部分，即取水工程、净水工程和输配水工程，下面分别介绍。

1. 取水工程

取水工程主要包括选择水源和取水地点，建造适宜的取水构筑物等，主要任务是保证城市取得足够的水量。

2. 净水工程

建造给水处理构筑物，对天然水质进行处理，满足国家规定的生活饮用水卫生标准或各工业生产用水水质标准要求。

3. 输配水工程

将足够水量输送和分配到各用水地点，保证足够水压，敷设输水管道、配水管网，建造水泵站、水塔和水池等调节构筑物。图6-3为城市取用地面水（天然河道）的给水系统的一般组成形式。图中一级泵站通常均匀供水到水厂，二级泵站根据用水量变化供水到管网，两者供水量不平衡，由两泵站间的清水池调节水量，其容积由一、二级泵站的供水量曲线确定；图中水塔是给水系统调节流量和保证水压的构筑物，调节水量主要是调节二级泵站供水量和管网用户用水量之间的流量相差，其容积由二级泵站供水量曲线和管网用户用水量曲线确定。水塔高度由所处地面标高和保证的用户水压确定。

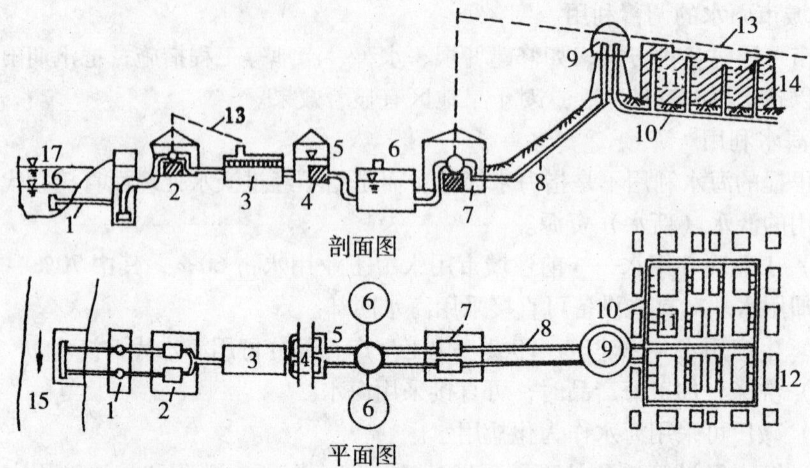

1—取水构筑物；2——级泵站；3—沉淀设备；4—过滤设备；5—消毒设备；6—清水池；7—二级泵站；8—输水管道；9—水塔或高地水池；10—配水网；11—城市居民区；12—工业区；13—水压线；14—居住房屋保证水压范围；15—河流；16—低水位；17—高水位

图 6-3　城市地面水源给水系统示意图

（二）给水系统总体布置形式

根据城市总体规划布局、水源性质和当地自然条件、用户对水质要求等不同，给水系统布置也各异，常见形式有：

1. 统一给水系统

城市生活饮用水、工业用水、消防用水等都按照生活饮用水质标准，用统一的给水管网供给用水的给水系统，称统一给水系统，如图 6-4 所示。对工业用水量不大，水质、水压无特殊要求，城市建筑层数差异不大，居民区、工业区相对集中的城市，宜采用这种形式。图 6-4 为两个地面水源统一给水系统平面布置图。它调动灵活，能就近取水，动力消耗较少，管网压力均匀，供水安全性也好；缺点是管理人员、设备要增多。

2. 分质给水系统

水源取水后经不同净化过程，用不同管道，分别将不同水质的水供给各用户，称分质给水系统。图 6-5 为分质给水系统示意图。

3. 分区给水系统

大城市各功能分区较明显，则可根据分区特点分几个区域供水，即每一分区有

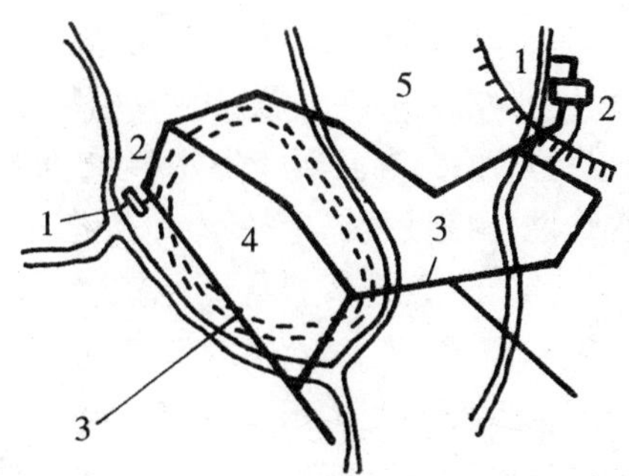

1—取水构筑物；2—水厂；3—给水管网；4—旧城区；5—新城区

图 6-4　两个地面水源统一给水系统平面布置图

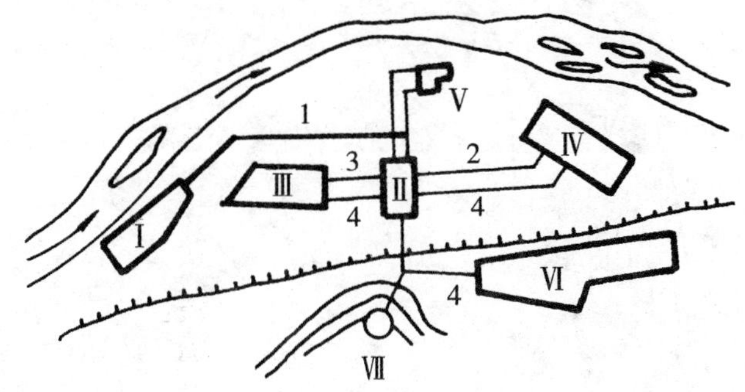

Ⅰ—取水构筑物；Ⅱ—水厂；Ⅲ，Ⅳ，Ⅴ—工厂；Ⅵ—居住区；Ⅶ—高位水池；
1—一次沉淀水；2—二次沉淀水；3—过滤水；4—生活饮用水

图 6-5　分质给水系统示意图

自己的泵站、管网和水塔。有时各区保持联系。图 6-6 为地下取水单水源分区给水系统示意图。其水源采用 10km 外的河流上游两岸的地下水，主要是由于水质优良，加氯消毒后即能满足生活饮用水质要求。

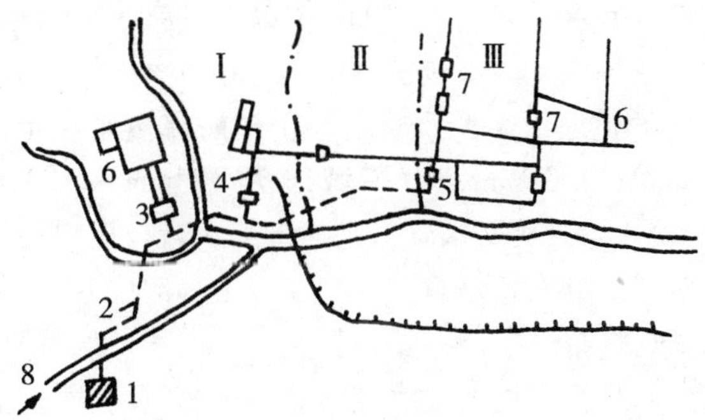

Ⅰ—北郊新城区；Ⅱ—北郊工业区；Ⅲ—旧城区
1—地下取水构筑物；2—低压输水管道；3—北郊新城区配水站；4—北郊工业区配水池；
5—旧城区配水站；6—配水管网；7—加压站；8—河流

图 6-6　地下单水源分区给水系统示意图

4. 分压给水系统

图 6-7 为多地面水源分压给水系统示意图。城市位于两江交汇处，与城市中心区地面高程相差 150m 以上。沿河布置若干取水口及净水站，处理后的水分级加压供给不同高度上的供水管网。该城大体上按 60m 高差分级，每级起端设泵加压，末端高处设调节池（水塔）。

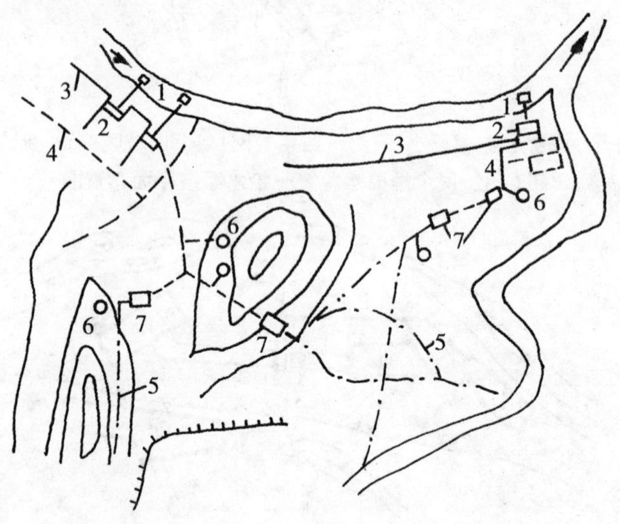

1—取水；2—工厂；3—低压配水网；4—中压配水网；
5—高压配水网；6—水池；7—加压泵站

图 6-7 多地面水源分压给水系统示意图

5. 有些工业用水可重复使用或循环使用，可布置相应的循环式给水系统

（三）给水管道管网的布置

城市给水管网按管线作用可分为干管、配水管和接户管。干管的主要作用是输水至城市各用水地区，直径一般选为 100mm 以上，对于大城市一般选为 200 mm 以上。配水管是把干管输送来的水量送到接户管和消火栓的管道。它敷设在每一条街道或工厂车间前后的道路上。配水管管径由消防流量来决定，一般其最小管径为：小城市为 75 mm ~ 100 mm，中等城市为 100mm ~ 150 mm，大城市采用 150 mm ~ 200 mm。接户管又称进水管，是连接配水管与用户的管。图 6-8 为给水管道干管、配水管和接户管布置示意图。

（四）输水管（渠）布置

从水源到水厂或水厂到管网的输水管线称为输水管（渠）。它的任务主要是输水而不是沿线配水。因而，通过输水管（渠）的流量基本上是不变的。根据地形不同，输水形式可为明渠重力流或输水管道的压力流。输水管道最好沿现有道路或规划道路敷设。为保证安全供水，城市生活和消防用水输水管一般应设置两条以上，并设置连通管。连通管的直径可采用与输水管相同或小于输水管直径的 20% ~30%，但必须保证任何一段输水管发生事故时，仍能通过 75% 的设计流量。

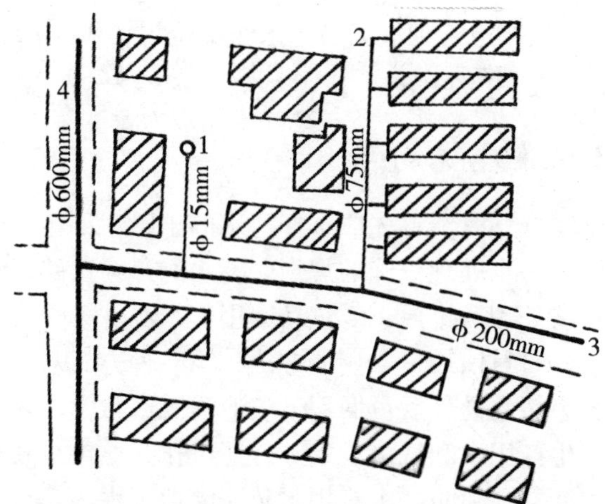

1—集中龙头；2—接户管；3—配水管；4—干管

图 6-8　干管、配水管、接户管布置示意图

若用一条输水管时，为安全供水，可在用水区附近建筑蓄水池，水池容积按事故用水量与事故延续时间来计算。

（五）管网的自由水头

整个管网要进行复杂的水力学计算。为了对建筑物的最高用水点供应足够的水量和适宜的压力，要求管网供水具有一定的自由水头 H_C。自由水头是指配水管中的压力高出地面的水头。这个水头必须能够使水送到建筑物最高用水点，而且还必须使水龙头具有放水的压力。图 6-9 为自由水头 H_C 的图示。

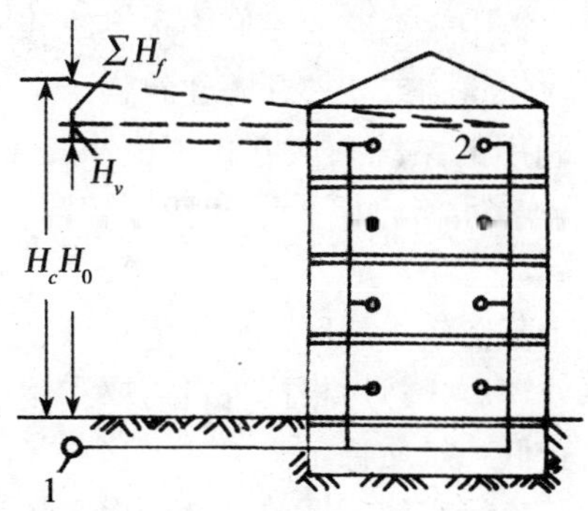

1—接户管；2—最高、最远的水龙头

图 6-9　管网自由水头示意图

从图中可知：

$$H_C = H_0 + H_V + \sum H_f \qquad (6-13)$$

式中：H_C——各网自由水头，m；

H_0——最高楼层水龙头高度，m；

H_V——最高层楼水龙头放水压力水头，m；

$\sum H_f$——从接户管到最高最远水龙头位置，供水沿程水头损失和局部水头损失之和，m。

六、城市中水系统规划

进行城市排水工程规划时，首先应选择污水的出路，即污水处理利用方式，然后才能进行排水管网和污水处理设施的规划。污水的最终出路通常有三条：①直接排放水沟或土壤中；②处理后排放；③重新回用作水源。第一种方式在我国城市几乎已无法承受；第二种是目前最常采用的方法；第三种方式对于缺水地区是最有价值和应用前景的。城市污水处理后可回用于农业灌溉或鱼类、水生植物的养殖；工业上可用作冷却水、生产用水和洗涤用水等；还可作为城市市政杂用水，可浇洒绿化带，冲洗车、道，冲厕，消防，水景用水及回灌地下水等。

（一）城市中水系统概述

城市中水系统是指将城市污水或生活污水经一定处理后用作城市杂用，或工业用的污水回用系统。所谓中水是相对于给水（上水）和排水（下水）系统而言的。现在研究和实施较多的是建筑中水系统和小区杂用供水系统。国内外多年研究与实践表明，中水系统对于节约用水、减少水环境污染，具有明显的效果。

中水水源取自生活用后排放的污水、冷却水，甚至雨水和工业废水。选择中水水源，一般按下列顺序取舍：冷却水、淋浴水、盥洗排水、洗衣排水、厨房排水、厕所排水，其中应最先选用前四类排水。其排水量大，有机物浓度低，处理简单。医院污水不宜作为中水水源。中水水源量应是中水回用量的110%～115%。

中水系统按规模可分建筑中水系统、小区中水系统和城市中水系统。

建筑中水系统是将单幢建筑物或相邻几幢建筑物产生的一部分污水经适当处理后，作为中水，进行循环利用的系统。该方式规模小，不需在建筑外设置中水管道。污水进行现场处理，较易实施，但投资和费用较高，多用于用水单独的办公楼、宾馆等公共建筑。

小区中水系统是在一个范围较小地区，如住宅小区、几个街坊或小区联合成一个中水系统，设一个中水处理厂，然后根据各自需要和用途供应中水。该方式管理集中，投资和运行费相对较低，水质稳定。

城市中水系统是利用城市污水处理厂的深度处理水作为中水，供给具有中水系统的建筑物或住宅区。该方式规模大、费用低、管理方便，但需要单独敷设城市中水系统。

目前，我国主要是一个建筑或几个建筑物建一个小型中水系统，就近回用于这些建筑物。从运行和管理角度，小区中水系统有广泛发展前景，特别适应于新建居住区、商业区、开发区等。

（二）中水系统规划要求

中水系统及给水系统和排水系统的功能，所取原水来自集流的城市排水，中水处理设施既是污水处理厂又是给水净化厂，而其出水系统是中水系统的给水系统。

为此，在进行中水规划时要注意以下几个问题：

1. 中水系统主要为解决用水紧张问题而建立。缺水地区在给水规划时要明确建立中水系统的必要性，凡总体规划中明确建立中水系统的城市，应在给、排水工程的分区规划和详细规划中，结合城市具体情况，对中水系统集流形式、中水处理厂的位置、中水系统建设分期等进行技术经济分析。

2. 中水系统管网的布置要求与给水、排水网相似。中水系统应保持其系统的独立，禁止与自来水系统混接，敷设专用管线应尽量避免管线交叉。在新建地区的中水系统应与道路规划、竖向规划和其他管线规划相一致。

3. 中水处理厂应结合用地布局规划合理预留。单幢建筑物的中水处理设施一般在地下室，小区多设在街坊内部，尽量靠近原水产生与中水用水地点，以缩短集水和供水管线。此外，中水处理厂与住宅应有一定间隔，严格定出防护措施，防止臭气、噪声、振动对周围环境的影响。

4. 中水系统比城市污水厂的回用处理显得分散，投资和处理费用较高，回用面小，且难管理。今后原则上应使建筑中水系统向小区或城市中水系统方面发展，增加回用规模，降低成本。

第二节　城市排水工程规划

一、城市排水系统

上一节讲到的城市供水是为了满足人们生活和生产的需要。这些水在使用过程中受到了污染，成了污水。居民在工作和学习中排出的受一定污染的水称生活污水，在生产过程中排出的未受污染或受轻微污染以及水温稍有升高的水称生产废水，在生产过程中排出的被污染的水以及排放后造成热污染的水称生产污水。这些污水需要设法排放和处理。此外，城市内降水（雨水和冰雪融化）径流，水量大而且部分也有污染，也应及时排放。上述的生活污水、生产废水、生产污水和径流污水统称为城市污水。城市污水和雨水的收集、输送、处理和排放等工程设施以一定方式组成的总体，称为**城市排水系统**。

排水工程是城市建设的组成部分。城市总体规划是排水系统规划的前提和依据。根据近期（5 年）和远期（20 年）规划，城市人口规模、工业种类和规模、对外交通、仓库设施等可估算出城市总污水量和分析污水水质的情况。

二、城市排水制度的选择

在城市中对生活污水、工业废水和雨水可以采取不同的合流或分流的排除方式，称排水制度，一般分为分流制与合流制两类。

1. 分流制排水系统

分流制是采用不同的管渠分别收集和输送城市污水和雨水的排水方式。分流制排水系统包括三套系统，其中汇集生活污水和工业废水的系统，称污水排水系统；汇集和排泄雨水的系统称为雨水排水系统；只排除工业废水的称工业废水排水系统。分流制系统可以保持污水管渠内的自净流速，有利于污水集中处理与利用，一般新建城市、工业发达地区多采用分流制，有利于保护环境卫生及水体污染。

2. 合流制排水系统

合流制是用同一管渠收集和输送城市污水和雨水的排水方式。图6-10为截流式合流制排水系统示意图。

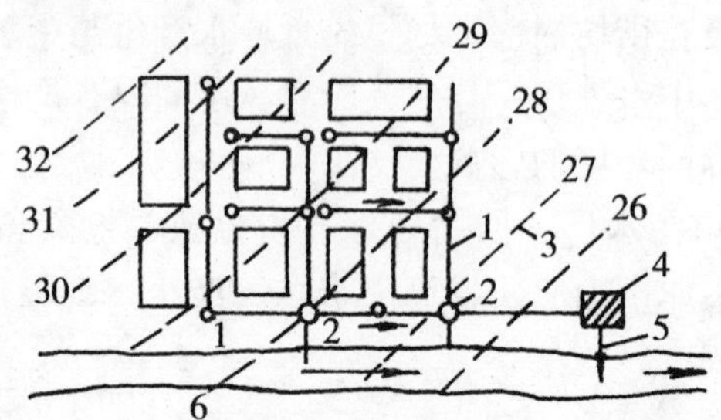

1—合流管渠；2—溢流井；3—等高线；4—污水处理厂；
5—污水出口；6—河流

图6-10　截流式合流制排水系统示意图

它最大的优点是只需一套管渠系统，大大减少管渠总长度，具体说可减少30%～40%，可节省投资20%～40%。虽然其泵站和污水厂造价要比分流制高，但一般情况下管渠造价约占排水系统总造价的70%～80%，故合流制排水总造价还是节省的。在维护管理方面，合流制排水管渠可利用雨天剧增的流量来冲刷管渠中的沉积物，维护管理较简单，可降低管渠的经营管理费用。这种排水体制目前被广泛采用。合流制的缺点是，对于泵站与污水处理厂，由于设备容量大，晴天和雨天流入污水厂的水量、水质变化大，从而使泵站与污水厂的运转管理复杂，增加了经营费用。当雨水量很大，雨水、生活污水、工业废水的混合水量超过一定数量时，其超出部分通过溢流井排出，会造成大面积污染，也是其缺点。

三、城市排水工程组成

1. 城市污水排水工程设施

为收集、输送、处理和排放城市污水和雨水而兴建的各种工程设施称为城市排水工程。其主要组成部分包括：

（1）室内（车间内）污水管道系统设备：面盆、浴池、大便和小便器等生活污水排除系统为起端设备。

（2）室外污水管道：工厂和居住区、居住小区、居住组团的污水管道系统分为支管、干管、主干管及其附属建、构筑物。污水由房屋出流管通过上述各级管道汇集输向污水处理厂。

(3) 污水泵站及压力管道：污水转输过程中，由于地形等条件限制需将低处污水提到高处时，则需设泵站。污水需压力输送时，应铺设压力管道。

(4) 污水处理厂。

(5) 污水出口设施：包括出水口（渠）、事故出水口及灌溉渠等。出水口或灌溉渠设在污水厂之后，排放处理后的污水。事故出水口设在系统中某些容易发生故障的部位，如设在污水泵站前，当泵检修时，污水可从事故出水口排出。

2. 工业废水排除工程组成

有些工厂需单独形成工业废水排除系统，其组成有：车间内部管道系统、工厂管道系统及设备、污水泵站和压力管道、污水处理站、出水口等。

3. 城市雨水排除工程组成

城市雨水排除工程的组成有：房屋天沟、竖管及周围雨水管沟等系统，居住区（厂区）雨水管渠系统，街道、厂外雨水管渠系统（包括雨水口、支管、干管等），排洪沟和出水口（渠）。

四、城市排水系统的平面布置

平面布置对整个排水系统是否实用与经济将起决定性作用。它必须在估算出各种排水量、确定了排水制度以及基本确定污水处理与利用的原则基础上才能进行。

污水排除系统布置要确定污水处理厂、出水口、泵站及主要管道的位置；当利用污水灌溉农田时，还需确定灌溉田的位置。工业废水排除系统布置要根据工业类别决定。雨水排除系统布置要确定雨水管渠、排洪沟和出水口位置。一般厂内管渠系统由各工厂自行布置，仅需确定污水管流位置，厂外系统由城市统一考虑。根据城市大小、地形、工业区布局情况，一般排水系统有三种平面布置类型。

1. 集中式排水系统布置

这种系统的特点即全市只设置一个污水处理厂出水口，布置在城市下游。中小城市、地形变化不大的条件下，较多采用，如图6-11所示。

2. 分区式排水系统布置

图6-12（a）、（b）、（c）、（d）为四种分区式排水系统图示。图6-12（a）为地势高低相差较大，形成高、低两个台地，高、低台地分别设置污水排水管道，将污水汇集到低台地污水厂处理后再排放。图6-12（b）为地形中间隆起，形成分水岭，岭两边分别设置排水系统，单独设置污水处理厂及出水口。图6-12（c）为城市被河流分隔成几个区域，各区形成独立的排水系统。图6-12（d）为平原大城市，污水量大，为避免干管太长、埋置过深，采取分区布置，可降低管渠系统造价和泵站的经营费用。

3. 区域排水系统

这种排水系统的特点是以一个大型的地区污水处理厂代替相邻各城镇的许多独

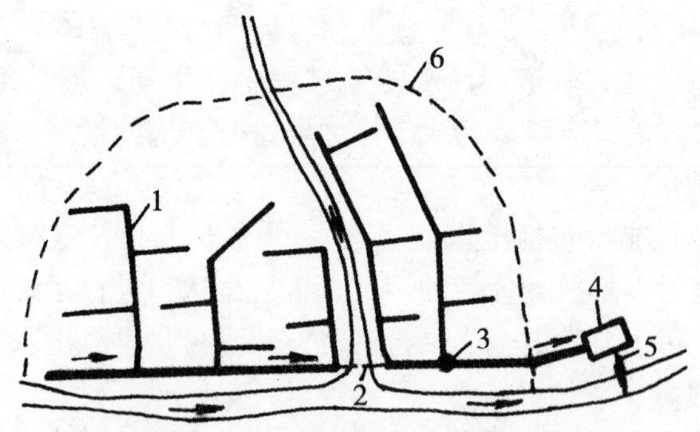

图 6-11 集中式排水系统示意图

1—污水干管；2—倒虹吸管；3—中途泵站；
4—污水处理厂；5—出水口；6—排水区界

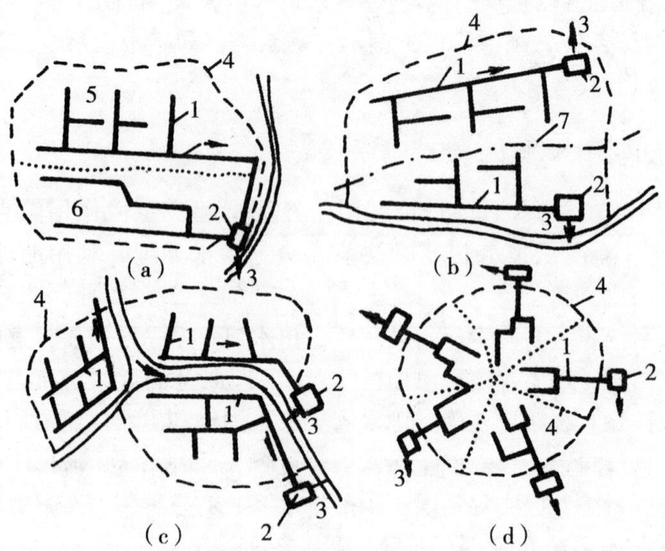

1—污水干管；2—污水处理厂；3—出水口；4—排水区界；
5—高台地区；6—低台地区；7—分水线

图 6-12 分区式排水系统示意图

立的小型污水处理厂。在工业和人口稠密地区，采用这种排水系统能降低污水处理厂的建设与经营费用，能更有效地防止地面水的污染，能更好地满足环境保护方面的要求。因此，这种形式近年来在欧美、日本等一些国家得到推广使用，如图6-13所示。

五、城市排水系统的纵剖面设计（竖向规划设计）

重力自流类的排水管道的纵坡是排水流速的主要影响因素，也是影响埋深挖方的因素，一般要经过经济比较和管道平面布置一起考虑。图 6-14 为某城市排水污水管道纵剖面图及主要参数。

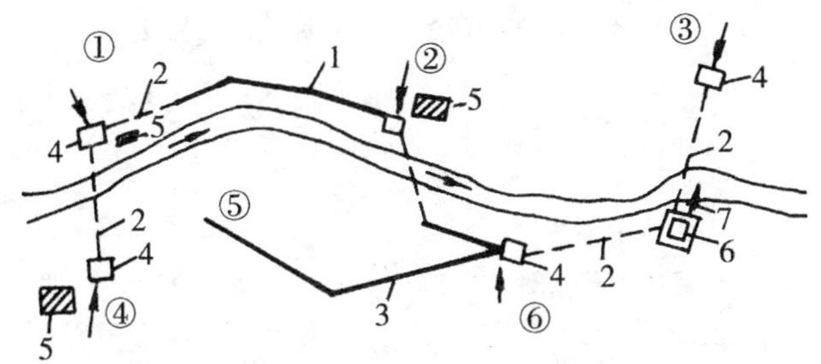

1—区域主干管；2—压力管；3—新建城市排水干管；4—泵站；
5—废除的城市污水厂；6—区域污水厂；7—出水口；
①②③④⑤⑥—城镇

图 6-13　区域排水系统图示

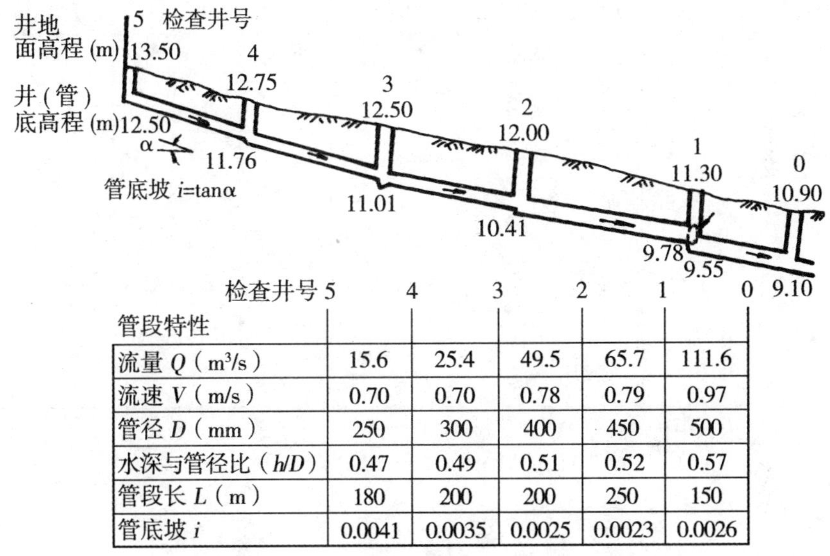

检查井号 5	4	3	2	1	0
管段特性					
流量 Q（m^3/s）	15.6	25.4	49.5	65.7	111.6
流速 V（m/s）	0.70	0.70	0.78	0.79	0.97
管径 D（mm）	250	300	400	450	500
水深与管径比（h/D）	0.47	0.49	0.51	0.52	0.57
管段长 L（m）	180	200	200	250	150
管底坡 i	0.0041	0.0035	0.0025	0.0023	0.0026

图 6-14　某城市排水污水管道纵剖面图示

最后，在城市排水系统规划中，应统一考虑其出水口位置，控制其出水水质，符合国家规定排放标准后，方可排出。表 6-5 为我国《工业企业设计卫生标准》（TJ36—79）规定的地面水中有害物质的最高容许浓度。

六、不断完善市政排水糸统，控制环境质量

不断完善城市下水道系统是城市基础设施建设的重要组成部分。首先应改进尚存在的雨水—污水合流制系统，结合危旧房改建以及道路拓宽改建成完全分流制系统。在城市低洼地带容易积水地区，要更新改造或新建排水能力大的雨水管道。应将雨水管道的建设、改造与城市防洪排涝标准紧密结合起来，兼顾疏浚下游排水沟渠河道。进行城市污水、雨水管道系统规划与建设时，不仅应考虑其总长度及普及率，还应保证其密度，即单位平方千米的长度（km/km^2）。

城市污水收集排除系统及城市污水处理厂的规划与建设应当达到 3 项目标：

表 6-5 地面水中有害物质的最高容许浓度一览表

编号	物质名称	容许浓度 mg/l	编号	物质名称	容许浓度 mg/l	编号	物质名称	容许浓度 mg/l	编号	物质名称	容许浓度 mg/l
1	乙腈	5.0	15	水合肼	0.01	29	松节油	0.2	43	铬：三价铬	0.5
2	乙醛	0.05	16	四乙基铅	不得检出	30	苯	2.5		铬：六价铬	0.05
3	二硫化碳	2.0	17	四氯苯	0.02	31	苯乙烯	0.3	44	铜	0.1
4	二硝基苯	0.5	18	石油（煤、汽油）	0.3	32	苯胺	0.1	45	锌	1.0
5	二硝基氯苯	0.5	19	甲基对硫磷	0.02	33	苦味酸	0.5	46	硫化物	不得检出
6	二氯苯	0.02	20	甲醛	0.5	34	氰化物	1.0	47	氢化物	0.05
7	丁基黄原酸盐	0.005	21	丙烯腈	2.0	35	活性氯	不得检出	48	氯苯	0.02
8	三氯苯	0.02	22	丙烯醛	0.1	36	挥发生酚	0.01	49	硝基氯苯	0.05
9	三硝基甲苯	0.5	23	对硫磷	0.003	37	砷	0.04	50	锑	0.05
10	马拉硫磷（4049）	0.25	24	乐果	0.08	38	钼	0.5	51	滴滴涕	0.20
11	已内酰胺	按水中需氧量计	25	异丙苯	0.25	39	铅	0.1	52	镍	0.50
12	六六六	0.02	26	汞	0.001	40	钴	1.0	53	镉	0.01
13	六氯苯	0.05	27	吡啶	0.2	41	铍	0.0002			
14	内吸磷（E059）	0.03	28	钒	0.1	42	硒	0.01			

①保护城市集中饮用水源地；②还清市区河道、湖泊或海域；③实行污水资源化。

第三节 城市电力系统规划

我国电力系统规划一般根据各大区需要的负荷图及动力资源进行统一平衡分析，如东北地区电力系统，华东、中南、西北电力系统等。各大城市电力负荷只占地区电力系统负荷的一小部分。各地区电力系统各月、日、时需用的电力负荷（单位为千瓦），由分布在该地区的水电站、火电站和核电站所发的电力共同分担，通过高压输电线送到各城市降压变电所。由变电所通过低压分配到各用户。除少数离煤矿较近的城市，或与煤矿地区有专用铁路线的城市以外，大部分城市的电力系统规划问题主要是提出本城市的电力负荷要求（即电力负荷图），合理布置变电所、高压架空线线路以及城市各种电缆电线的布置。靠近煤矿的城市还要考虑火电站的规划布置问题。

由城市供电电源、输配电网和电能用户组成的总体，称**城市供电系统**。

一、城市用电负荷图

城市市域或局部地区内，所有用户在某一时刻实际耗用的有功功率电力，称城市用电负荷，单位为千瓦（kW）。一日内24小时负荷的变化曲线，称日用电负荷图。

图6-15为我国北方某城市冬日最大日用电负荷图。其规律是早晨3时~4时负荷最低P_{min}，其用户主要是三班制工厂、路灯照明等负荷，晚上17时~18时的负荷最高称峰荷P_{max}，（三班制工厂、城市照明）。日平均负荷为$\bar{P}$，$\bar{P}\times24$小时$=E_{日}$，单位为千瓦小时或度（kW·h），为日需电量。显然，电力系统为保证本城市用电要求，除去必须满足日需电量$E_{日}$（千瓦小时）要求外，还必须在日峰荷时有相当于P_{max}大小的电站总装机容量N_{max}，才能满足发电P_{max}千瓦出力（功率）的条件。那么，城市用电负荷图怎样预测或规划呢？

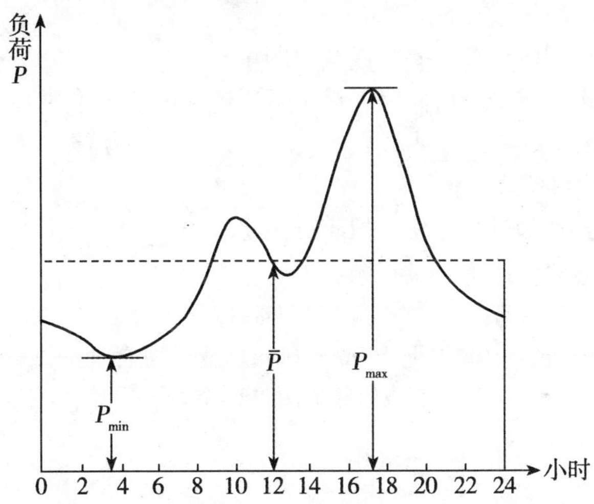

图6-15　我国北方某城市冬日最大日用电负荷图

1. 工业用电负荷

城市中的工业用电负荷是大量的、主要的。各种工业单位产量的用电量和日负荷的变化，都有相关规定可供选择，只要乘以工业的计划年产量即可得该工业的典型日负荷图。将城市规划中各项工业日负荷图相加，即得城市工业总用电负荷图。

2. 农业用电负荷

农业用电主要有灌溉抽水用电、农副产品加工等，其季节性、时间性较强，可以根据各机械的功率（kW）总和进行估算。

3. 市政及民用用电负荷

可按每人规划指标估算，也可按住宅面积额定的照明标准，公共建筑规模等标准估算，其他如电气化运输用电，给、排水设备用电，街道照明用电，特别是家用电器的用电，都要在调查清楚后进行规划。这项负荷主要影响城市峰荷大小。

以上负荷要根据重要性分类：①一级负荷——对此种负荷中断供电，将造成人民生命危险、生产设备损坏、打乱复杂的生产过程，并使大量产品报废，给国家经济造成巨大损失。这种负荷必须由两个独立的电源供电。②二级负荷——停止供电将造成减产，工人窝工，机械停止运转，工业企业内部交通停运，城市大量居民生活受到影响，是否设置备用电源需进行技术经济比较确定。

市内一般可采用6kV以下电压等级架空线供电，提高输电的可靠性。

二、变电所的选址与布置

变电所的位置选择与总体规划有密切的关系，应在电力系统规划时加以解决。

变电所有屋外式、屋内式或地下式、移动式。最常见的是屋外式（有时用隔墙隔离）。

变电所的位置要考虑如下问题：

（1）尽量接近用电负荷中心，或电力网中心；

（2）进出线走廊与变电所同时考虑，便于各级电压线路的引入或引出；

（3）地基地质好，不受积水浸淹，尽量少占农田，枢纽变电所地面高程要高出城市百年一遇洪水位之上；

（4）要靠近公路和城市道路，但应有一定间隔；

（5）区域性的变电所不宜设在城市内。

变电所的用地面积与电压等级、主变压器容量及台数、出线回路、数目多少有关。小的有50m×40m，大的占地250m×200m。变电所合理的供电半径见表6-6。

表6-6 变电所合理的供电半径表

变电所合理等级（kV）	变电所二次侧电压（kV）	合理供电半径（km）
35	6，10	5～10
110	35，6，10	15～20
220	110，6，10	50～100

三、高压线走廊在城市中的布置

高压架空输电线路所行经的专用通道称高压线走廊。在城市规划中除确定变电厂、变电所位置外，还应定出高压输电线走廊的走向及宽度。对长远规划还要预留其路线位置。目前，城市高压输电线电压一般有220kV，110kV，35kV或直接变为10kV。高压走廊的宽度根据图6-16一般按下式计算：

$$L=2L_{安}+2L_{偏}+L_{导} \quad (6\text{-}14)$$

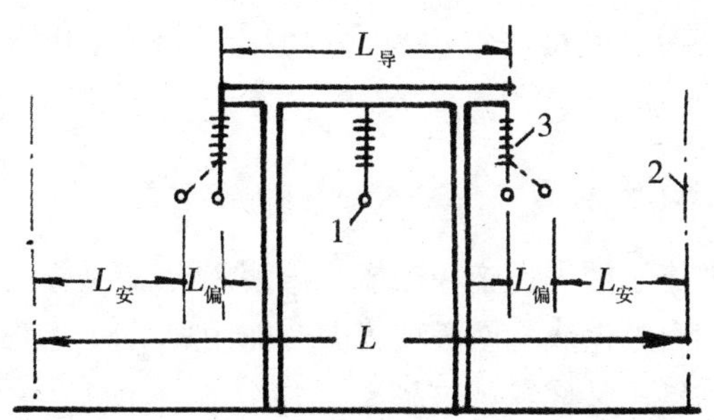

1—导线最低点；2—建筑物边界；3—悬垂绝缘子

图 6-16　变压输电线走廊宽度示意图

式中：L——高压线走廊宽度。

$L_{偏}$——导线最大偏移量，与风力及导线材料有关。

$L_{导}$——电杆上两端外侧导线间距，与电压大小和导线的最大弧垂有关；初步计算可按 35kV 取 6.5m，110kV 取 8.5m 和 220kV 取 11.2m 考虑。

$L_{安}$——高压架空线与房屋建筑物的安全距离，见表 6-7。

表 6-7　**高压架空线与房屋建筑物的安全距离 $L_{安}$**　单位：m

最小间距离	线路额定电压（kV）			
	35	110	220	330
最大弧垂时垂直距离	4	5	6	7
最大偏斜时的距离	3	4	5	6

四、城市供电系统与通信线路的关系

应当指出，城市供电系统与通信线路接近时，将对通信线路产生静电和电磁感应影响，在规划时，可参考表 6-8 中给定的最小距离布置。

表 6-8　**收信台与电力线、变电所之间最小距离**　单位：km

干扰源	与天线尖端最小距离
60kV 以上输电线	2.0
35kV 以下送电线	1.0
高于 35kV 变电所	2.0
35kV 以下变电所	1.5

第四节　城市供热系统规划

目前大部分城市中，冬季采暖仍然是分散的小锅炉房，这不仅对煤的耗损很

大，而且对城市大气污染也很严重。为达到城市现代化的要求，要逐步实现集中供热。

一、城市供热系统及集中供热的方式

由集中热源、供热管网等设施和热能用户使用设施组成的总体，称**城市供热系统**。利用集中热源，通过供热管网等设施向热能用户供应生产或生活用热能的供热方式，称城市集中供热，又称区域供热。

城市集中供热有两种方式，即热电厂供热及区域锅炉房供热。

火电站发电机组根据其结构特点可分为凝汽式机组和供热式机组两大类。凝汽式机组的特点是，将锅炉燃烧的蒸汽通过汽轮机的多级叶片，做功后排入凝汽器内，重新凝结为水，再打回锅炉。其火电机组专门为了发电，尽可能地利用了蒸汽的热能，这种火电站称凝汽式电厂。热电厂是在凝汽式电厂的基础上发展而来的。它主要针对汽轮发电机组能量损失较大的缺陷，以减少部分发电量为代价，将一部分或全部温度、压力皆适合的蒸汽引出，用于城市集中供热，这样从总体上提高了一次能源的利用率。

热电厂与凝汽式电厂的主要区别是汽轮机的构造不同。热电厂装备有专用的供热汽轮机组，实行热电联合生产。

供热汽轮机可分为背压式与抽汽式两种。背压式汽轮机没有冷凝器，全部排汽直接用于供热。其特点是：结构简单，适用于系统热负荷稳定，对电负荷无严格要求，即系统用多少汽就发多少电。抽汽式汽轮机一般有一个或两个可调节的抽汽口，由抽汽口引出部分蒸汽供热，其余蒸汽仍用于发电。这种抽汽式机组结构复杂，适用于热负荷变化大而频繁，并需多发电的情况，其汽电比重可以调整。抽汽式汽轮机又可分两种情况，如系统热负荷要求两种以上的压力等级的热能，可以采用由汽轮机中间抽气口抽出部分压力温度较高的蒸汽供应部分用户，其余蒸汽继续发电，温度、压力降低后供给另一部分热用户，这样它实际上是一种带有中间抽汽口的背压式汽轮机，故通常称它为抽汽背压式机组。其特点是：结构复杂，适用于对电负荷无严格要求情况，即系统用多少汽就发多少电。

在目前情况下，我国城市用集中锅炉房供热还较为普遍。

对大城市或大居住区区域供热，热用户有采暖及生活用水供应需求时，往往采用双管热水系统。对工业区供热，热负荷主要是工艺热，通常采用蒸汽供热。在供热系统中究竟采用水还是蒸汽作为载热体，要根据主要用户类型、性质来确定。它们各有优缺点，比如：

以水作为载热体：

（1）可进行远距离送热，热能量损失较小。

（2）热电厂供热时可充分利用低压抽汽。

（3）可以全部保存供热蒸汽凝结水。

（4）热效率高，蓄热能力大。

（5）由于水的比重大，高层建筑供热所需压力大。

以蒸汽作为载热体：

（1）输送过程较热水耗电能少。

（2）蒸汽的导热系数比水高，可减少散热器和加热器的传热面积，降低设备造价。

（3）容易调节且较易发现和消除热网中的事故。

（4）使用面较广，能满足所有热用户的要求。

二、热力站布置

城市集中供热系统，由于用户较多，其对热介质参数的要求各不相同，各种用热设备的位置与距热源距离也各不相同，故热源供给的热介质参数（温度、压力、流量）很难适应所有用户的要求。为此在热源与用户之间，需设置一些热转换设施，将热网提供的热能转换为用户设备所要求的热介质状态，并保证安全、经济运行，这些热转换设施称热力站。热力站机房内装有全部与用户连接的设备、仪表和控制装置。

热力站就是小区域的热源，因此，它的位置最好在热负荷中心，而对工业热力站来说，则应尽量利用原有锅炉房的用地。

三、供热管网的布置

城市供热管网又称为热网或热力网，是指由热源向热用户输送和分配供热介质的管线系统。供热管网主要由热源至热力站（称一级管网）和热力站至用户（称二级管网）之间的管道、管道附件（分段阀、补偿器、放气阀和排水阀等）和管道支座组成。管网系统要保证可靠地供给各类用户具有正常压力、温度和足够数量的供热介质（蒸汽、热水），满足用户需要。

供热管网的敷设方式有地下敷设和架空敷设两类。

1. 地下敷设

民用供热管道一般为地下敷设。其具体要求是：

（1）热力管道在城市主要干道或穿越主要干道敷设时，要采用通行地沟或半通行地沟，其断面尺寸应保证管理人员在沟内方便地进行检修和维护工作。

（2）沿一般干道或居住区道路敷设时，可采用不通行地沟，其断面尺寸应能满足管道焊接及保护操作的最小尺寸。

（3）对地下水位低、土质良好的一般道路，可采用无沟敷设。

（4）供热管道与其他管道一起敷设时，可设在通行地沟或综合地沟内。通行地沟和综合地沟的高度不得小于1.8m。

2. 架空敷设

（1）供热管道架空敷设穿越公路和铁路时，要采用高支架。管道的保温层外底与地面垂直净距跨越公路时要大于4.5m，跨越铁路时大于6m。

（2）供热管道架在人行频繁地段时，采用中支架，保温层外底与地面垂直净距要在2.5m～4.0m。

（3）供热管道设在不妨碍交通及人行的地段时，采用低支架。保温层外底与地面垂直净距要在0.5m～1.0m。此时要注意不妨碍交通，不影响建筑物的天然照明，靠近铁路、公路时，要保持一定距离。

3. 供热管道与其他管道的关系

供热管道与地下管线等最小的水平间距及垂直间距，可参考表5-15和表5-16选定，应尽量减少供热管道的埋设深度，一般最小覆土为0.6m，最小坡度为0.002，不得已时可以平坡和反坡。应当特别注意防止煤气管道漏气，渗入供热管，以免在检修人员检修管道时发生事故。供热管沟的中心和建筑物外墙的最小水平间距，按图6-17和下式计算：

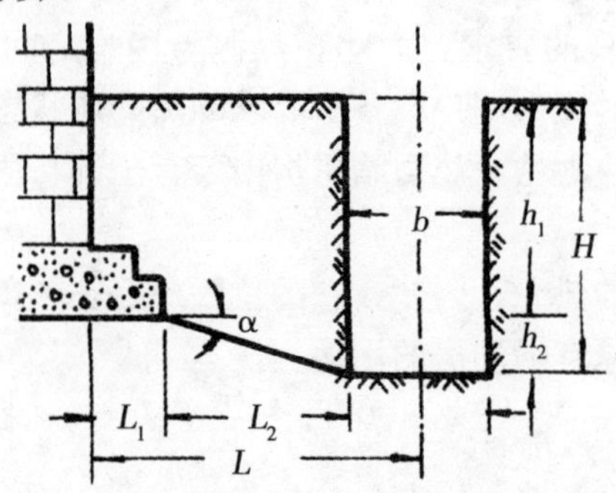

图6-17 供热管沟和建筑物外墙最小水平间距图示

$$L=L_1+L_2+\frac{b}{2}=L_1+(H-h_1)\,ctg\alpha+\frac{b}{2} \tag{6-15}$$

式中：L——热力管中心至建筑物外墙水平间距；

L_1——建筑物基础突出部分；

L_2——建筑物基础突出部分至热力管道沟边距离；

b——沟槽底边宽度；

H——沟槽深度；

h_1——建筑基础深度；

h_2——建筑基础到沟底深度；

α——土壤天然坍落度（摩擦角）。

四、供热负荷的预测

供热系统的规模和管网直径的大小与城市集中供热地区的总热负荷量有关。供热总负荷一般体现为功率，单位取瓦（W）或兆瓦（MW）表示。

预测工业生产工艺热负荷可以采用设计热负荷资料或根据相同企业的实际热负荷资料进行估算。生产需要热负荷的大小，主要取决于生产工艺过程的性质、用热设备的形式以及工厂企业的工作制度。由于工厂企业生产工艺设备多种多样，工艺过程对用热要求的热介质种类和参数不同，因此生产需要的热负荷应由工艺设计人员提供。

对于民用热负荷，主要指居住和公共建筑的室温调节和生活热负荷。当各种资料都具备时，可以进行热负荷预测与计算。初步规划时可以采用表6-9民用建筑供暖面积热指标概算值进行预测与计算。

表6-9　**民用建筑供暖面积热指标概算值**

建筑物类型	单位面积热指标（W/m^2）	建筑物类型	单位面积热指标（W/m^2）
住宅	58～64	商店	64～87
办公楼、学校	58～61	单层住宅	81～105
医院、幼儿园	64～81	食堂、餐厅	116～140
旅馆	58～70	影剧院	93～116
图书馆	47～76	大礼堂、体育馆	116～163

注：以上推荐值已包括热网损失在内（约5%）。

总建筑面积大，外围护结构热工性能好，窗户面积小，可采用表中较小的数值；反之采用表中较大的数值。

对于居住区来说，包括住宅与公建在内，采暖综合指标建议取60W/m^2～80W/m^2。

当需要计算较大供热范围的居民总热负荷，又缺乏建筑物分类建筑面积的详细资料时，可根据当地有关资料及规划情况进行估算，以各类建筑物面积比重和分类热指标加权平均得出综合热指标，如北京市集中供热系统平均热指标为75.5W/m^2。

第五节　城市燃气系统规划

城市燃气是指供城市生产和生活作燃料使用的天然气、人工煤气和液化石油气等气体能源的统称。由城市燃气供应源、燃气输配设施和用户使用设施组成的总体，称**城市燃气供应系统**。

城市燃气供应系统规划，要根据城市现状和发展计划中的工业、民用用气要求，对城市各用户燃气做出综合安排。规划的主要任务有确定城市燃气供气系统的方式、气源与储配站的位置及规模。

本节重点介绍城市煤气供应规划，对液化石油气供应进行简要说明。

一、城市煤气的供应类型

煤气管道基本上有三大分类方法，即根据煤气管道用途分类、根据输气压力分类，根据敷设方式分类。

根据煤气管道用途分为：

1. 远距离输气干管

2. 城市煤气管道

（1）输气管道——由一个地区输送到另一个地区，中途无用气量；

（2）分配管道——将煤气分配给用户，沿途有用气量；

（3）支管和引入管——从分配管道将煤气输送至用户；

（4）住宅内的煤气管——将煤气引至宅内各煤气用户。

3. 工业企业煤气管道

根据城市煤气管道输气压力 p，可分为：

（1）低压煤气管道——$p \leqslant 5\text{kPa}$；

（2）中压煤气管道——$5\text{kPa} < p \leqslant 300\text{kPa}$；

（3）高压煤气管道——$300\text{kPa} < p \leqslant 800\text{kPa}$。

根据煤气管道敷设方式，可分为：

（1）地下煤气管道——城市中常采用；

（2）架空煤气管道——工厂中常采用。

二、煤气厂厂址、管网及其他设施在城市中的布置

1. 煤气厂厂址

煤气厂厂址布置主要考虑煤的运输、储存经济因素及对城市污染的影响问题。如果煤是铁路运输，厂址应距运煤专线较近且具有足够储煤场地；如是水运，厂址最好紧靠运煤河流码头。生产煤气后有含酚量的污水并放出 SO_2 气体，因此厂址宜设在河流及地下水流向的下游，与居住区之间应有足够间距和防护带。

2. 煤气管网

煤气管网要考虑如下几项原则：

（1）为使主要煤气管道供应可靠，应逐步形成环状管网进行设计。

（2）煤气管道避免埋在交通频繁的干道下，避免检修困难和承受很大的动荷载。

（3）煤气管不能在地下穿过房屋及其他建筑物。

（4）煤气管和其他管道、电缆敷设在同一地沟内时，需采取防护措施。

（5）煤气管在居住区一般不允许采用室外架空支架方式。在工业区有时允许，可以沿建筑物外墙架空支架，管道底距离人行道垂直距离应不小于 2.2m，距厂区路面应不小于 4.5m，距厂区铁路路轨应不小于 5.5m。

（6）地下煤气管应埋在冰冻线下。坡度最好与路面坡配合，不应小于 0.003。

（7）与其他管道垂直相交时，垂直净距不应小于 0.1m～0.15m，与电缆相交时不应小于 0.5m（电缆在套管内时为 0.2m），具体可参考表 5-15。

（8）煤气管道上的阀门应设在紧急状况时便于操作的地方。

3. 储气站

储气站是用来调节平衡周、日、小时不均匀煤气用量的装置，其位置选择要注

意安全，与住宅等建筑要有一定距离。

4. 调压站

调压站是输送煤气的调压装置，一般设在地上单独建筑物内。如煤气进口压力小于或等于150kPa时，可以设在地下单独构筑物内。如果自然条件和周围环境许可时，也可设在露天，但要设围墙。

地上调压室建筑耐火等级不应低于二级。电气防爆等级为Q—2级，室内温度不应低于0℃。室内通风次数不小于2次/h，与周围建筑应有一定距离。

5. 液化石油气储配站

目前城市煤气化还不够普遍，故有些城市供应液化石油气。其储罐的设计总容量按每月15天~20天耗用量计算。

6. 液化石油气供应站

站内的瓶库与站外建筑物要有足够的防火间距，应备有消火栓。

7. 灌瓶站

其位置参照防火要求及城市运输条件等确定，一般选在城市区边缘。

第六节　城市通信系统规划

城市范围内、城市与城市之间、城乡之间各种信息的传输和交换称**城市通信**。

当今世界正在从工业社会向信息社会过渡，人们的生活将日益依赖于信息技术。近几十年来信息技术和通信技术的结合，出现了新型有形的通信。显然，城市规划与发展，同传递信息的通信工具有着密切的联系，可以说有什么样的交通和通信工具，就有什么样的城市。

一、城市通信系统的基本组成

城市范围内、城市与城市之间、城乡之间信息的各个传输交换系统的工程设施组成的总体，称**城市通信系统**。

任何一个最简单的通信系统，不论是有线通信系统，还是无线通信系统，都至少有三个基本组成部分：

1. 发送设备

把需要传送的信息（包括文字、语音、图像等）变成通信的设备。

2. 传输线路

传输电信号的线路或电路（包括有线和无线的电路）。电路的多少，可以衡量一个通信单位的通信能力。

3. 接收设备

把经过传输线路传送来的电信号复制成原来信息的设备。发送设备把信息转换为电信号，接收设备把电信号转换为信息，它们都是起转换作用的设备，也可以说，通信系统的基本设备就是转换设备和传输设备。

二、通信的类别

1. 用户电报

把电传机和电路从电报局延伸到用户那里（单位或个人），发报用户可用拨号（或用键盘）进行呼叫，通过电报局的电路接转，双方就可在电传机上直接进行书面的询问和回答，当时就可以解决问题。

2. 电话

电话是人类使用广泛、十分有效的通信工具，因此发展很快。交换机已逐步普及为程控交换机。其特点是灵活性大、适应力强，便于增加新业务性能和实现数字交换。

3. 图像通信

这是一种使用视觉的通信方式。它可以把图像、文件等变换成电信号，传送到远方，再把这些图像、文件等如实地复制出来，有的通过电视屏显示，因而印象深刻。

图像通信可分为静止图像通信和活动图像通信，主要包括传真、书写电话、电视电话、电视会议电话、可视数据及电视、报纸等。

三、市话局所规划

市话局所规划是根据城市市话的发展状况，做出长远的总体布局，然后再在此基础上做出分期建设规划，使各个时期的发展尽可能符合长远发展的总体布局，特别是对于近期建设的具体计划要充分研究，使其尽量符合今后发展方案，达到经济合理的发展要求。

1. 局所规划的主要内容

（1）确定终期内局所的分区范围，局所位置和数目，装设交换机的容量以及建设年限。

（2）确定市话线路网在各个时期中的用户线路、局间中继线等各段落，应分配的线路传输衰减限值。

（3）确定新设局所和原有局所的相互配合关系以及交换区域的划分界限，勘定新建局所的具体位置，决定近期工程机线设备的建设规模。

2. 局址位置的选择

（1）局址地质条件要好，不可临近地层断裂带、流砂层等危险地段。

（2）局址应选择地形比较平坦、地下水位较低，且不会受到洪水淹灌的地点。在厂矿区设局时，应注意避开雷击区及有可能塌方和滑坡的地方。

（3）局址应选择周围环境比较安静、清洁、无干扰的地方。

（4）局所的位置应尽量接近线路网中心，使线路网建设费用和线路材料用量最少。

（5）局址应与城市建设规划协调配合，避免在比较密集的居民区或有高层建筑的地段建局，以减少拆迁原有房屋的数量和工程造价。

（6）要做到近期和远期规划相结合，以近期为主同时考虑远期，对局所建设的规模、所占用的地等要留有一定的发展余地。

（7）局址不宜选择过于偏僻或出入极不方便的地方，以便于维护管理。

四、网路的构成

1. 电缆路由的选择原则

（1）电缆路由应符合城市远期发展总体规划，使电缆路由与城市建设发展的总体部署相一致，以确保电缆路由长期、安全、稳定地使用。

（2）电缆路由应选择在永久性的道路上敷设，尽量节省线路长度。

（3）主干电缆路由的走向，应和配线电缆的走向一致，并在用户密度大的地区通过，以便引上和分线供线。在多局制的电缆网路的设计时，用户主干电缆的路由一并考虑，使线路网有机地结合。

（4）电缆路由应符合和其他地上、地下管线以及建筑物间最小间距的要求。通信电缆应与电力线路分开敷设，各走一侧。

（5）重要的主干电缆和中继电缆，宜采用迂回路由，构成环形网路。

（6）电缆路由需要扩建和改建时，应首先选择利用原有线路设备，以减少不必要的拆移，使线路设备受到损坏。需要增加新电缆时，宜增设新的电缆路由。

（7）电缆路由的选择应注意线路建筑的美观，除必须满足近期需要外，还应考虑到远期可能的调整、扩建和割接的方便，要留有发展余地。

2. 电缆路由不宜选择的地段

（1）有流砂、冰冻层、翻浆等土质不好的地段；地下水位较高或容易积水的低洼地段；电缆有可能被腐蚀的地区。

（2）地下管线和设备较复杂，经常挖掘修理的地区。

（3）规划建设或已有的快车道、城市主要干道的下面。

（4）规划预留的发展用地和未定的地区。

3. 架空电缆不宜选择的地段

采用架空电缆时，不宜在易燃易爆、有腐蚀性气体的地方通过；要远离高温、潮湿、震动和有高压电干扰的地方；不要影响城市重要公共建筑的立面美观和城市绿化。

第七节 城市防灾与救灾规划

良好的城市环境，首先必须具备安全性。影响城市的不安全因素很多，有自然的也有人为的。城市是所有自然与人为灾害的巨大承载地。城市越现代化，其致灾易损性就越大，所以，面对突然灾害现代城市有时就显得非常脆弱。为抵御和减轻各种自然灾害与人为灾害及由此而引起的次生灾害，对城市居民生命财产和各项工程设施造成危害及损失所采取的各种预防措施，称为**城市防灾**。城市灾害几乎包含着灾害类型的全部。归纳起来有地震、水灾、气象灾害、火灾与爆炸、地质灾害、公害致灾、“建设性破坏”、高新技术事故、古建筑灾害、城市流行病灾害、交通事故和工程质量事故等。按建设部1997年公布的《城市建筑综合防灾政策纲要》认定：地震、火灾、风灾、洪水、地质破坏为现代城市主要灾害源。应当指出，不同的城市可能遇到的灾害有各自的特点。如上海、天津都有风暴潮灾和台风的侵袭；而重庆则主要是地质灾害。近年来为保证北京2008年奥运会安全，研究人员分析研究了北京市可能遇到的灾害有10种，即地震、气象灾害（极端天气事件）、水安全（水多、水少、水脏）、火灾与爆炸、地质灾害（以山区泥石流和平原地面沉降为主）、生物灾害与疫病，还有交通事故与灾害、生命线系统事故（断水、断电、断气等）、城市工业化事故（包括易燃、易爆、毒品仓库）、建设项目公共场所的事故（包括地下商业设施、地下交通、地下公共场所）。为了城市防灾减灾，首先在城市规划时要将经济效益、社会效益与安全效益结合起来；要加强城市安全的常态建设，做好特大自然灾害的工程规划与基础建设；在城市管理工作中，必须对各种可遇灾害编制应急预案，有效管理各种应急事件，落实指挥和救援人员的责任。

下面重点介绍一下城市防洪规划、城市防震规划、城市消防规划、城市防空规划和城市生命线系统的防灾规划。

一、城市防洪规划

为抵御和减轻洪水对城市造成灾害而采取的各种工程和非工程预防措施，称城市防洪。

（一）城市防洪规划的内容

我国很多城市靠近江、河、湖泊，遇上连续暴雨，水位上涨，洪水暴发，对城市人民生命财产有很大威胁。由于国家大部分资产集中在城市，城市洪涝灾害损失严重，约占洪涝灾害损失的80%。因此，城市防洪规划是城市规划中非常重要的组成部分。广义的城市防洪规划应当包括：防御靠近江河两岸的城市，由于河流洪水泛滥、决堤或上游大坝溃决所遭受的洪水灾害；沿海城市由于风暴潮、海啸所造成的海潮灾害；沿湖城市由于湖水高涨，排水受阻而造成的内涝灾害；同时，还包括防御由于暴雨强度过大，地面径流超过城市排水能力所造成的城市雨洪涝灾以及山地城市经常遇到的山洪、泥石流、降雨滑坡、崩崖等灾害。为了进行防洪规划，首先要收集城市地区的水文资料，如江河湖泊的年平均最高水位，年平均最低水位，历史最高水位，年降水量，包括年最大、月最大、五日最大、三日最大降雨量等地区和流域的地面径流系数等。再根据多年水文资料推算各种频率（或重现期）的洪水、降雨资料。此外，还要调查城市用地范围内，历史上洪水灾害情况，绘制不同洪水位淹没地区图和此范围内的城市资产一旦淹没时的经济损失值。靠近平原地区较大的江河两岸城市，防洪规划内容重点是确定防洪标高、警戒水位及修建防洪堤、排洪闸、排内涝工程设施。在山区的城市，应结合所在地区河流的流域规划全面考虑，或在上游修建蓄洪水库、水土保持工程，或在城区附近疏导河道、修筑防洪堤岸，或在城市外围修建排洪沟等。

（二）城市防洪标准

根据城市的重要程度、所在地域的洪水类型，以及历史性洪水灾害等因素而制定的城市防洪的设防标准，称**城市防洪标准**。1995 年 1 月 1 日建设部和国家技术监督局发布实施的城市防洪标准（GB50201—94）见表 6-10。国务院要求必须强制执行。为了使各城市尽快达标，国务院要求各级政府宁可少上几个项目也要保证城市防洪的资金投入，坚决把城市防洪工程和设施搞好。水利部编制的《2000—2010 年中国水利发展战略研究纲要》中指出，规划有防洪任务的城市有 400 多座，其余的城市防洪能力也都要求有较大的提高。

表 6-10 **城市的等级和防洪标准**

等级	重要性	非农业人口（万人）	防洪标准（重现期（年））
Ⅰ	特别重要的城市	≥150	≥200
Ⅱ	重要的城市	150～50	200～100
Ⅲ	中等城市	50～20	100～50
Ⅳ	一般城镇	≤20	50～20

（三）城市防洪工程设计

为抵御和减轻洪水对城市造成灾害性损失而兴建的各种工程设施称防洪工程，主要有：

1. 修筑防洪堤岸

要根据城市防洪标准计算城市防洪水位，并在其高程以下全部城市用地范围修筑防洪堤岸。在通向江河的支流，或沿支流修防洪堤或在汇流涌口处修建水闸。修支流防洪堤时，汛期需用水泵排除堤内侧的积水，排涝水泵的进水口应修在堤内侧最低处，如图 6-18 所示。在河涌（支流）涌口处建闸，可以避免外江洪水（潮）入侵，也是调节内洪、设置泵站排涝的有效措施。如广州市在防洪规划中，在珠江口计划加固、改建和扩建的中小型水闸共 187 座，闸孔总净宽 911. 7m；新建水闸 17 座，闸孔总净宽 277 m。

2. 整修疏浚河道

城市附近河道岸边、河床淤积时，应加以疏浚，两岸违章建筑应拆除，平滑取顺两岸导治线，有时对河道还需裁弯取直，这样可提高洪水宣泄能力，可降低同样流量的洪水水位。

3. 整治湖塘洼地

结合城市总体规划及绿地规划，对一些湖塘洼地加以保留及整治，对洪水调节

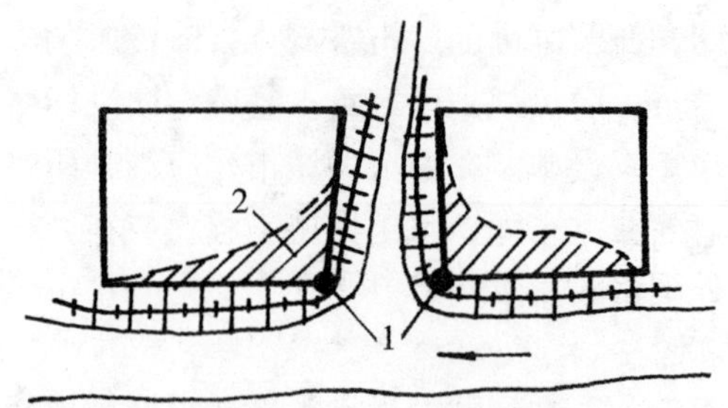

1—水泵房；2—堤内侧的内涝积水

图 6-18 城市防洪堤及排涝泵站位置示意图

可起到非常重要的作用，特别是对现代化的城市排除暴雨内涝更为有效。为了解决这一问题，世界发达国家（如日本等）开始建设城市大型蓄水设施，如修筑地下河、地下水库、市内分洪绿地（包括整治湖塘洼地）等。

二、城市防震规划

1. 城市防震规划的内容

城市防震规划是城市为预防和减轻地震灾害以及由地震引起的次生灾害而特定的专项规划，也是城市总体规划的重要组成部分。地震对城市的破坏主要来自两个方面：一是直接灾害，即地震波通过地基直接作用于各种建筑物和构筑物而引起的毁坏。二是次生灾害，即由于地震时地上地下交通、通信、供电、供气、供水和排水等工程系统管网的毁坏而引起的火灾、水灾，以及由于交通中断、救援不便引起的瘟疫等。由于上述交通、管网工程的重要性，工程上称为生命线工程。

制定防震规划，首先应以预防为主，即考虑如何防止地震的损害。其次考虑震后的应急措施，为灾后救援和尽快恢复工作创造条件。

城市防震的基本要点是：

（1）地震烈度较大的地区，严格控制城市规模。

（2）城市建筑物及生命线工程皆要按国家“抗震规范”进行设计和校核。使各类建筑物达到“小震不坏，中震可修，大震不倒”的标准。1995 年，日本神户地震灾害表明对城市高架桥的抗震要给予重视。

（3）新建城市建筑物尽量布置在工程地质良好的地带。易液化沙土、软弱粘性土、淤泥和松散人工填土等用地不宜作为建筑用地，特别不宜安排大中型工厂和重要公共建筑。

（4）控制建筑密度，增辟公共绿地。道路系统布置要考虑地震时应急疏散、避难和救援工作的需要，保证城市有多条出入通道。特别要注意城市上游水库的抗震校核与加固工作。

2. 山区城乡防震规划

我国山区资源丰富，生态敏感性大，人居环境具有明显的地域特点，经常是民族聚居地区、革命老区或边远地区，因此山区城乡规划建设极为重要。山区城乡防震规划应注意以下几个问题：

（1）城市选址首先要避开断层地带，无论城市和乡村，在有地质隐患、地质次生灾害影响的地区，千万不能建，要坚持自然灾害要素一票否决的制度。

（2）山地城市的大部分公园都无法作为避难场所，应急避难场所可首选学校，因此应提高学校的建设标准、防震标准。学校和公共绿地可以成组建设，有条件时还应配合建设一些储水和应急通信设施。医院特别是应急医院的设防标准要高于当地地震烈度设防标准，规划时要控制医院用地范围内的容积率，确保留出开敞空间，作为应急避难场所。

（3）为防止山体滑坡、泥石流在山区河道中形成堰塞湖垮塌造成次生洪水的威胁，选址不宜在河漫滩或地势低洼处，以免二次遭灾。

（4）山区城镇交通问题，对外联系一定要考虑多条线路。城镇内部交通要选择重要干线保证灾后能连通，并相应提高区域交通设防标准。

（5）农村宜提倡采用传统的木结构型式房屋。房顶尽量采用轻型材料。

3. 防灾减灾预防为主，有备不乱

（1）由中国工程院土木、水利和建筑工程学部与中国土木工程学会共同组织的结构安全、抗震减灾等相关领域的院士、专家学者，对房屋建筑物结构安全、房屋建筑物安全标准、房屋结构抗震技术等问题进行了讨论与深入研究。为国家今后的抗震救灾工作提出了综合性、系统性、前瞻性的建议。

（2）各省建设厅在城市总体规划修订修编工作中，把抗震防灾专项规划一并修订完善。重点对城市生命线工程的震前预防、震时应急和震后恢复进行规划部署。有关部门应重点对工程建设抗震设防进行监督检查，对老旧房屋的抗震性能进行评估，如达不到抗震设防要求的，将尽快制订方案进行拆除。

（3）国家发改委专项资金支持的《农村普通中小学校建设标准》的修订工作已经完成，部分地区的房屋抗震设防烈度可能将提高，尤其是学校的设防度将比当地的设防度还要提高，并要写进相关的法律标准。

三、城市消防规划

1. 城市消防规划的内容

（1）对易燃易爆工厂、仓库的布局（如石油化工厂、仓库设置的位置和距离），火灾危险大的工厂、仓库的选点与周围环境条件，散发可燃气体、可燃蒸汽和可燃粉尘工厂的设置位置，以及它们与城市主导风向的关系与其他建筑之间的安全距离等，都要采取严格控制的办法。

（2）城市燃气的调压站布点以及它们与周围建筑物的间距；液化石油储存站、储备站、灌瓶站的设置地点以及与周围建筑物、构筑物、铁路、公路防火的安全距离等，应严格按防火间距规定执行。

（3）城市汽车加油站的布点、规模及安全条件等，根据消防要求，应认真控制与环境的关系。

（4）位于居住区内火灾危险性较大的工厂，必须采取有效措施，保证安全。

（5）结合旧城区改造，提高耐火能力，拓宽狭窄消防通道，增加水源，为灭火创造有利条件。

（6）对古建筑和重点文物单位应考虑保护措施。

（7）对燃气管道和高压输电线路采取保护措施。

（8）设置消防站。

城市消防规划的说明书和图纸，宜参照城市总体规划的要求编写。

2. 消防站设置的位置

消防站的位置设置是否合理，对于迅速出动消防车扑救火灾和保障消防站自身的安全有重要的关系。因此，在选择消防站的站址时，必须十分谨慎，一般需要注意以下问题：

（1）消防站选择在本责任区的中心或靠近中心的地点。

（2）消防站必须设置在交通方便，有利于消防车迅速出发的地点，如主要街道的十字路口附近或主要街道的一侧。

（3）消防站的位置距医院、学校、托儿所、幼儿园等单位以及人流集中的地方应有足够的距离，一般不应小于50m。

（4）在生产、储存化学易燃易爆品的建筑、装置、油罐区、可燃气体大型储罐区以及量大的易燃材料（如芦苇、稻草等）堆场，消防站与上述建筑物、堆场、储罐区等应保持足够的防火安全距离，一般不小于200m，且应设置在这些建筑物、储罐区、堆场常年主导风向的上风向或侧风向。

城市居住小区要按照公安部和建设部颁布的《城镇消防站布局与技术装备标准》的规定，结合居住小区人口的工业、商业、人口密度、建筑现状以及道路、水源、地形等情况，合理地设置消防站（队）。

有些城郊的小区，如离城市消防中队较远，且小区人口在15 000人以上时，应设置一个消防站。

四、城市防空规划

为防御和减轻城市因遭受常规武器、核武器、化学武器和细菌武器等空袭所造成的危害和损失而采取的各种防御和减灾措施，称城市防空，需要进行专项的防空规划，也称人防工程规划。

布局人防工程时注意面上要分散，点上要集中，便于连通，地上地下统一安排，还要注意非战时人防工程经济效益的充分发挥。

人防工程一般分六类：

（1）指挥通信工事——包括中心指挥所和各专业队指挥所，要求有完善的通信联络系统和坚固的掩蔽工事。

（2）医疗救护工事——包括急救医院和救护站，负责战时救护医疗工作。

(3) 专业队工事——包括消防、抢修、防化、救灾等，亦包括各种地下专用车库的布置。

(4) 后勤保障工事——包括物资仓库、车库、电站、给水设施等。

(5) 人员掩蔽工事——有各种单建或附建的地下室、坑道、隧道等。

(6) 人防疏散干道——包括地铁、公路隧道、人行地道、人防坑道、大型管道沟等。

五、城市生命线系统的防灾规划

城市生命线系统包括交通、能源、通信、给排水等城市基础设施，是城市的“大动脉”。由于与城市防灾关系密切，其防灾的要求应特别强调。提高城市生命线系统的防灾能力，一般采用如下措施：

1. 设施的高标准设防

一般城市生命线系统都采用较高的设防指标，如高速公路路基、重要市话局和电信枢纽、大型火电厂都要按百年一遇洪水设防；广播电视和邮电通信等建筑，抗震设防标准普遍高于一般建筑。

2. 设施的地下化

城市生命线系统的地下化，被证明是一种有效的防灾手段。生命线系统地下化后，可以不受地面火灾和强风的影响，减少战争时的受损程度，减轻地震的作用，并为城市提供部分避灾空间。通信、能源、给水设施和管线的地下化，也大大提高了它们的可靠度。

3. 设施节点的防灾处理

城市生命线系统的一些节点，如交通线的桥梁、隧道、管线的接口，都必须进行重点防灾处理。高速和一级公路的特大桥，其防洪标准应达到300年一遇。在震区预应力混凝土给排水管道应采用柔性接口；燃气、供热设施的管道出、入口处，均应设置阀门，以便在灾情发生时及时切断气源和热源；各种控制室和主要信号室防灾标准较一般设施要高。

4. 要有充足的防灾备用设施

要保证城市生命线系统设施部分损毁时，仍保持一定服务能力，必须保证有充足的备用设施。这种设施备用率要高于平时故障的备用率，具体可根据城市灾情预测和城市经济水平决定。

第八节 城市环境卫生工程系统规划

第三章我们曾介绍保护城市环境，防止城市环境污染的重要意义以及防止工业造成的水污染、大气污染和噪声污染的措施。本节简要介绍影响城市环境卫生固体废物（包括城市生活垃圾）的工程规划。

一、城市固体废物的种类

城市固体废物是指人们在开发建设、生产经营、日常生活活动中向环境中排放的固态和泥状的对持有者已没有利用价值的废弃物质。其主要有以下四类：

（1）城市生活垃圾，主要包括人们生活活动中所产生的固体废物，如居民生活垃圾、商业垃圾、清扫垃圾、粪便和污水厂污泥等。

（2）城市建筑垃圾，主要有工地拆建和新建过程中产生的固体废物，如砖瓦块、渣土、碎石、混凝土块、废管道等。

（3）一般工业固体废物，指工业生产加工过程中生产的固体废弃物，如废渣、粉尘、碎屑、污泥等。

（4）危险固体废物，指具有腐蚀性、急性毒性、浸出毒性及反应性、传染性、放射性等固体废物，主要来源于冶炼、化工、制药行业以及医院、科研机构。

二、城市固体废物的处理

城市废弃物浓集了许多污染成分，含有有害微生物（如病毒、病菌、害虫）、无机污染物（如铅、汞、镉、铬等重金属离子）、有机污染物（如碳氢化合物、致癌有机物、各种耗氧有机物），以及其他放射性物质等。其中的有害成分会转入大气、水体、土壤，参与生态系统的物质循环，造成潜在的、长期的危害性。处理固体废物的方法很多，各城市应根据自己城市特点和经济实力，因地制宜地进行合理规划。具体有如下几种处理方法和技术：

1. 自然堆存

目前这种处理方式主要用于不溶或极难溶、不飞散、不腐烂变质、不产生毒害、不散发臭气的粒状和块状废物，如废石、炉渣、尾矿、部分建筑垃圾等。把垃圾弃置在荒地洼地或海洋中。

2. 土地填埋

目前我国处理生活垃圾有70%是采用这种处理方式。土地填埋的优点是技术比较成熟、操作管理简单，处理量大，投资和运行费用低，还可以结合城市地形、地貌开发利用填埋物。其处理方法是将固体废物填入确定的谷地、平地或废砂坑等，然后用机械压实后覆土，使其发生物理、化学等变化，分解有机物质，达到减害化和无害化的目的。具体处置时分两种情况，即卫生土地填埋，主要用于生活垃圾。安全土地填埋适于工业固体废物，特别是有害废物，它比卫生填埋要求更严格。土地填埋是一种最终处置垃圾的方法，经多年沉降稳定后，填埋场可以再利用，如用作绿地种植场地、游乐运动场地、建筑用地等。土地填埋的缺点是垃圾减害效果差，需占用大量土地，一旦产生渗水易造成水体和环境污染，产生沼气时易爆炸或燃烧，所以选址时对地理和水文地质条件要给予充分注意。

3. 焚烧

垃圾的焚烧处理是指通过高温燃烧，使可燃固体废物氧化分解后转成惰性残渣。它的优点是：①可以迅速且大幅度减少容积，体积可以减少 85%～95%，质量可以减少 70%～80%，达到垃圾的减容化；②可以灭菌消毒，达到无害化；③可以回收能量（供热或发电），达到资源化。焚烧法的不足之处是投资和运行管理费用高，管理操作要求高，产生废气处理不当，容易造成二次污染，此外垃圾废物要达到一定可燃热值要求，在源头收集垃圾时就要采取分类收集、运输的措施。我国焚烧处理垃圾目前不到 10%，而日本在 1993 年就已达到 74.3%。

4. 堆肥化

这种处理方法是利用微生物将固体废物中的有机物质分解，使之转化为稳定的腐殖质的有机肥料，处理过程中可以灭活垃圾中的病菌和寄生虫卵。堆肥化是一种无害化和资源化的过程。经过堆肥化后垃圾体积可缩减至原有体积的 50%～70%。其优点是投资低，无害化程度高，产品可用作肥料。不足之处是占地较大，卫生条件差，运行费用较高，堆肥前需要分选掉不能分解的物质（如石块、金属、玻璃、塑料等）。目前我国垃圾堆肥化占 30%，国外一般较少，美国只占 2%，日本占 8.9%。

5. 固体废物的回收利用

工业固体废物种类繁多，应尽可能综合利用。如燃煤火电厂燃过的粉煤灰可以配置粉煤灰水泥、混凝土，烧结砖、砌块等建材，还可筑路、回填、作化肥和改良土壤。钢铁废渣可返回烧结建筑和道路材料，有色金属废渣可以作为二次资源，采煤过程排出的煤矸石可用于制备水泥、混凝土、砖、砌块、陶粒等建材。总之，工业固体废物具有巨大的资源潜力，我国一些经济发达地区的综合利用率达到 80% 以上，有的地区只有 20%。

6. 危险废物的特殊处理

对城市医院垃圾，我国要求必须集中焚烧。对其他危险物常用的处置手段有安全土地填埋、焚化、投海、地下或深井处置。处理方式有物理的（减少体积，如沉淀、干燥、分离），使有毒害成分固化；化学的（利用化学反应），改变其化学性质；生物处理等。有条件时采用焚烧去毒是最有效的措施。

第九节　小结

本章主要介绍了城市给水、排水、电力、供热、燃气、通信等系统的布置形式，强调了资源节约型城市的建设要求；同时对城市防灾与减灾规划和城市环境卫生工程系统规划进行了阐述。

□ 关键概念

城市给水系统　城市中水系统　城市排水系统　城市供电系统　城市供热系统　城市燃气供应系统　城市通信系统　城市防灾　城市防洪标准

□ 复习思考题

1. 城市给水系统总体布置形式是什么？
2. 城市排水系统的平面布置类型有哪些？
3. 城市供热管网的布置形式有哪些？
4. 燃气管网在城市中怎样布置？
5. 城市防灾与减灾规划内容有哪些？
6. 城市环境卫生工程系统规划内容有哪些？

第七章

城市中心、广场、风景区规划及历史文化名城的保护

□ **学习目标**

本章主要掌握城市中心位置的选择，城市中心的综合交通规划，城市广场规划，熟悉城市风景区规划原则和历史文化名城的保护，了解城市中心布置的形式以及纪念性城市的规划原则。

第一节　城市中心规划

城市中心也称城市公共活动中心，是城市居民社会生活集中的地方，亦是城市的主要行政管理、金融、商业、文化、娱乐集中的地方。因此，城市中心是城市中最有生气和最富吸引力的地方。对城市的评价在很大程度上取决于城市中心是否有高度组织的城市空间和很好的环境气氛及其所创造的形象。

城市中心可分为：（1）政治、行政中心——构成的建筑为行政办公建筑，如各级党政机关、社会团体、银行金融、邮电办公大楼等；（2）文化体育中心——由文娱、体育建筑构成，如影剧院、文化宫、体育馆、运动场等；（3）商业中心——由商业建筑构成，如购物中心、商业步行街和沿街商店等；（4）科技文化中心——由科技文化建筑构成，如科技馆、各种展览馆、博物馆、图书馆及学校等；（5）综合性多功能中心——如纪念馆、历史文化建筑、交通建筑、地道天桥等。

一、城市中心位置选择

城市中心位置必须根据城市总体规划布局，通盘考虑。各级各类中心都是为居民服务的，从交通要求考虑，它们的位置应选在使被服务的居民能便捷到达的地段。但是，中心位置往往受自然条件、原有道路等条件的制约，并不一定都处在服务范围的几何中心。大城市由于人口众多，为减少人口过分集中，可在各个分区，选择合适地点，增设分区中心。图 7-1 为北京市中心和各区中心的分布图。市中心天安门广场和东西长安街一带，是在历史条件的基础上改建而成的，到现在它仍能够满足人们的政治、经济、文化娱乐和瞻仰游览等活动要求。新规划的各个区中心也考虑了依托原有的建设基础，选择了朝阳门外大街、阜成门外、鼓楼和海淀旧区等地点发展。我国其他许多城市也都在原有中心的基础上扩大，如南京的新街口、鼓楼和夫子庙；天津的和平路、劝业场；成都的春熙路；苏州的观前街以及大连站前的胜利广场，都在邻近地段扩大中心用地。当然，如果根据总体规划，原有中心位置不当，或基础较差或改建条件不足，就需要重新选址。

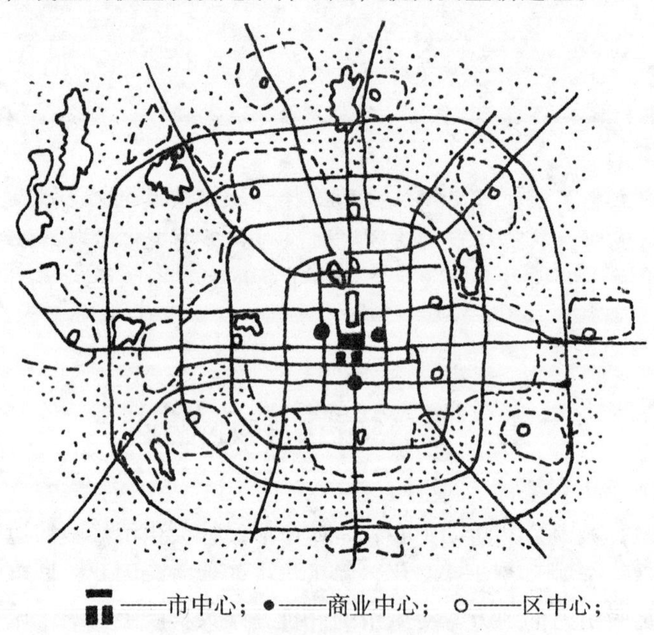

——市中心；●——商业中心；○——区中心；

图 7-1 北京市中心和各区中心分布

二、城市中心的综合交通规划

城市中心既要有良好的交通条件，又要避免交通过分拥挤，人车干扰。因此，城市中心的交通组织以人车分流、互不干扰为前提，通过多种规划手段来减少中心区的矛盾。具体交通规划应考虑以下几点：

（1）城市中心要与城市所属各区及主要车站、码头和机场等保持直接的联系，应该是公共交通比较集中的地方。

（2）城市中心，除商业外，往往集中了可供参观的、有艺术、文物价值的各种建筑，这些建筑吸引了大量的人流和车流。

（3）为加强中心区交通秩序的管理，更好地满足城市中心区各项功能的要求，在中心区交通规划上应充分利用空间，开辟地上和地下的多种公共交通线路。

（4）限制机动车辆穿行人流集中地段的通行时间。

（5）开辟城市中心外围环路，或将车辆改为地下行驶等。

（6）在城市中心的商业区，可考虑设置供人自由活动的步行区，使人行线路和车行线路彻底分开。在给予人们足够空间的同时，还必须考虑留有足够的停车场地。

三、城市中心的空间组织

城市中心规划首先应满足各种使用功能要求，要满足交通联系，此外还要考虑空间尺度、建筑形体和市景等满足审美的要求。注意运用各中心、空间的轴线法则和环境协调，设置代表城市特色的建筑小品，如广西北海市盛产珍珠，城市中心雕塑巨型珍珠的高塔，甚是壮观。

四、城市中心布置的形式

（1）围绕广场布置的城市中心，如图 7–2 沈阳市中心布置图。

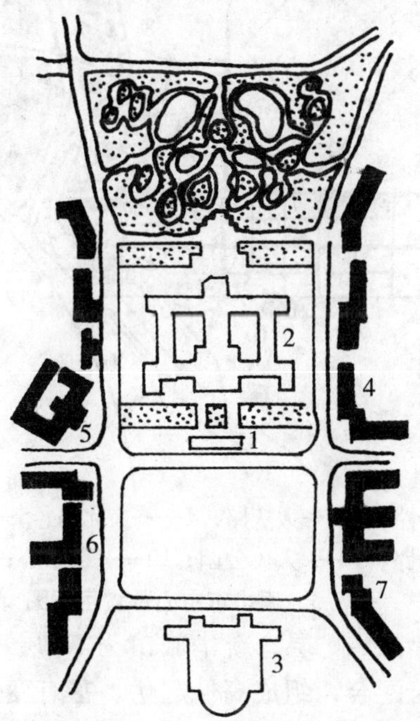

1——检阅台；2——大会堂；3——歌剧院；4——通信中心；
5——机关楼；6——图书馆；7——历史博物馆

图 7–2　沈阳市中心布置图

（2）沿街布置形式，如图 7–3 唐山市中心位置示意图。

唐山市是1976年大地震后重新建设的城市，规划城市人口35万。市中心位于城市适中地区，通过干道新华路向西可直达新火车站，向东可至开滦唐山矿、唐钢及东矿区，向北经建设路、建华路可直达缸窑路工业区，交通便利，无过境交通穿越。市中心包括商业、文化、行政和居住4个部分，以文化和商业为主，组成市中心完整的建筑群体。总规划面积150.8公顷。全市性服务商业，相对集中在文化路、建设路之间，新华路以北，做步行商业街处理，由旅馆、邮电局、新华书店、百货商店、专业商店、饭店等组成，进货路线布置在街后。科技、剧场等文化设施布置在新华路之南，与现有绿地、人民公园相接，并引申扩大绿地。步行街内，设4个出入口，以分散人流。步行区内结合人防通道设置地下人行立交通道，穿过新华路与南边的文化区相连接。

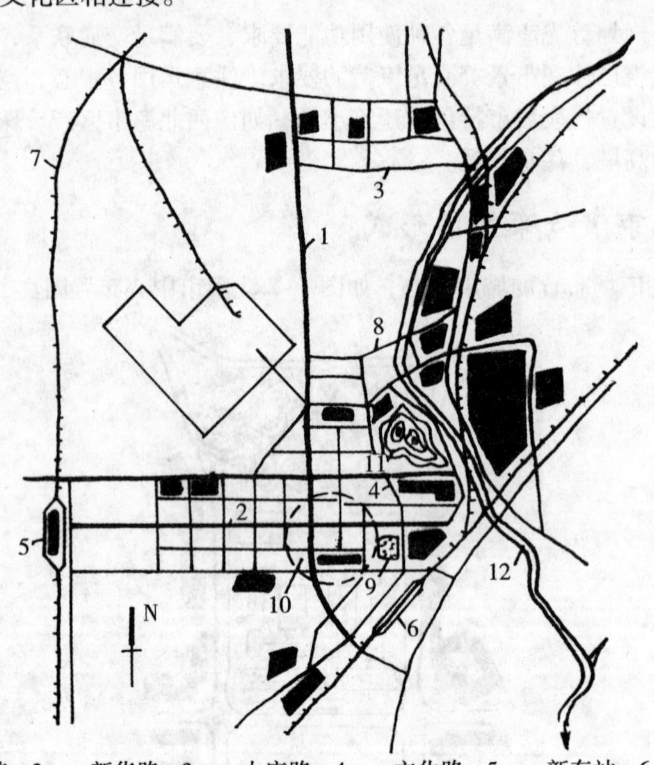

1——建设路；2——新华路；3——大庆路；4——文化路；5——新车站；6——老车站；7——新京山线；8——建华路；9——人民公园；10——市中心；11——凤凰山；12——陡河

图7-3 唐山市中心位置示意图

一般的公共建筑为5层~6层，新华旅馆为12层~14层，商业办公楼为7层。公共建筑与居住建筑配合，组成高低起伏、富有变化的市中心面貌。建筑体形简单，以条形、块形为主。建筑间距按日照间距1∶1.6考虑，同样能满足地震间距的要求。市中心不设广场，不采用对称布局，并将凤凰山绿化地带引导入市中心与人民公园相结合，组成了绿树成荫、空间多变的环境；区内设有足够的停车场地。

第二节 城市广场规划

城市广场是城市居民社会活动的中心。广场可以组织集会，供交通集散，组织人们游览、休息，组织商业贸易等。

城市广场的布置是根据总体规划要求进行安排的，而广场的大小、形状，则取决于城市性质、规模和广场本身功能的要求。

一、城市广场的分类

按广场的不同功能要求，一般分为：

（1）集会游行广场，如北京天安门广场；

（2）交通集散广场，如北京火车站前广场；

（3）纪念广场和生活游览广场，如大连人民广场。

二、城市广场规划

1. 广场的形状

城市广场因不同的功能要求和客观条件的影响而采取各种平面形状。

（1）规整形广场。这种广场形状比较严谨对称，有明显的纵横轴线，广场上的主要建筑往往布置在主轴线位置上。规整形广场包括正方形、长方形、梯形、圆形和椭圆形。

（2）不规整形广场。因受用地条件、环境条件、交通、历史条件和建筑物造型等影响，都可能形成不规整形的广场。

2. 广场的面积

影响广场面积的因素有：

（1）功能要求。交通型广场的面积取决于交通流量的大小、车流运行规律和交通组织方式等；集会游行广场的面积取决于集会时需容纳的人数及游行行列的宽度；公共建筑前集散广场的面积则取决于在许可的集聚和疏散时间内，能满足人流、车流的组织要求。此外，广场面积的确定还需满足相应的附属设施的用地，如停车场、绿化种植物等。

（2）观赏要求。主要考虑人在广场上对广场建筑物、纪念品和艺术品等有良好的视线、视距。在体型高大的建筑物的主要立面方向，宜相应配置较大的广场，如建筑物四面都有较好造型，则在其四周需适当地配置场地。

3. 广场的空间组织

城市广场的空间组织，主要是用来满足人们活动的需要和景观的要求。广场空间最基本的是开敞和封闭式两种空间形式。开敞空间中，视野开阔、壮观豪放；在封闭空间中，环境安静、四周均呈现在眼前，给人的空间感染力较强。进行规划时，通常采用开中有合、合中有开的方法。城市广场的空间设计必须要与广场性质、规模相适应。其空间的划分应有主次、大小、开合之分，以烘托不同的景观需要。如纪念性的烈士陵园广场的空间，一般采用对称、严谨、封闭的设计手法，以轴线引导人流，其空间变化很少，节奏宜缓，以造成肃穆的气氛；游憩观赏性的广场空间，则采取节奏快，空间变化多，比较开敞自然，并在广场上设置一些建筑小品，来丰富空间的活跃气氛。

广场景观，分为近景、中景、远景。中景为主景，远景为背景，近景为框景。多层次的景观能丰富广场的空间效果。广场的空间景观效果应做到静观时层次稳定，动观时层次交替变化。

广场上及其周围的建筑物、绿化、地面铺装以及其他设施都是构成广场空间的要素。城市广场空间是在不断地发生变化的。随着时间的推移，人们对广场的要求也会发生变化，因而会进一步对其改建和扩建。如北京天安门广场的变化如图 7–4 所示。

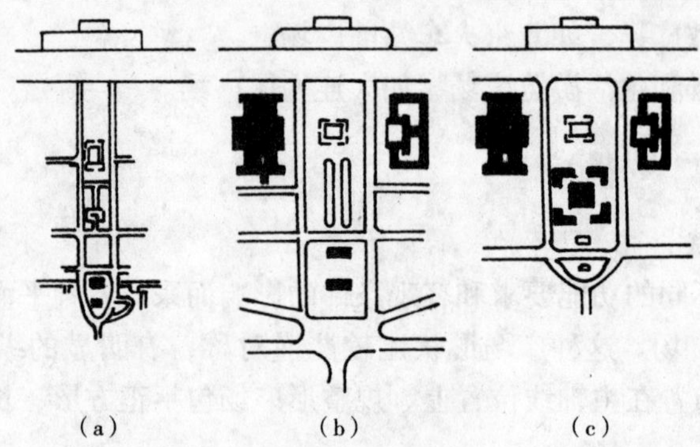

（a）1958 年人民英雄纪念碑建成后
（b）1959 年人民大会堂、中国革命和历史博物馆建成后
（c）1977 年毛主席纪念堂建成后

图 7–4 北京天安门广场的变化

4. 广场的几种布置形式

如图 7–5（a）~（g）所示为广场的几种布置形式。

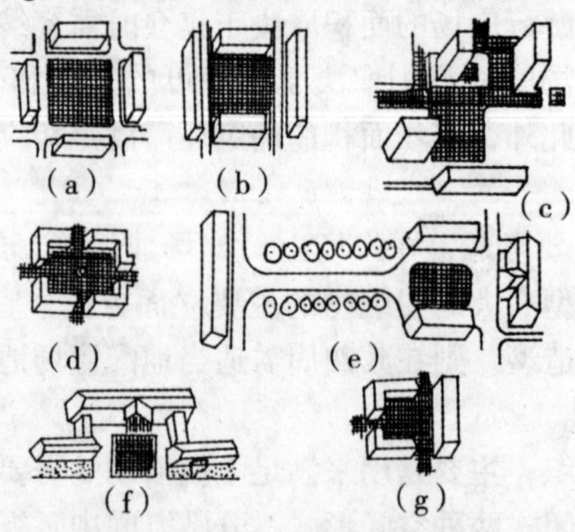

图 7–5 广场的几种布置形式

第三节　城市风景区的规划

一、城市风景区规划需注意的几个关系

随着改革开放的深入，人民经济、文化水平的不断提高，我国旅游事业正在蓬勃发展。各城市风景区也随之迅速发展。我国风景城市地区有着悠久的历史。著名的风景优美的城市往往也是重要的历史名城和游览胜地，如杭州、苏州、无锡、扬州、厦门、承德等。至 2013 年经国务院批准的国家级风景名胜区已达到 225 处，约占国土面积 1.5%。在风景区规划时，应着重处理好以下几方面的关系：

1. 城市布局要突出风景城市的个性，维护风景和文物的完整性

我国许多著名的风景城市，无论在自然条件、空间组织、园林艺术及建筑等方面，都具有独特的风格，以其鲜明的形象和强烈的感染力吸引着中外游客。风景城市中心风景区，是构成城市个性和特点的主要因素。例如桂林风景区，当你漫步在漓江岸边，山水相连，就好像人在画中。山青、水秀、洞奇、石美构成了桂林景色的基本特征。如果此时修建大量高层建筑将挡住了山、水一体的空间视线，就没有自然景色的特征了。如果建设的工厂大量废水流入漓江，污染江水，草鱼不生，就会彻底破坏了桂林山水。同样，杭州风景区不仅有西湖胜景存在，也依靠了周围的群山、古刹、文物古迹和各种绿地的衬托。如果在其间不恰当地发展有碍风景的建筑内容，就要损害其完整性。再比如扬州市的瘦西湖，经过几年的开发，周围全部建成古典建筑，湖内仿清乾隆下江南游瘦西湖时路线，开发景点，甚是秀美。为此电影《红楼梦》就曾准备在此选景。怎奈建立在市中心的高耸电视塔，无论从哪个角度摄像也躲不开，最后只好不拍。这一事例对以风景开发为主的城市规划来说，应引以为戒。

2. 正确处理风景与工业的关系

对著名风景旅游城市来说，工业发展首先应服从景观的需要，因此要合理选择工业项目。如多发展一些食品厂、印刷厂、传统工艺美术工厂等，如杭州的丝绸工业，苏州的刺绣工业等，南京的无线电、钟表等工业。其次，要合理选择工厂地点。对占地多、污染较大的冶金、化工、水泥等应禁止设在风景区周围。如承德市就将钢铁、建材、大型火电站和化肥等工业都规划在远离市区 20km 以外的双湾地区发展，逐渐形成了工业小城镇。为防止污染，桂林电厂也决定停产；造纸厂改变工艺，不生产纸浆，保护漓江不受污染。对其他有污染的工厂则有计划地搬迁至城市下风离市区 10km 以外的地方，建立工业小城镇，脱离漓江水系。

3. 正确处理风景区与居住区的关系

对于一些具有风景名胜的城市，一般不应将风景良好的地方发展为居住区。这不仅会破坏风景区的完整性，同时居民的日常生活活动也对游览风景名胜的人们带

来一定影响。当风景区与城市连成一体时，则应妥善处理好风景与人工建筑的协调。如桂林西北芦笛岩公园，桃花江蜿蜒穿绕其间，沿江公路旁建筑与风景协调配合，融为一体，给人以美的享受。

4. 正确处理风景与交通的关系

风景游览城市要求客运车站、码头尽可能靠近市区，运输繁忙的公路、铁路、港口、机场等，在一般情况下不应穿过风景游览区和市区。市内道路系统，尽量使交通性干道与游览线路和城市生活性干道分开。游览道路的组织是道路系统中的重要内容之一。如桂林市内分成三条游览专线等，杭州西湖岸边的苏堤、白堤、平湖秋月和花港观鱼等景点和西湖中的湖心亭、三潭印月等景点，也都专门组织了游船路线，通过广阔的湖面，将水景划分成大小不同的空间，西湖各景从眼前不断延伸，四周远近诸山尽收眼底，构成了一幅动人的图画。

5. 正确处理风景游览与休养、疗养的关系

在一般情况下，休养、疗养区可以与风景区结合，但从整体出发来考虑，也不应占据过多的风景较好的地段。休养、疗养区应布置在地势高爽，靠近风景区及海滨、湖面、河湾、溪泉，交通方便而又不受游人干扰的地点。

风景区规划的要求：①要强化风景名胜区管理机构的管理职能，探索市场经济条件下的风景名胜资源保护方法；②认真贯彻“科学规划、统一管理、严格保护、永续利用”的原则；③根据可持续发展的原则，严格保护风景名胜区内的景观和自然环境，不得破坏或者随意改变。

二、风景区规划要不断向精品方向发展

改革开放后，我国开发了不少园林式城市和地质式公园城市。

2004 年 2 月 13 日联合国教科文组织批准了我国 8 处地质式公园（全世界共 28 处），它们是：江西庐山、安徽黄山、河南云台山、云南石林、广东丹霞山、湖南张家界、黑龙江五大连池、河南嵩山等。

建设部 2004 年 2 月批准了 17 个国家园林式城市，它们是：上海、宁波、福州、唐山、吉林、无锡、扬州、苏州、绍兴、桂林、绵阳、荣城、张家港、昆山、富阳、开平、都江堰。

2004 年 12 月中共中央办公厅、国务院办公厅印发了《2004—2010 年全国红色旅游发展规划纲要》。其中强调指出，**红色旅游**是指以中国共产党领导人民在革命战争时期形成的纪念地、标志物为载体，以其所承载的革命历史、事迹和精神为内涵，组织接待旅游者开展缅怀学习、参观游览的主题性旅游活动。发展红色旅游，是不断提高建设社会主义先进文化能力的重要措施，是树立和落实以人为本、全面协调可持续的科学发展观的具体体现，既是一项经济工程，更是一项利党利国利民的重大举措。

为贯彻落实纲要，国务院有关部委联合提出如下 6 项目标：

（1）加快红色旅游发展，使之成为爱国主义教育的重要阵地；（2）今后几年

内中国将在全国培育形成12个“重点红色旅游区”；（3）将配套完善30条“红色旅游精品线路”；（4）将重点打造100个左右的“红色旅游经典景区”，使80%以上达到国家旅游景区3A级以上标准，其中40%要达到4A级标准；（5）重点革命历史文化遗产的挖掘、整理、保护、展示和宣讲等达到国内先进水平，列入全国重点文物保护单位的革命历史文化遗产，在规划期内普遍得到修缮；（6）实现红色旅游产业化，使其成为带动革命老区发展的优势产业。

三、黄果树风景区城中心区详细规划举例

（一）规划背景

黄果树大瀑布是全国著名的风景名胜区，位于贵州安顺地区镇宁布依族苗族自治县黄果树镇和关岭布依族苗族自治县白水镇。东北方向距贵阳137km，西南方向距昆明499km。北京至昆明的320国道和贵黄高等级公路成为该景区与外界的主要交通通道。风景区地处珠江水系，北盘江支流打邦河上。地势自北向南逐渐降低，海拔400m～1 400m，是瀑布群集中的地区，其中黄果树大瀑布闻名世界，是中国第一大瀑布。景区气候优越，具有亚热带喀斯特溶洞植被风光。布依族、苗族的历史文化与民族风情也是当地的重要旅游资源。

黄果树风景名胜区是贵州省区域旅游业发展布局中的重点和关键，随着旅游市场发育和外部交通的改善，现有黄果树、天星桥两大景区以外的其他景区亦准备相继开发，开发后势必游客人数增长和游览周期明显延长，但目前存在的问题是：

（1）已开发景区及周边地区现有用地空间狭小，不具备未来扩容与改造的潜力，将成为今后旅游业发展的瓶颈。

（2）目前景区居住有常住和暂住人口近5 000人。大规模的居住开发对于景区水体山林的保护和景观建设都形成了明显的压力和危害，居住开发与景区保护之间的冲突已经愈演愈烈。随着未来的旅游业发展，如果缺乏有效疏导，这种冲突终将不可调和。

（3）随着本地区农业生产率的提高和因保护山林所采取的退耕还林政策，将导致农村剩余劳动力增加，需要不断发展旅游市场来吸纳这些剩余劳动力，从事旅游产品的加工、集市贸易、餐饮服务和交通运输等第二、第三产业，会导致产业结构不断调整和城镇化发展。

综上所述，本着提高旅游设施服务水平，保护景区生态和景观环境，安置更多的城镇人口居住和就业的目的，有必要在黄果树大瀑布游览区以外寻址建设黄果树城。经专家多方和长期的研究论证，拟建的黄果树城位于黄果树大瀑布东北约3. 5km处，白水河东岸、贵黄高等级公路南侧的瓦窑田和二道沟一带。

（二）详细规划原则与目标

黄果树是闻名全国的国家级风景名胜区，必须要妥善保护好这一珍贵的自然遗产。作为黄果树旅游的依托城镇，其建设必须服从景区生态环境保护的要求，必须强化环境观念，将生态规划作为本次规划的基本思想。规划中的黄果树城只能成为

园林式的旅游度假休闲性城镇，而绝不可成为生产性城镇。

为创造一个服务于旅游开发和生态环境保护、自然环境景观与建筑环境景观融为一体、体现地域特色的环境空间和建筑空间，其总体空间布局及设计应满足如下要求：

（1）良好的生态环境保护和环境景观设计；

（2）布局和功能合理的空间规划设计；

（3）突出自然景观融于地域特色的整体环境设计；

（4）将城市空间视觉作为设计重点；

（5）以人的活动为设计出发点，步行、休闲、旅游和购物融为一体的空间模式；

（6）交通组织便捷、合理，人流、车流、货流均设有专用道路；

（7）合理利用有限的土地资源和进行技术可靠、经济合理的竖向设计；

（8）技术先进、水准一流的现代规划模式。

（三）城市空间设计

1. 功能分区

从总体用地布局结构上看，可将黄果树城划分为三大功能区，由北向南分别为旅游度假区、中心商业区和居住区（移民区和二道沟居住小区）。三大功能区均通过主次干道予以便捷地连接。

（1）旅游度假区位于马家大坡北部和东北侧，以安置暂住和流动人口为主，集中建设中高档宾馆和别墅，配有为游客服务的旅游服务中心和旅游俱乐部。该区域是旅游生态城市的重点体现区，务求环境优雅、景观宜人、空气清新、自然宁静。度假村边缘安排少量居住组团，以方便区域内从业人员的就近居住。其中，西南侧的民族村兼有居住和旅游观光功能。

（2）中心商业区位于马家大坡以南的瓦窑堡一带，马家大坡将其与旅游度假区分开，由城区行政中心、商业中心和居住组团组成，是服务于城区所有居民的公共设施集聚地，政府、文化馆、商场、银行、学校、医院、体育场和长途汽车站等均安排在这里。

（3）居住区位于城区南部和西南部，主要由居住组团和为区内居民服务的行政商业中心组成。居住区主要以安置从景区内拆迁出的居住人口为主，内部配套设施比较齐全。

2. 交通环境与城市生活空间

（1）外界交通将现320国道并入贵黄高等级公路，与城区南北向白水路连接。新修道路侧重于沟通城区北部宾馆别墅区与景区的交通联系。为便于景区管理和加强环境保护，禁止社会车辆进入景区。观光游客一般在位于二道沟口的综合停车场换乘由风景区配备的环保型机动车或仿古马车进入景区。

城区的干道路网框架由南北向的白水路、黄果树大街等五条路和东西向的红岩路等五条路构成。

（2）居住区枝状道路与街巷空间

黄果树新城地处山区，小区道路系统以一条沿等高线修建的东西走向干道和两条南北向干道为骨架。各组团有各自的次干道，两侧宅前路大多呈枝状拓展，部分道路围绕山坡形成环路。

小区至干道红线 9m，双向二车道，两侧各 1m 人行道。次干道红线 7m，双向二车道，两侧各 1m 人行道。宅前路 3m，顺应地形灵活布置。大部分道路走向与当地常年主导风向一致，起着改善社区生态环境的作用。

（3）城市步行街

在中心商业区的规划中，为创造良好的交通系统，设置车流、货流和步行人流三种道路系统，使其各行其道，形成互不干扰的分流制交通系统。黄果树大街作为商业文化步行街将成为未来城市的核心。这条步行街长 590m，宽 15m，从 320 国道连接的城市入口一直延伸到城市制高点天星山脚下。整条街以绿荫丛丛的天星山为对景，禁止机动车进入，提高了空气质量，降低了噪声污染，保持着一个良好的生态环境。街道两旁汇集了城市的各种消费设施、文化设施，乃至政府职能设施，当地居民除了在此进行日常的购物与娱乐，还可以举行各种大型活动。外来游客更是这里的重点服务对象，他们可以在一个景致优美、空气清新的地方买齐所需物品，可以在这里参观安顺地区历史文化，可以欣赏到正宗的布依族苗族歌舞，更可以和当地居民一起在广场庆祝节日，载歌载舞，融入他们的生活。

步行道路系统以人为本，为行人创造了一个安全轻松的购物、游览休闲和在广场举行歌舞的空间环境。在取得经济效益的同时，体现了对人的尊重，对生态的尊重，为作为生态型旅游城市的黄果树新城创造了绿色、安全、亲切、团结，富于生命力的和谐城市空间。

（四）环境空间与绿地设计

在城市环境空间设计中充分、合理地利用周围高低错落的山峰和自然的山林绿地，将其作为整体环境中的自然景观和城市空间的背景轮廓线，并同城市中利用地形所形成的高低错落的建筑群体有机结合，使城市空间、建筑群体完全融汇于大自然的空间中，形成一个空气新鲜、气候宜人，有着黄果树地域特色的生态型城市。

具体规划的景观轴线和景观路线围绕城市空间中重点景观有 5 处。其中天星山峰的天星塔是黄果树城中心的天然制高点景点，上有天星公园，是眺望全城以及城外山水风光的最佳视点。

绿地系统设计为：以黄果树城中的山丘、河道、中心绿地广场和道路绿化为骨架，以城区道路绿化为线，连通各个公园绿地以及水源保护林地、风景林地、农田林网等块状生态绿地，建立点、线、面结合的绿地布局体系，位于城区中心的天星公园是整个绿地系统的中心。绿地系统中的明珠是 5 个公园，它们是：

（1）天星公园：面积 $12hm^2$，为县级公园。该公园以马家大坡山体为主，天星山峰顶上的天星塔为控制中心区的主体景观和标志性建筑物，是吸引游客和当地居民登高眺望周围景色的最佳处。

（2）翠湖公园：为县级综合性公园，面积 $3hm^2$。该公园以翠湖水面为主，可进行水上娱乐，如环湖水榭亭廊游赏、垂钓等活动，公园东侧隔水相望是文化馆和民俗博物馆，该公园还辟有儿童游戏区。

（3）小西山公园：为县级纪念性公园，面积 $2hm^2$。该公园以小西山山体为主，建有螺旋形石蹬道通往山顶，沿路断续有小型观景台。山顶大平台建一座纪念碑（碑亭），可记录名人史迹或黄果树新城兴建始末、山川赋景、名联诗词题刻进行革命传统教育等。

（4）移民区水上公园：为区级综合性水上公园，面积 $0.5hm^2$，水面 $0.3hm^2$。园中设有各种园林小品，可进行水上娱乐活动。

（5）二道沟小区公园：为区级综合性中心公园，面积 $1.5hm^2$，位于行政管理区内，有各种园林小品，主要服务于小区内居民。

第四节　纪念性城市的规划

对具有革命纪念地和历史文物遗址的城市，应注意保持其纪念性城市特有的风貌，使人们能更好地缅怀先哲，激发人们热爱祖国的激情。例如，我国重要纪念性城市延安，其革命纪念旧址分布很多，在该市的规划中突出了革命纪念旧址在总体布局中的主导地位。规划以西北川的枣园、杨家岭、王家坪、凤凰山和陕甘宁的革命纪念旧址为历史文物保护系统，并划定了保护区的范围，严禁修建其他建筑。同时在规划建设中，特别注意保持与发扬“延安精神”，保持城市原有的乡土特色与整洁简朴的面貌。近年来，又新建了抗大纪念馆、新闻纪念馆、南泥湾纪念馆，推出了体现革命圣地特色的“红色之旅”旅游专线。一件件文物、一处处遗迹，与保留完整的陕北黄土风情文化一起，让远道而来的客人流连忘返。

又如遵义市，形成以遵义纪念区为中心，围绕遵义旧城分片布局的形式。城市建设与遵义革命历史名城的纪念体系相结合，把遵义会议会址、毛泽东旧居、红花岗、万人群众大会会场和拟建的纪念性建筑组织起来，形成城市中心地区，然后结合自然地形与城市特点布局城市工业，形成以遵义纪念区为中心，围绕遵义旧城10km～15km半径范围内分片建设工业区。各区之间以耕地、绿地及风景区为间隔，使其成为既互有联系又有相对独立性的城市规划格局。

第五节　历史文化名城的保护规划

我国历史文化悠久，保护灿烂的文化遗产是建设中国特色社会主义文化的重要内容。到目前为止，我国历史文化遗产的保护基本上形成了一定的体系，主要有三个层次的工作：第一层次是对文物古迹的保护；第二层次是对具有传统风貌和民族地方特色的历史街区或地段的保护；第三层次是对经国务院或省级人民政府核定公布的，保存文物特别丰富、具有重大历史价值和革命意义的城市，即**历史文化名城**的保护。这三个层次构成了从点到面的历史文化遗产保护的完整体系。城市规划时尽量减少保护与城市发展建设的矛盾，使我国城市历史文化遗产在保护中得到弘扬和发展。

目前，我国已经公布103座国家级历史文化名城，和120座省（自治区）级、历史文化名城。这些城市不仅历史上有名，今天仍然是非常有名的，如北京、南京、上海、杭州、苏州、西安、洛阳、昆明、长沙、广州、桂林等。这些城市在我国众多的城市中具有举足轻重的地位与作用，是国家、省或一个地区政治、经济、文化和科技发展的中心。无论它们的历史文化、城市形态、山水景观、环境条件、传统特色，还是经济社会的发展和城市建设成就，都别具一格、独树一帜，在国内外享有盛名。其他如敦煌、平遥、丽江、肇庆、扬州、曲阜等，也都闪烁着历史风韵，是发展文化旅游事业最具魅力的城市。

1997年12月3日，联合国教科文组织在意大利召开世界遗产委员会第21届大会，决定把我国的平遥、丽江古城列入《世界遗产名录》，从此，平遥和丽江古城就成为全人类共同的文化财富和城市中的文化瑰宝。这两座古城走向世界为两座城市的保护和发展提出了更高的标准和要求。首先在保护古城方面，要坚持严格管理保护现存的，精心设计修旧；其次要加强规划，慎重研究新建的；同时还要时刻监督，坚决杜绝伪劣。在新城建设中要走避开古城、发展新城，并与古城特色相协调的道路。在此基础上统一规划、统筹安排，以古城为中心发展区域经济和旅游事业。

随着城市经济的繁荣，人民生活水平的提高，人们对城市环境、文化的追求就会日益突出，自然环境、人文环境和文化环境就会成为人们衡量城市优劣的首要标准。2005年12月中外历史文化名城的市长汇集我国广东省肇庆市参加年会，共同研讨历史文化名城的保护与规划，足见这一问题的重要性。21世纪的城市竞争，自然、历史、文化和传统特色在城市中地位越来越突出。为此，我们必须保护名城、爱护名城、发展名城，使历史文化名城在现代化建设中放射出更加灿烂的光芒。

第六节　小结

本章主要介绍了城市中心的规划方法，城市广场的规划方法，特别对城市风景区规划、纪念性城市的规划原则以及历史文化名城的保护进行了阐述，并列举了大量的实例。

□ 关键概念

城市中心　城市广场　红色旅游　历史文化名城

□ 复习思考题

1. 城市中心位置如何选择?
2. 城市广场的形状有哪几种?
3. 如何进行城市广场的空间组织设计?
4. 城市风景区规划应注意的问题有哪些?
5. 城市规划与历史文化名城保护的关系如何?

第八章

城市建设用地规划标准与管理

□ 学习目标

本章主要掌握城市用地分类与规划建设用地标准，熟悉城市规模的确定和城市建设用地平衡表，了解城市建设用地的管理。

土地是城市赖以存在的基本条件之一，城市发展到今天的文明程度，是人类充分利用土地资源开发建设和发展经济的结果。城市土地是城市规划建设的载体、基础要素和首要条件。城市土地利用是城市规划的核心内容，要实现合理用地、科学用地、节约用地、保证用地，实现土地的价值和作用，城市土地必须严格按照城市规划进行管理。城市现在主管部门必须依法担当起对建设用地严格规划管理的重任。

第一节　城市的规模

以城市人口和城市用地总量所表示的城市大小，称**城市规模**。人口和用地两者是相关的。根据人口规模以及人均用地的指标就能确定城市的用地规模。

城市人口规模即城市人口规划的数量。城市人口应该是指那些与城市活动有密切关系的人口，他们常年居住在城市范围内，构成了该城市的社会主体，既是城市经济发展的动力，建设的参与者，又是服务的对象；他们生存依赖城市，又是城市的主人。城市人口规模和城市用地面积的大小、住宅和公共建筑类型的选择与规模、城市运输量的大小和交通方式的选择、道路等市政工程设施的标准、等级及城市布局与结构形式等都有密切的关系。因此，在规划工作中，一般是先从预测人口规模着手研究，再根据城市性质与用地条件加以综合协调，然后确定合理的人均用地指标，就可以确定城市用地的规模。

由于城市人口（这里主要指非农业人口）规模是城市规划的基础指标，因此预测或推算在规划期末或规划期间某一阶段的人口数量准确程度就决定了城市规划的合理程度。

（一）城市人口调查与分析

在预测城市人口规模之前，首先对城市人口结构现状进行必要的调查与分析。所谓**城市人口结构**，即一定时期内城市人口按照性别、年龄、家庭、职业、文化、民族等因素的构成状况。重点调查分析的内容主要有：年龄构成，性别构成，劳动构成（指各类人口在城市总人口中的比重，按基本人口、服务人口、被抚养人口三类统计），流动人口，职工带眷系数比（指职工带眷的平均人数），人口增长率（包括自然增长率和机械增长率）等。图 8–1（a）、（b）为城市人口年龄构成分析图。

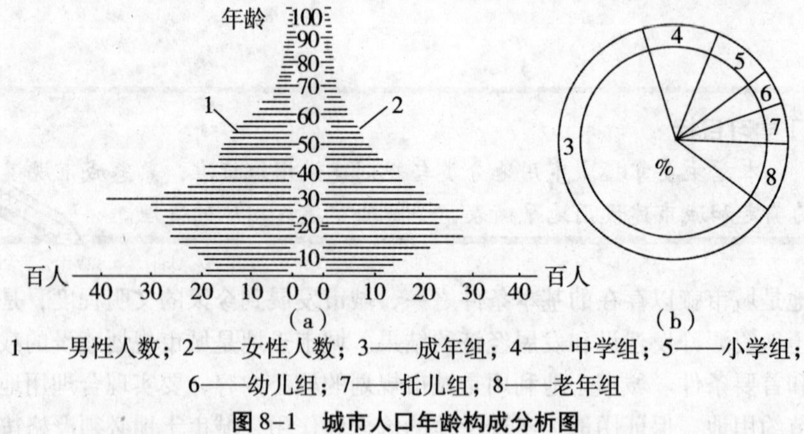

1——男性人数；2——女性人数；3——成年组；4——中学组；5——小学组；6——幼儿组；7——托儿组；8——老年组

图 8–1 城市人口年龄构成分析图

（二）城市人口预测

对未来一定时期内城市人口数量和人口构成的发展趋势所进行的测算，称**城市人口预测**。城市在一定时期内人口数量的变化，主要取决于社会经济的发展方式、条件和特点。推算城市人口的方法有：

1. 劳动平衡法

劳动平衡法主要是根据在城市社会结构中各种人口组成的比重关系，来推算城市人口发展规模的方法。本方法自 20 世纪 50 年代起曾长期采用，在当前市场经济下，由于投资来源多元化，基本人口实际界定统计资料获得也较困难，所以，目前这种方法已较少采用。用这种方法时，首先要确定城市基本人口（指工业、交通、机关、学校等单位的职工）的发展数目，进而估算被抚养人口和服务人口的比重，然后按下式计算：

$$\text{规划期人口规模}=\frac{\text{预测规划期末基本人口数}}{1-(\text{服务人口百分比}+\text{被抚养人口百分比})} \tag{8-1}$$

2. 综合平衡法

综合平衡法，又称统计分析法，在没有基本人口规划数字时，可用此法。此法要求首先掌握历年来城市人口自然增长率（即本年出生人数减去本年死亡人数后，除以年平均总人口数，以千分率表示）和机械增长率（即本年迁入人数减去本年迁出人数后，除以年平均总人口数，以千分率表示）。然后计算出规划期间的自然增长率，再根据发展计划及有关政策推算出规划期内的机械增长数，最后按下式计算城市规划期的人口规模：

$$规划期人口规模=现状人口\times(1+自然增长率)^{规划年限数}+规划期机械增长数 \tag{8-2}$$

机械增长的多少与社会经济发展的速度、城市建设和发展条件以及国家的城市发展方针政策密切相关。如我国三年自然灾害与经济调整时期，就有大量城市职工转为农村人口；改革开放后，城市化发展，又有大量农村人口转化为城市人口；如国家对大城市人口实行严格控制政策制约了大城市人口的机械增长。近年来，经济发展对人口素质要求日益提高，采取政策积极吸引高科技人才。对一个具体城市来说，其建设发展条件是机械增长的重要因素，尤其新建城市，初期人口的增长以机械增长为主。

3. 职工带眷系数法

根据职工人数与带眷情况，计算城市人口规模的方法。一般适合新建的规模不大的工矿城镇。其公式为：

$$规划期人口规模=带眷职工数\times(1+带眷系数)+单身职工数 \tag{8-3}$$

除以上方法外，还可以以产值增长和劳动生产率提高为依据推算职工人数，然后按职工占劳动人口的比重间接推算城市人口数的方法；还有用逐步回归法建立数学模型，应用计算机推算人口发展规模的方法等。

（三）城市的流动人口

流动人口是指离开户籍所在地的县、市或者市辖区，以工作、生活为目的异地居住的人口。国外一般称为人口流动。随着工业化、城镇化的快速发展，我国已经进入了人口流动迁移最为活跃的时期，2012 年我国流动人口数量达 2. 36 亿人。人口流动主要是由农村流向城市，由经济欠发达地区流向经济发达地区，由中西部地区流向东部沿海地区。流动人口根据流动性，可以分为常住流动人口和短期流动人口，常住流动人口一般指在该地区居住较长的一段时间（如 5 年）。显然，这些常住流动人口已构成了城市生活的重要组成部分，他们给城市的经济发展带来了活力，也给城市的住房、交通、社会服务产业、文化教育设施增加了压力。因此，这些常住流动人口应当作为城市人口的组成部分，规划时应当计入城市人口规模，并相应计算用地规模。

第二节　城市用地分类与规划建设用地标准

改革开放后为适应城市建设和城市化的发展，我国政府于 1991 年曾出台《城市用地分类与规划建设用地标准（GBJ137-90）》（以下简称《原标准》）作为城市规划编制、审批的一项重要技术规范，20 年来它在统一全国的城市用地分类和计算口径、合理引导不同城市建设布局等方面发挥了积极的作用。但是，随着我国城乡发展宏观背景的变化，《原标准》也凸现出许多不足，特别是与当前城乡规划的多重目标导向、体现公共政策属性、城乡统筹发展，协调控制市场运行、利于地方灵活发展等诸多方面很不适应。此外，《原标准》忽视了对非建设用地的控制；与2008年1月实施的《城乡规划法》中要求的城乡统筹、改善生态环境与保护耕地等新的要求也不相适应；特别是没有进一步体现国家对新时期的城市发展“节约集约用地，从严控制城市用地规模”新的要求等。为此，我国住房和城乡建设部于2010年12月24日发布了《城市用地分类与规划建设用地标准（GB50137-2011）》（以下简称《标准》），并于2012年1月1日起实施。《原标准》同时废止。

《标准》是总结我国《原标准》的经验与不足、吸取国内外相关经验的基础上制定的，是按照我国落实科学发展观、构建和谐社会、实现健康城镇化的政策要求制定的，要求做到：有效引导各类城市形成合理的用地结构，提高城乡建设用地的集约利用水平，保证城乡高质量、高效率运行发展，从而促进城乡经济效益、社会效益和环境效益的改善。

一、用地分类

《标准》的用地分类采用的是：分层次控制的综合用地分类体系，包括城乡用地分类和城市建设用地分类两部分。这主要是体现城乡统筹的原则，同时满足市域和中心城区两个不同空间层面土地使用的现状调查、规划编制和用地统计等工作的共同需求。

本分类体系有如下特点：

1. 空间覆盖完整，地类无遗漏，无重复。城乡用地分类与土地利用分类衔接清楚。比如，机场军事用地在某一城市中心城区，但它服务范围往往是更大区域范围，为了将其不纳入该城市的人均城市建设用地的核算，更符合实际建设情况和社会经济活动特点，因此将该类用地纳入城乡用地分类范畴。

2. 系统层次清晰，与城乡不同空间层次的规划系统对接明确。

3. 适用面广，既可用现状调查统计，也可用于规划编制，还可用于规划审查管理。

4. 与《原标准》城市用地分类体系基本衔接良好。

二、城乡用地分类——第一部分用地分类

凡市域内所有的土地，都应该根据土地实际使用的主要性质和规划引导的主要性质进行划分和归类，但一份土地不能同时重复列入两项以上的功能类别。

《标准》中城乡用地分两大类、8中类、17小类。两大类是建设用地（H）和非建设用地（E）。

1. 建设用地（H）大类

建设用地（H）大类中分5个中类和12个小类：

①城乡居民点建设用地（H1）

包括城市建设用地（H11）、镇建设用地（H12）、乡建设用地（H13）、村庄建设用地（H14）和独立建设用地（H15）。

②区域交通设施用地（H2）

包括铁路用地（H21）、公路用地（H22）、港口用地（H23）、机场用地（H24）。

③区域公共设施用地（H3）

④特殊用地（H4）

包括军事用地（H41）和安保用地（H42）（监狱等）。

⑤采矿用地（H5）。

2. 非建设用地（E）大类

非建设用地（E）大类中分 3 中类和 5 小类。

①水域（E1）

包括自然水域（E11），水库（E12）和坑塘沟渠（E13）。

②农林用地（E2）

③其他非建设用地（E3）

包括空闲地（E31）和其他未利用地（E32）。

3. 城乡用地汇总表

城市（镇）总体规划城乡用地的数据计算应统一按表 8-1 的格式进行汇总。

表 8-1　**城乡用地汇总表**

<table>
<tr><th rowspan="2">序号</th><th rowspan="2">用地代码</th><th colspan="2" rowspan="2">类别名称</th><th colspan="2">面积（hm^2）</th><th colspan="2">占市域总用地比重（%）</th></tr>
<tr><th>现状</th><th>规划</th><th>现状</th><th>规划</th></tr>
<tr><td rowspan="6">1</td><td rowspan="6">H</td><td colspan="2">建设用地</td><td></td><td></td><td></td><td></td></tr>
<tr><td rowspan="5">其中</td><td>城乡居民点建设用地</td><td></td><td></td><td></td><td></td></tr>
<tr><td>区域交通设施用地</td><td></td><td></td><td></td><td></td></tr>
<tr><td>区域公用设施用地</td><td></td><td></td><td></td><td></td></tr>
<tr><td>特殊用地</td><td></td><td></td><td></td><td></td></tr>
<tr><td>采矿用地</td><td></td><td></td><td></td><td></td></tr>
<tr><td rowspan="4">2</td><td rowspan="4">E</td><td colspan="2">非建设用地</td><td></td><td></td><td></td><td></td></tr>
<tr><td rowspan="3">其中</td><td>水域</td><td></td><td></td><td></td><td></td></tr>
<tr><td>农林用地</td><td></td><td></td><td></td><td></td></tr>
<tr><td>其他非建设用地</td><td></td><td></td><td></td><td></td></tr>
<tr><td colspan="2">总计</td><td colspan="2">市域总用地</td><td></td><td></td><td>100</td><td></td></tr>
</table>

注：______年现状常住人口______万人，其中户籍人口______万人，暂住半年以上人口______万人；______年规划常住人口______万人，其中户籍人口______万人，暂住半年以上人口______万人。

三、城市建设用地分类——第二部分用地分类

此项用地与城乡用地分类中的“H11 城市建设用地”概念完全衔接，城市建设用地都应该分类列入取值某一类别，并且不能同时列入两项或两项以上的功能类别。《标准》中共分为 8 大类、35 中类和 44 小类，规定了它们的代码和具体包括的范围，且规定为强制性条文。下面只介绍到小类，小类中具体包括范围请参阅《标准》原文。

1. 居住用地（R）

①一类居住用地（R1）（各方面条件好的低层住区）

包括住宅用地（R11）和服务设施用地（R12）。

②二类居住用地（R2）（各方面条件好的多、中、高层住区）

包括保障性住宅用地（R20）、住宅用地（R21）和服务设施用地（R22）。

③三类居住用地（R3）（各方面条件较差的住区）

包括住宅用地（R31）和服务设施用地（R32）。

2. 公共管理与公共服务用地（A）

①行政办公用地（A1）

②文化设施用地（A2）

包括图书展览设施用地（A21）和文化设施活动用地（A22）。

③教育科研用地（A3）

包括高等院校用地（A31），中等专业学校用地（A32），中小学用地（A33），特殊教育用地（A34）（如聋、哑、盲人学校等），科研用地（A35）等。

④体育用地（A4）

包括体育场馆用地（A41）和体育训练用地（A42）。

⑤医疗卫生用地（A5）

包括医院用地（A51），卫生防疫用地（A52），特殊医疗用地（A53）（传染病、精神病医院），其他医疗用地（A54）。

⑥社会福利设施用地（A6）

⑦文物古迹用地（A7）

⑧外事用地（A8）（外国驻华使馆、国际机构等）

⑨宗教设施用地（A9）

3. 商业服务业设施用地（B）

①商业设施用地（B1）

包括零售商业用地（B11）、农贸市场用地（B12）、餐饮业用地（B13）和旅馆用地（B14）。

②商务设施用地（B2）

包括金融保险业（B21）、艺术传媒产业用地（B22）和其他商务设施用地（B29）。

③娱乐康体用地（B3）

包括娱乐用地（B31）和康体用地（B32）等。

④公用设施营业网点用地（B4）

包括加油加气站用地（B41）和其他公用设施营业网点用地（B49）。

⑤其他服务设施用地（B9）

4. 工业用地（M）

①一类工业用地（M1）（对居住、公共环境基本无干扰、污染的工业用地）

②二类工业用地（M2）（对居住、公共环境有一定干扰、污染的工业用地）

③三类工业用地（M3）（对居住、公共环境有严重干扰、污染的工业用地）

5. 物流仓储用地（W）

①一类物流仓储用地（W1）（对居住、公共环境基本无干扰、污染的物流仓储用地）

②二类物流仓储用地（W2）（对居住、公共环境有一定干扰、污染的物流仓储用地）

③三类物流仓储用地（W3）（存放易燃、易爆和剧毒危险品专用仓储用地）

6. 交通设施用地（S）

①城市道路用地（S1）

②轨道交通线路用地（S2）

③综合交通枢纽用地（S3）

④交通场站用地（S4）

包括公共交通通信枢纽设施用地（S41）和社会停车场用地（S42）。

⑤其他交通设施用地（S9）

7. 公共设施用地（U）

①供应设施用地（U1）

包括供水用地（U11）、供电用地（U12）、供燃气用地（U13）、供热用地（U14）、邮政设施用地（U15）、广播电视与通信设施用地（U16）。

②环境设施用地（U2）

包括排水设施用地（U21）、环卫设施用地（U22）、环保设施用地（U23）。

③安全设施用地（U3）

包括消防设施用地（U31）和防洪设施用地（U32）。

④其他公用设施用地（U9）

8. 绿地（G）

①公园绿地（G1）

②防护绿地（G2）

③广场绿地（G3）

四、规划建设用地标准

规划建设用地标准包括：规划人均城市建设用地标准，规划人均单项城市建设用地标准和规划城市建设用地结构三部分。

（一）规划人均城市建设用地标准

《标准》指出本条文属强制性规定。

1. 新建城市的规划人均城市建设用地指标应在 95.1～105m²/人内确定。

2. 首都的规划人均城市建设用地应在 105.1～115.0m²/人内确定。

3. 除首都以外的现有城市的规划人均城市建设用地指标，应根据现状人均城市建设用地规模、城市所在的气候区分以及规划人口规模按表 8-2 规定综合确定，所采用的规划人均城市建设用地指标应同时符合表中规划人均城市建设用地规模取值区间和允许调整幅度（对现状规模而言）双因子的限制要求。

表 8-2 除首都以外的现有城市规划人均城市建设用地指标（m²/人）

气候区	现状人均城市建设用地规模	规划人均城市建设用地规模取值区间	允许调整幅度		
			规划人口规模 ≤20.0 万人	规划人口规模 20.1 万～50.0 万人	规划人口规模 >50.0 万人
Ⅰ、Ⅱ、Ⅵ、Ⅶ	≤65.0	65.0～85.0	>0.0	>0.0	>0.0
	65.1～75.0	65.0～95.0	+0.1～+20.0	+0.1～+20.0	+0.1～+20.0
	75.1～85.0	75.0～105.0	+0.1～+20.0	+0.1～+20.0	+0.1～+15.0
	85.1～95.0	80.0～110.0	+0.1～+20.0	-5.0～+20.0	-5.0～+15.0
	95.1～105.0	90.0～110.0	-5.0～+15.0	-10.0～+15.0	-10.0～+10.0
	105.1～115.0	95.0～115.0	-10.0～-0.1	-15.0～-0.1	-20.0～-0.1
	>115.0	≤115.0	<0.0	<0.0	<0.0
Ⅲ、Ⅳ、Ⅴ	≤65.0	65.0～85.0	>0.0	>0.0	>0.0
	65.1～75.0	65.0～95.0	+0.1～+20.0	+0.1～+20.0	+0.1～+20.0
	75.1～85.0	75.0～100.0	-5.0～+20.0	-5.0～+20.0	-5.0～+15.0
	85.1～95.0	80.0～105.0	-10.0～+15.0	-10.0～+15.0	-10.0～+10.0
	95.1～105.0	85.0～105.0	-15.0～+10.0	-15.0～+10.0	-15.0～+5.0
	105.1～115.0	90.0～110.0	-20.0～-0.1	-20.0～-0.1	-25.0～-5.0
	>115.0	≤110.0	<0.0	<0.0	<0.0

根据表 8-2 中的指标数值，我们可以看出新时期有关城市规划的一些指导思想：

（1）《原标准》中城市规划人均建设用地标准是只采用由现状人均城市建设用地规模决定规划标准的。现状人均城市建设用地规模是城市在长期发展形成过程中多因素综合结果的反映，在一定程度上能够反映城市发展过程中对空间的实际需求，且多数城市在编制用地发展规划时也都是参照了现状人均城市建设用地规模的。但由于某些历史的人为原因，导致现状人均城市建设用地的不够合理，甚至严重偏离类似城市人均城市建设用地平均规模的情况，表 8-2 基本上照顾了这一情况。

（2）表 8-2 规定了“规划人均城市建设用地规模取值区间”和“允许调整幅度”两个控制因素，其中调整幅度是指规划人均城市建设用地规模比现状人均城市建设用地规模增加或减少的数值。首先，规定了在不同气候分区中不同现状人均城市建设用地规模城市可采用的取值区间，其次规定了不同规模城市的规划人均城市建设用地规模比现状人均城市建设用地规模增加或减少的调整幅度。这两个控制因素是互相制约的，确定指标时，应同时符合，故称双因子控制。

（3）从表 8-2 可以明显看出，随着现状人均城市建设用地规模的偏高偏低，其规划取值的可增加值是不同的。偏低者允许多增加一些，中等程度者少增加些，偏高者不增加。可以看出北方城市（气候区Ⅰ、Ⅱ、Ⅵ、Ⅶ）由于日照的原因，比南方城市（气候区Ⅲ、Ⅳ、Ⅴ）的人均城市建设用地规模在调整幅度内取值相对宽松些；还可以看出规划人口规模较小城市比规划人口规模较大城市的人均城市建设用地规模在调整幅度内取值也相对宽松一些。以上根据现状情况制定的政策目标取向，通过全国 323 个城市总体规划中的现状用地汇总表检验是适宜的。

（4）本《标准》规划人均城市建设用地规模取值区间控制在 65.0～115.0（m^2/人）之间，其高限小于《原标准》的 120m^2/人。其主要原因是本《标准》将部分对外交通用地、公用设施用地以及特殊用地等纳入城乡用地分类，不再计入城市建设用地的统计范畴，根据对 323 个城市的计算，撇除这部分用地之后，人均城市建设用地规模比原人均城市建设用地规模平均下降 5m^2 左右。这也是表 8-2 中南方城市中规划人均城市用地取值区间高限还小于现状高限的原因。总之，以上政策的导向都体现了节约集约用地的原则，且是强制性的规定。

（5）本《标准》调整总幅度控制在-25.0～+20.0m^2/人范围内，其最大增加幅度小于《原标准》的+25.0，最大减少幅度大于《原标准》的-20.0，皆体现了进一步节约集约利用土地的原则。因此，在具体确定调整幅度时，各城市应根据本市具体条件择优选择，并非要求每个城市都必须增减至极限范围。

（二）规划人均单项城市建设用地标准

自 1990 年颁布《原标准》以来，单项人均城市建设用地指标一直作为我国控制城市建设用地发展的重要手段之一。随着经济水平的提高以及近 20 年研究、实践成果的逐步完善，本次《标准》的修订作为远期规划单项城市建设用地控制性标准。科学合理的单项城市建设用地标准，可以引导城市节约集约使用土地，提高土地的利用率，防止城市在发展用地上的盲目性，促进城市合理布局，使得每个居民所必需的基本居住、公共服务、交通、绿化权利得到保障。

本《标准》对单项人均城市建设用地指标只提出了低限标准，以保障居民所必需的用地。另外，考虑到由于城市性质的差异所导致的城市人均工业用地之间的差异性，同时考虑到工业用地规模不是与常住人口规模相关，本《标准》不再提出人均工业用地指标；而增加了保障居民文化、教育、体育、卫生等基本需求的人均公共管理与公共服务用地的指标。具体的规划人均单项城市建设用地标准有以下四条：

1. 人均居住用地面积指标 m²/人

Ⅰ、Ⅱ、Ⅵ、Ⅶ气候区，人均居住用地面积指标 28.0～38.0；Ⅲ、Ⅳ、Ⅴ气候区，人均居住用地面积指标 23.0～36.0。

2. 规划人均公共管理与公共服务用地面积不应小于 5.5m²/人。

3. 规划人均交通设施用地面积不应小于 12.0m²/人。

4. 规划人均绿地面积不应小于 10.0m²/人，其中人均公园绿地面积不应小于 8.0m²/人。

（三）规划建设用地结构

《标准》规定：城市五大类主要用地规划占城市建设用地的比例宜符合表 8-3 的规定。

表 8-3 **规划建设用地结构表**

用地类别名称	占城市建设用地比例（%）
居住用地	25.0～40.0
公共管理与公共服务用地	5.0～8.0
工业用地	15.0～30.0
交通设施用地	10.0～30.0
绿地	10.0～15.0

（四）城市建设用地平衡表

根据城市建设用地标准和实际需要，对各类城市用地的数量和比例所作的调整与综合平衡，称**城市用地平衡**。在城市规划中各单项规划完成后，即可编制城市建设用地平衡表，如表 8-4 所示。

表 8-4 **城市建设用地平衡表**

序号	用地代码	用地名称		面积（hm²）		占城市建设用地（%）		人均（m²/人）	
				现状	规划	现状	规划	现状	规划
1	R	居住用地							
2	A	公共管理与公共服务用地							
		其中	行政办公用地						
			文化设施用地						
			教育科研用地						
			体育用地						
			医疗卫生用地						
			社会福利设施用地						
			文物古迹用地						
			外事用地						
			宗教设施用地						

续表

序号	用地代码	用地名称		面积（hm^2）		占城市建设用地（%）		人均（m^2/人）	
				现状	规划	现状	规划	现状	规划
3	B	商业服务业设施用地							
		其中	商业设施用地						
			商务设施用地						
			娱乐康体用地						
			公用设施营业网点用地						
			其他服务设施用地						
4	M	工业用地							
5	W	物流仓储用地							
6	S	交通设施用地							
7	U	公用设施用地							
8	G	绿地							
		其中	公园绿地						
			防护绿地						
			广场绿地						
总计		总用地				100	100		

注：________年现状常住人口________万人，其中户籍人口________万人，暂住半年以上人口________万人。

________年规划常住人口________万人，其中户籍人口________万人，暂住半年以上人口________万人。

通过编制城市建设用地平衡表，可以检验在城市规划中各项用地的分配比例是否符合规定的定额指标。用数量的概念来说明规划方案中用地的相互关系，为合理分配城市用地提供了必要的依据。它的具体作用主要有：（1）反映城市土地使用的水平和比例，作为调整用地和进一步制定规划的依据之一；（2）用以比较城市之间建设用地的情况；（3）作为上级规划管理单位审定城市建设用地的必要依据。

五、执行《标准》时应注意的问题

本《标准》是《城乡规划法》和《城市规划编制方法》的配套标准，执行过程中，当出现与法律法规相抵触时，以法律法规为准。此外，还应注意以下三点：

1. 《标准》使用的对象限于城市以及县人民政府驻地；

2. 就工作性质而言，本《标准》适用于城市（镇）总体规划的制定，适用于用地分类与计算口径的统一，适用于用地日常管理需求；

3. 编制控制性详细规划时可以参照执行本《标准》中的用地分类。

六、城市建设用地管理

1. 建设用地要符合土地利用的规划管理

城市建设用地包括规划的建设用地、正在开发的建设用地和已经使用的建设用地，其土地利用和各项建设必须符合城市规划，服从规划管理。由城市规划行政主管部门对城市规划区内的建设用地实行统一的规划管理。

2. 城市国有土地使用权出让转让的规划管理

(1) 土地所有权。根据《土地管理法》第六条规定：城市市区的土地属于全民所有即国家所有。农村和城市郊区的土地，除法律规定属于国家所有的以外，属集体所有，宅基地、自留地、自留山也属于集体所有。

(2) 国有土地使用权的出让与转让。国有土地使用权的出让转让是市场经济体制下的产物，是我国土地使用制度改革、实行国有土地有偿使用制度的结果，它有利于城市的开发建设，促进了城市的快速发展。

集体所有制的土地是不允许出让和转让的。国家为了公共利益的需要，可以依法对集体所有的土地实行征用，转换为国有土地，然后通过协议、招标和拍卖等方式，再将国有土地使用权有偿、有限地出让和转让给土地使用单位或者个人。

国有土地使用权的出让，是土地使用权作为商品经营和进入市场流通的第一步。土地出让市场称一级市场，它反映了国家作为土地所有者与土地使用者之间的商品经济关系，是以土地出让合同的形式加以确定，双方当事人（出让方与受让方）的权利和义务在出让合同中明确规定。

国有土地使用权的转让是土地使用权作为商品经营的二级市场，是指土地使用者将依法取得土地使用权，再转让并由受让人向转让人支付款的行为。土地使用权转让后，原土地使用人与国家所确定的权利义务关系转移给新的土地使用者。土地使用权的转让，包括出售、赠与、交换、继承等内容。土地转让同样以合同形式来明确。

(3) 土地出让、转让的范围与期限。市、县、工矿区出让的土地，不包括地下资源、埋藏物和市政公用设施。地下文物古迹属于国家所有，土地使用者无权挖掘。

可以向外商出让国有土地，但大面积成片土地仅限于沿海开放城市和经济开发区。

土地出让是有偿的和有限期的。1990 年 5 月我国颁布的《城镇国有土地使用权出让和转让暂行条例》规定的最高年限是：居住用地为 70 年，工业、教育、科技、文化、卫生、体育、其他综合用地为 50 年；商业旅游、娱乐用地为 40 年。

七、我国城乡建设用地的总体规划原则

2013 年国土部统筹安排城乡建设用地的总体规划原则是：控制大城市建设用地规模，防止大城市过度扩张；合理安排中小城市和城镇建设用地，促进中小城市

和小城镇健康发展；对农村地区实行新增建设用地计划指标单列，单列规模不得低于国家下达计划指标总量的3%～5%，确保符合土地利用总体规划和一户一宅条件的农民建房用地，促进城乡统筹发展。

对城镇建设用地，要求加大安排社会民生建设用地力度。用地计划指标要向保障性住房、医疗卫生、教育科技、社会保障等领域倾斜，提高经济社会发展的协调性。

要合理安排基础设施和产业用地，重点保障交通水利、能源等基础设施项目用地，优先支持战略性新兴产业和高新技术、节能减排等建设用地，推动经济结构调整和经济发展方式转变。

第三节　小结

本章主要介绍了城市规模的确定，城市用地分类与规划建设用地标准，城市建设用地平衡表，阐述了城市建设用地管理以及城乡建设用地的总体规划原则。

□ 关键概念

城市规模　城市人口结构　城市人口预测　城市用地平衡

□ 复习思考题

1. 城市规模的确定有哪几种方式？
2. 用地分类的特点有哪些？
3. 城乡用地分类有哪些？
4. 城市建设用地分类有哪些？
5. 规划建设用地标准包括哪几部分？
6. 城市建设用地平衡表的作用是什么？

第九章

城市居住区详细规划与技术经济分析

□ 学习目标

本章主要掌握居住区的类型、规模与用地控制指标，居住区规划中主要技术经济指标；熟悉居住区的规划结构；了解居住区的用地组成，《城市用地分类与规划建设用地标准（GB50137-2011）》有关居住用地的调整。

居住区规划是城市详细规划的主要内容之一。居住区规划必须根据总体规划和近期建设要求，对居住区各项建设做好综合全面安排。居住区规划的主要任务就是为城市居民经济、合理地创造一个满足日常物质和文化生活需要的舒适方便、卫生、安宁和优美的环境。居住区规划的内容一般有以下几个方面：

（1）选择、确定用地位置、范围（包括改建范围）；

（2）确定规模，即确定人口数量和用地的大小（或根据改建地区的用地大小来决定人口数量）；

（3）拟定住宅建筑类型（包括单身宿舍）、层数比重、数量、布置方式；

（4）拟定公共服务设施（包括允许设置的生产性建筑）的内容、规模、数量、分布和布置方式；

（5）拟定各级道路的宽度、断面形式和布置方式；

（6）拟定公共绿地、体育、休息等室外场地的数量、分布和布置方式；

（7）拟定有关的工程规划设计方案；

（8）拟定各项技术经济指标和进行造价估算。

第一节　居住区的类型、规模、规划结构及用地平衡

一、居住区的类型

按建设条件的不同，居住区可分为新建居住区和城市旧居住区。新建居住区可按照新规范的合理要求，进行规划建设；而旧居住区情况往往比较复杂，有的布局混乱需要调整，有的对具有传统建筑风格格局需要保留，特别是在实施过程中，还要解决居民动迁、安置等问题。

居住区按所处位置的不同可分为：城市内的居住区和独立的工矿企业居住区。前者在用地上既是城市功能用地的有机组成部分，又是具有相对独立的居住组团。这类居住区在建设、管理、生活供应以及居民的工作、学习和休息等方面，都与城市有密切的联系。后者是专为某一个或几个厂矿企业职工及家属而建设的，因此居住对象比较单一。这类居住区大多由远离城市或与城市交通联系不便而具有较大的独立性，因此公共服务设施要设置较高一级的内容；此外这类居住区的公共服务设施往往还兼为附近郊区农民服务，故其定额指标应适当增加。按住宅层数的不同又可分为低层（1 层 ~3 层）居住区，多层（3 层 ~6 层）居住区，中高层（7 层 ~9 层）居住区，高层（大于等于 10 层）或各种层数混合修建的居住区。这些不同住宅层数的居住区在美化城市建筑群景观方面，起着很大的作用。

二、居住区的规模与用地控制指标

居住区是指城市中由城市主要道路或自然分界线所围合，设有与其居住人口规模相应的、较完善的、能满足该区居民物质与文化生活所需的公共服务设施的相对独立的居住生活聚居地区。目前我国城市状况规划，将居住区分成居住区、**居住小区**和**居住组团**三级，泛指居住区。具体规划时，只有当人口达到 3 万 ~5 万、用地达到 50 公顷 ~100 公顷规模时，才相当于居住区级的规模。小区、组团级人口，用地规模则相应减少。

目前，我国执行的《城市居住区规划设计规范 GB 50180-93》（2002 年版）（以下简称《规范》）中规定，居住区、小区和组团三级标准控制规模应符合表9-1的规定。

表 9-1　**居住区、小区和组团三级标准控制规模**

	居住区	小　区	组　团
户数（户）	10 000 ~ 16 000	3 000 ~ 5 000	300 ~ 1 000
人口（人）	30 000 ~ 50 000	10 000 ~ 15 000	1 000 ~ 3 000

上述居住区的规模与用地控制指标是怎样具体确定的呢？其主要取决于以下 4 个因素：

1. 设置居住区级的配套商业、文化和医疗等公共服务设施与合理服务半径要求

根据调查研究结果，城市居住区人口达到 6 万人左右时，就可以配置一个比较完整的商业服务中心；人口达 3.5 万 ~6 万时，可以设置比较完全的影剧院。所谓合理服务半径，是指居住区内的居民到达居住区级公共服务设施的最大步行距离，一般为 800m ~1 000m，在地形起伏的地区还应适当减少。合理的服务半径是影响居住区用地规模的重要因素。

2. 城市道路交通方面的影响

现代城市交通的发展要求城市干道之间要有合理的间距，以保证城市交通的安全、快速和畅通。因此，为城市干道所包围的用地往往是决定居住区用地规模的一个重要条件。城市干道的合理间距一般应在 600m ~1 000m 之间，这样纵横干道之间包围的用地也就在 36 公顷 ~100 公顷之间。

3. 居民行政管理体制方面的影响

我国社会主义制度下居住区规划的一个重要特征，就是一定人口（户口）规模要和一定行政管理级别相适应。目前对城市旧居住区进行改建规划时，一般都配合街道办事处管辖范围的划分单位，而街道办事处管辖的人口一般在 5 万人以下为宜。

4. 自然地形条件和城市规模等对居住区规模也有一定影响

为使居住区人口规模与用地规模配套，表 9-2 为《规范》给出的我国城市人均居住区用地控制指标（m^2/人）。以表中多、高层居住区指标 $17m^2$/人 ~$26m^2$/人为例，乘以上述相应 3 万 ~5 万人口规模，可得用地面积为 51 公顷 ~130 公顷。

表 9-2 **我国城市人均居住区用地控制指标（m^2/人）**

居住规模	层数	建筑气候区划		
		Ⅰ、Ⅱ、Ⅵ、Ⅶ	Ⅲ、Ⅴ	Ⅳ
居住区	低层	33 ~47	30 ~43	28 ~40
	多层	20 ~28	19 ~27	18 ~25
	多层、高层	17 ~26	17 ~26	17 ~26
小区	低层	30 ~43	28 ~40	26 ~37
	多层	20 ~28	19 ~26	18 ~25
	中高层	17 ~24	15 ~22	14 ~20
	高层	10 ~15	10 ~15	10 ~15
组团	低层	25 ~35	23 ~32	21 ~30
	多层	16 ~23	15 ~22	14 ~20
	中高层	14 ~20	13 ~18	12 ~16
	高层	8 ~11	8 ~11	8 ~11

注：本表各项指标按每户 3.2 人计算。建筑气候区划说明见表 9-6。

20 世纪 90 年代全国 70 余个不同规模居住区资料表明，决定人均居住区用地指标的主要因素，一是建筑气候分区（地理纬度决定日照间距要求大小不同，对人均占地面积有明显影响）；二是居住区人口规模（居住区高于小区，小区高于组团）；三是住宅层数（住宅层数高，居住密度相应较高，人均用地就低一些）。

三、居住区的规划结构

居住区的规划结构是指根据居住区的功能要求，综合地解决住宅与公共服务设施、道路和绿地等相互关系而采取的组织方式。

（一）影响居住区规划结构的因素及小区、组团的合理规模

居民在居住区内活动的规律和特点是影响居住区规划结构的决定因素。

一般居民的户外活动有两种：一种是日常生活最频繁的活动，包括上下班、上学、接送幼儿去幼托机构、采购日常生活必需品和游憩等；另一种是经常必需的活动，包括就医看病、文体活动、采购生活必需品和专业性商品以及去银行、邮局、粮管所、房管所和街道办事处等。为了方便上述活动，关键是要重点考虑两项影响因素：一是以公共交通为主的上下班活动，应保证职工自居住地点至公交车站的距离不宜大于 500m；二是居民日常生活必需的公共服务设施应尽量接近居住区。根据我国各地城市居住区规划结构调查，居住区范围内的居住小区和居住组团规模和它们的人均用地控制指标规定的范围见表 9-2。居住小区是指城市中由居住区级道路或自然分界线所围合，以居民基本生活活动不穿越城市主要交通线为原则，并设有与其居住人口规模相应的、满足该区居民基本的物质与文化生活所需的公共服务设施的居住生活聚居地区。居住组团是指城市中一般被小区道路分隔，设有与其居住人口规模相应的、居民所需的基层公共服务设施的居住生活聚居地。

（二）我国居住区规划结构的基本形式举例

1. 以居住组团和居住小区为基本单位组织居住区

其规划结构为：居住区—居住小区—居住组团。图 9-1（a）大连市金家街工人村即为此种规划结构形式。该居住区人口 2.4 万，由 3 个小区（包含 8 个组团）组成。图 9-1（b）为辽阳石化总厂居住区，人口 4 万，由 2 个小区（包括 3 个组团）组成。居住组团为 300 户～800 户，设居委会办公室、卫生站、青少年校外活动站、退休工人活动室、服务站、小商店、托儿所、儿童或成年人休息散步场地、小块绿地等，公共服务设施建筑（简称公建）合理服务半径为 150m～200m。居住小区设有油粮店、菜站、综合商店、小吃店、幼托所、小学等，其合理服务半径为 400m～500m。

2. 以居住组团为基本单位组织居住区

图 9-1（c）为上海彭浦新村居住区，其规划结构的方式即居住区—居住组团方式。这种组织方式不划分明确的小区用地范围，直接由若干居住组团组成，也可以说是扩大小区的形式。

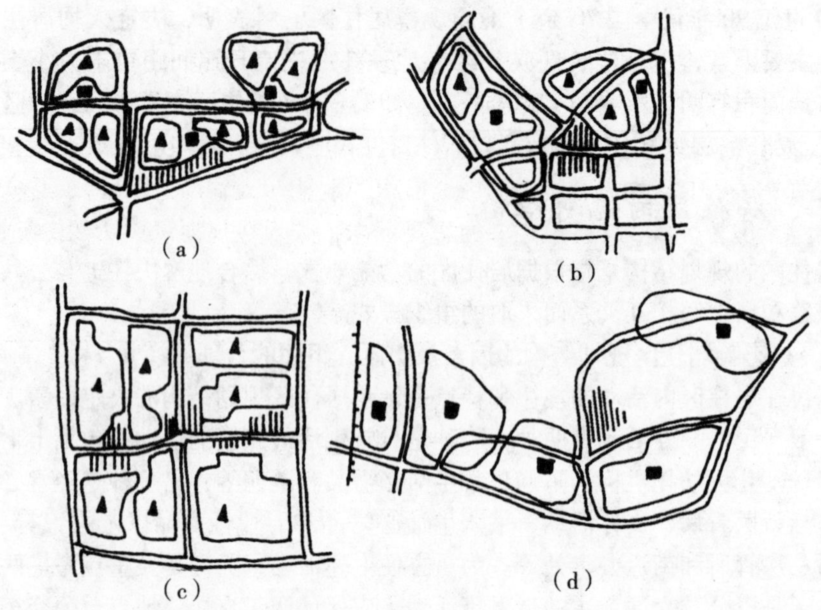

Ⅲ——居住区中心　■——居住小区中心　▲——组团公共服务设施

（a）大连金家街工人村；（b）辽阳石化总厂；（c）上海彭浦新区；（d）广州沙冲

图 9-1　居住规划结构示意图

3. 以居住小区为规划基本单位组织居住区

图 9-1（d）为广州沙冲居住区示意图。该区人口 4 万，由 5 个居住小区组成。

四、居住区的用地组成及用地平衡控制指标

居住区的用地属于城市建设用地的第一大类，其代号以 R 表示。《规范》中根据不同的功能要求，由以下 4 小类组成：

1. 住宅用地

住宅用地是指住宅建筑基底占地及其四周合理间距内的用地（含宅间绿地和宅间小路等）的总称。

2. 公共服务设施用地

公共服务设施用地一般也称公建用地，是与居住人口规模相对应配建的、为本区居民服务和使用的各类设施的用地，包括建筑基底占地及其所属场院、绿地和配建停车场等。

3. 道路用地

道路用地包括居住区道路（一般用以划分小区的道路，在大城市中通常与城市支路同级）、小区路（一般用以划分组团的道路）和组团路（上接小区路、下连宅间小路的道路）及非公共建筑配建的居民小汽车、单位通勤车等停放场地。

4. 公共绿地

公共绿地即满足规定的日照要求、适合于安排游憩活动设施的、供居民共享的集中绿地，包括居住区公园、小游园和组团绿地及其他块状、带状绿地等。

以上构成居住区用地的四类用地应具有一定的比例关系。这一比例关系的合理性以及每一居民应平均占有居住区用地面积的数量（人均用地水平），是衡量居住区规划设计是否科学、合理和经济的重要标志，必须在规划设计文件中反映出来。具体可采用居住区用地平衡表格式来表示，见表 9–3。

表 9–3 **居住区用地平衡表**

用地		面积（公顷）	所占比例（%）	人均面积（m^2/人）
一、居住区用地			100	
1	住宅用地			
2	公建用地			
3	道路用地			
4	公共绿地			
二、其他用地				
居住区规划总用地				

注：小区和组团用地平衡表与本表格式相同。

对全国 37 个城市中 140 余个不同规模居住区的经验进行综合分析后，表 9–4 为《规范》给出的居住区（小区及组团）用地平衡控制指标。

表 9–4 **居住区用地平衡控制指标（%）**

用地构成	居住区	小区	组团
1. 住宅用地	50 ~ 60	55 ~ 65	70 ~ 80
2. 公建用地	15 ~ 25	12 ~ 22	6 ~ 12
3. 道路用地	10 ~ 18	9 ~ 17	7 ~ 15
4. 公共绿地	7.5 ~ 18	5 ~ 15	3 ~ 6
居住区用地	100	100	100

在居住区规划范围内，除居住区用地以外的各种用地，还有非直接为本区居民配建的道路用地、其他单位用地、保留的自然村或不可建设用地等，这些统称为其他用地，在表 9–3 居住区用地平衡表中单独统计。由表 9–4 可见，在四类用地中，住宅用地所占的比重最大。表 9–5 为我国各城市一些居住区住宅用地所占比重实例，可见住宅比重约占 50% 左右，基本上在《规范》规定的范围之内。

表 9-5 我国各城市居住区住宅比重实例表

项目	居住区名称								
	南京梅山炼铁厂	上海彭浦新村	武汉武东	大连金家街工人村	上海曹杨新村	上海石化总厂	北京市团结湖	北京市劲松	广州文冲
规模（人）	18 000	30 000	15 000	22 000	69 843	40 000	21 000	25 600	50 000
平均层数	3.95	以5层为主	3.02～3.95	3.07	—	5	6.9	7.5	4.8
住宅用地占居住区总用地（%）	54.4	59.9	34.5～42.6	56.0	61.9	46.2	59.7	64.2	45.87

五、《城市用地分类与规划建设用地标准（GB50137-2011）》有关居住用地的调整

1. 关于居住用地的含义

按照现代居住区的规划理论和方法，《城市用地分类与规划建设用地标准（GB50137-2011）》（以下简称《标准》）将住区及服务于基本生活需要的道路、绿地、日常生活服务设施等看做一个整体，因此，居住用地应包含住区、住区内的城市支路以下的道路、绿地、配套服务设施等四项用地。还考虑到政府发挥公共服务职能、便于实际管理等要求，将中小学用地划入公共管理与公共服务用地，其他社区级及以下级别的配套服务设施用地仍然属于居住用地。

2. 居住用地中类的重新划分标准

对居住用地中类的划分，目的是便于城市对不同类型的居住用地提出不同的规划设计及规划管理要求，有利于城市规划设计和规划管理水平的提高。在国际上关于居住用地的分类有很多方法，如按居住功能分，按住宅层数分，按住宅建筑质量分，按密度、容积率分，或按住宅与其他性质用地允许混杂的程度分等。总体来看，各国基本上都是根据本国国情，力求通过居住用地的分类表达土地权益和控制居住与城市的关系。结合我国的实际情况，仍按层数、布局、公共设施、公用设施、环境质量等综合因素，把居住用地分为三个中类：

“一类居住用地”（R1）是高端的低密度居住用地，包括别墅区、独立式花园住宅、四合院等，公用设施、交通设施和公共服务设施齐全、布局完整、环境良好。

“二类居住用地”（R2）是中、高密度居住用地，公用设施、交通设施和公共服务设施比较齐全、布局相对完整、环境良好。

“三类居住用地”（R3）是指以需要加以改造的简陋住区为主的居住用地，包括公用设施、交通设施不齐全，公共服务设施较欠缺，环境较差的危改房、棚户区、临时住宅等。这类用地在我国大多数城市中均有一定数量，通常在现状居住用地调查分类时采用。

3. 居住用地小类的划分调整

《规范》中每一居住用地中类还明确区分成住宅用地以外的公共服务设施、道路和绿地，但是，这种小类划分已不适应市场经济下的开发模式，住区内的城市支路以下的道路用地和绿地，除了现状调查可以使用，在控制性详细规划等各类规划编制中很少能够明确划分。因此，《标准》将居住用地小类调整为“住宅用地”和“服务设施用地”两类：

（1）“住宅用地”的内涵发生变化，将住区内的城市支路以下的道路用地、绿地以及配套的公用设施用地划入住宅用地，主要由于这些用地与住宅密不可分，除修建性详细规划外，其他类型规划很难也没必要分开。

（2）“服务设施用地”指住区及以下的主要公共设施和服务设施用地，包括幼托、文化体育设施、商业金融、社区服务、公用设施等用地，中小学除外。这样的分类更能适应市场经济，方便公共服务设施用地布局考虑服务人口和服务半径，适应不同规模、不同区位的要求，也便于控制公益性设施的规划建设。

另外，在二类居住用地中增加“保障性住宅用地”小类，以体现国家关注中低收入群众住房问题的公共政策。

第二节　居住区规划中的技术经济指标分析与计算

一、居住区的技术经济指标包括的内容

（1）居住区居住户数、人数。

（2）居住区总建筑面积（10^4m^2）、住宅总建筑面积（10^4m^2）。

（3）住宅平均层数——住宅总建筑面积与住宅基底总面积的比值（层）。

（4）**住宅建筑净密度**——住宅建筑基底总面积与住宅用地面积的比率（%）。

（5）住宅建筑套密度（毛）——每公顷（hm^2）居住区用地上拥有的住宅建筑套数（套/hm^2）。

（6）住宅建筑套密度（净）——每公顷住宅用地上拥有的住宅建筑套数（套/hm^2）。

（7）住宅建筑面积毛密度——每公顷居住区用地上拥有的住宅建筑面积（m^2/hm^2）。

（8）**住宅建筑面积净密度**——每公顷住宅用地上拥有的住宅建筑面积（$10^4m^2/hm^2$）或以住宅建筑面积（10^4m^2）与住宅用地面积（10^4m^2）的比值表示，此值即是住宅容积率。

（9）**建筑面积毛密度**——也称容积率，是每公顷居住区用地上拥有的各类建

筑的建筑面积（$10^4m^2/hm^2$）或以居住区总建筑面积（10^4m^2）与居住区用地（10^4m^2）的比值表示，容积率为无量纲比值。

(10) **建筑密度**——居住区用地内，各类建筑的基底总面积与居住区用地的比率（%）。

(11) **绿地率**——居住区用地范围内，各类绿地面积（包括公共绿地、宅旁绿地、公共服务设施所属绿地和道路红线内的绿地）的总和占居住区用地的比率（%）。

(12) 人口毛密度——每公顷居住区用地上容纳的规划人口数量（人/hm^2）。

(13) 人口净密度——每公顷住宅用地上容纳的规划人口数量（人/hm^2）。

(14) 拆建比——拆除的原有建筑总面积与新建的建筑总面积比值。

(15) 停车率——居住区内居民汽车位数量与住户数的比率（%）。

(16) 地面停车率——居民汽车的地面车位数量与住户数的比率（%）。

(17) 高层住宅（≥10 层）比重——高层住宅总建筑面积与住宅总建筑面积的比率（%）。

(18) 中高层住宅（7~9 层）比重——中高层住宅总建筑面积与住宅总建筑面积的比率（%）。

二、几个典型经济指标的计算举例

为了深入了解几个常用的典型经济指标的计算方法与分析，下面举一实例。

例：某城市的某居住区规划总住宅用地面积为 10 公顷，各种层数住宅的建筑面积为：三层住宅建筑为 8 595m^2，四层住宅为 133 812m^2，五层为 1 200m^2。试求下列经济指标：

1. 住宅平均层数

先求总建筑面积为：

$$8\,595+133\,812+1\,200=143\,607\ (m^2)$$

各种层数住宅基底面积为：

$$三层住宅的基底面积=\frac{8\,595}{3}=2\,865\ (m^2)$$

$$四层住宅的基底面积=\frac{133\,812}{4}=33\,453\ (m^2)$$

$$五层住宅的基底面积=\frac{1\,200}{5}=240\ (m^2)$$

相加后，得住宅总基底面积为：

$$2\,865+33\,453+240=36\,558\ (m^2)$$

得平均层数为：

$$平均层数=\frac{总建筑面积}{总基底面积}=\frac{143\,607}{36\,558}=3.93\ (层)$$

2. 住宅建筑净密度

根据前面定义，住宅建筑净密度为：

$$住宅建筑净密度=\frac{住宅建筑总基底面积}{住宅用地面积}=\frac{36\ 558}{10\times10\ 000}=36.6\%$$

3. 住宅建筑面积净密度

$$住宅建筑面积净密度=\frac{住宅建筑面积（m^2）}{住宅用地面积（hm^2）}=\frac{143\ 607}{10}=1.44\times10^4（m^2/hm^2）$$

$$住宅容积率=\frac{住宅建筑面积（10^4m^2）}{住宅用地面积（10^4m^2）}=\frac{14.3607}{10}=1.44$$

三、住宅建筑净密度和住宅建筑面积净密度的控制指标

1. 住宅建筑净密度最大控制指标

平均层数与建筑密度关系密切，是基本数据，属必要指标。对住宅建筑净密度指标来说，住宅建筑净密度越大，即住宅建筑基底占地面积的比重越高，空地率就越低，绿化环境质量也相应降低。所以本指标是决定居住区居住密度和居住环境质量的重要因素，必须合理确定。《规范》规定我国住宅建筑净密度最大值不应超过表 9-6 的规定。由于决定住宅建筑净密度的主要因素是层数和决定建筑日照间距的城市地理纬度（见第十章表 10-2），表 9-6 中以建筑气候划区来表示地理纬度。《规范》中给出了“中国建筑气候区划图”，七类气候划区大致概括的省份是：Ⅰ区——东北三省、内蒙古；Ⅱ区——河北、山西、陕西、山东、宁夏、河南等；Ⅲ区——四川、贵州、湖北、湖南、安徽、江西、江苏、浙江、福建等；Ⅳ区——广西、广东、海南、台湾；Ⅴ区——云南；Ⅵ区—青海、西藏；Ⅶ区——甘肃、新疆。

表 9-6　**住宅建筑净密度控制指标（%）**

住宅层数	建筑气候区划		
	Ⅰ，Ⅱ，Ⅵ，Ⅶ	Ⅲ，Ⅴ	Ⅳ
低层	35	40	43
多层	28	30	32
中高层	25	28	30
高层	20	20	22

注：混合层取两者的指标值作为控制指标的上、下限值。无电梯住宅不应超过 6 层。

2. 住宅建筑面积净密度（住宅容积率）最大控制指标

住宅建筑面积净密度是决定居住区居住密度的重要指标，是一个实用性强、习惯上也是控制居住区环境质量的重要指标之一，也是必要指标。住宅建筑面积净密度的决定因素主要是住宅层数和决定日照间距的地理纬度。为了防止居住区规划建设中，过分强调提高住宅面积净密度（可降低住宅的单方造价），而忽略居住区的环境质量，表 9-7 为《规范》规定的住宅建筑面积净密度的最大控制指标。表中低层、多层与中高层三栏数值，是根据全国 140 余个城市经验总结的。高层住宅一栏指标则主要根据环境制定。显然，住宅面积净密度过大，就是住宅用地上的环境容

量过大，即建房过多、住人过挤，就会影响居住区环境质量。从表9-7可见，全国各地的全高层居住小区或组团的住宅面积净密度均不宜超过每公顷3.5×$10^4$$m^2$。

表9-7 **住宅建筑面积净密度最大控制指标** 单位：$10^4m^2/hm^2$

住宅层数	建筑气候区划		
	Ⅰ、Ⅱ、Ⅵ、Ⅶ	Ⅲ、Ⅴ	Ⅳ
低层	1.10	1.20	1.30
多层	1.70	1.80	1.90
中高层	2.00	2.20	2.40
高层	3.50	3.50	3.50

注：(1) 混合层取两者的指标值作为控制指标的上、下限值；
(2) 本表未计入地下层面积。

第三节 小结

本章主要介绍了居住区的类型、规模、规划结构及用地控制指标，居住区的用地组成，《城市用地分类与规划建设用地标准（GB50137-2011）》有关居住用地的调整，居住区规划中的技术经济指标分析与计算方法。

□ 关键概念

居住区　居住小区　居住组团　住宅建筑净密度　住宅建筑面积净密度　建筑面积毛密度（容积率）　建筑密度　绿地率

□ 复习思考题

1. 居住区规划一般包括哪些内容？
2. 居住小区的规模应如何确定？
3. 居住组团的规模应如何确定？
4. 居住区用地的组成有哪些？
5. 居住区的技术经济指标有哪些？掌握这些指标的概念与计算方法有何意义？

第十章

城市居住区规划设计与布置

□ **学习目标**

本章主要掌握住宅的规划与布置，熟悉居住区公共建筑及其用地的规划布置，居住区道路及绿地的规划布置，了解居住区室外场地与环境小品的规划布置。

在前八章中我们介绍了城市总体规划，它是涉及城市性质、规模、发展目标、建设用地布局和功能分区等城市总体部署的规划，一般规划年度为20年。本章讲的城市居住区规划属于详细规划阶段，它是根据总体规划对城市建设区域内新建或改建地段的各项建设，做出具体的布置和安排，属于城市建设的近期规划与设计，具体内容主要有：

（1）确定建设地段内的街道、广场、建筑和绿地的位置、高程、用地指标和建筑红线；

（2）提出对房屋建筑选型、选标准设计，以及建筑空间和艺术处理的初步意见；

（3）综合安排建筑地段内的工程管线和构筑物位置、占地指标等；

（4）提出地面水的排水竖向设计。

可见，详细规划是根据分区的功能要求，将城市分区的土地做详细的土地经济技术指标限定，如用地面积、道路坐标、标高、断面尺寸等，并确定各功能用地的位置及市政基础设施的配套以及城市艺术布局要求和建筑群的空间组合。

居住区、居住小区是由若干居住组团组成，组团布置的好坏直接影响小区的景观与使用。当小区平面结构、道路、绿地、公建及组团规模位置统一确定后，随后的工作就是组团的规划布置。一个组团建筑面积通常在$2.5\times10^4m^2\sim3.5\times10^4m^2$之间，也是一般房地产开发企业经营的单元项目规模。

第一节 居住区规划设计的基本要求

对城市居住区的住宅、公共设施、公共绿地、室外环境、道路交通和市政公用设施所进行的综合性具体安排，称**居住区规划**。

居住区规划设计的基本要求是：

1. 使用要求

为居民创造一个方便的居住环境，满足居民生活的多种需要，这是居住区规划设计最基本的要求。

2. 卫生要求

为居民创造一个卫生、安静的居住环境，要求居住区有良好的日照、通风，并防止噪声的干扰和空气的污染等。

3. 安全要求

为居民创造一个安全的居住环境，除保证人们能有条不紊地正常生活外，还要能应对那些可能引起灾害发生的非常情况，如火灾、地震等。按照有关规定使居住区规划能有利于防止灾害的发生或减少其危害程度。

4. 经济要求

在确定居住建筑的标准、公共建筑的规模、项目时，均应与当时当地建设投资和居民的生活水平相适应。在规划布置时，还应尽量节约造价、节约用地。

5. 施工要求

布置要一切有利于起重机和塔吊轨转移创造条件，有利于施工组织和机械化施工要求与建设程序。

6. 景观要求

居住区是城市建设量最大的项目，它的形式对城市面貌有着重要的影响。旧居住区的改造是改变城市面貌的一个重要方面。因此，要注意建筑群体的组合，建筑群体与环境的结合。从景观上要把居住区、小区作为一个有机整体来进行规划设计。

第二节 住宅的规划与布置

住宅及其用地的规划布置是居住区规划设计的主要内容。住宅及其用地不仅量多面广（住宅的面积约占整个居住区总建筑面积的80%以上，用地则占居住区总用地面积的50%左右），而且在体现城市面貌方面起着重要的作用。因此，规划布置前，首先要合理地选择和确定住宅的类型。

一、住宅类型

住宅一般是指以家庭为居住单位的建筑；供单人居住的建筑，如单身职工、学生等，则称为单身宿舍或宿舍。

住宅类型一般有 8 种，见表 10-1。

表 10-1　　住宅类型（以户为基本组成单位）

编号	住宅类型	用地特点
1	独院式	每户一般都有独用院落，层数 1 层 ~3 层，占地较多
2	并联式	
3	梯间式	一般都用于多层和高层，是多层和高层住宅建设中最常见的形式，用地也比较经济
4	内廊式	
5	外廊式	
6	内天井式	是第 3 类、第 4 类住宅的变化形式，由于增加了内天井，住宅进深加大，对节约用地有利，一般多见于较低的多层住宅
7	点式	是第 3 类住宅独立式单元的变化形式，适用于多层和高层住宅，由于体型短、进深大，故具有灵活、丰富群体空间的特点，也有利于节约建设用地
8	跃廊式	是第 4 类、第 5 类住宅的变化形式，一般适用于高层住宅

二、住宅建筑经济与用地经济的关系

住宅建筑经济直接影响用地的经济，而用地的经济往往又影响对住宅建筑经济的综合评价。分析住宅建筑经济的主要依据是每平方米建筑面积造价；而用地的经济标准则为住宅建筑面积毛密度（即每公顷居住区用地上拥有的住宅建筑面积，m^2/hm^2）。下面对影响住宅经济的几种因素加以分析。

1. 住宅层数

就住宅建筑本身而言，低层住宅一般比多层造价经济，而多层又比高层经济，但低层占地大，如平房与 5 层楼房相比占地要大 3 倍左右。住宅层数在 3 层 ~5 层时，每增加一层，每公顷土地可相应增加建筑面积 1 000m^2 左右，而 6 层以上，效果就显著下降。根据国内外的经验认为，5 层住宅无论从建筑造价和节约用地来看都是比较经济的，故得到了广泛采用。近十几年来，由于城市用地日趋紧张，世界很多国家住宅普遍向高空发展，我国也一样。高层建筑层数越高，一般造价也越大（目前我国 12 层造价比 5 层高 1 倍左右），这主要是由于结构形式的改变，增加了电梯、供水加压设备、防火设施、建材费用和施工成本的原因。但从节约用地的观点看，高层建筑是解决城市用地紧张的途径之一，土地费用也节省；由于节约用地，大大降低了室外工程造价、维护费用以及减少道路交通和改建用地拆迁费等总的消耗，这些消耗对于9层住宅与5层住宅是相等的，而12层住宅则比5层住宅节约市政设施费用30%。

目前，我国许多城市尤其是大城市，居住小区的住宅楼建成中高层（7层~9层）的类型较多，且呈发展趋势，这是很不可取的。由于住宅层数的选择受到很多条件的约束，比如节约用地、多建房屋、施工技术水平、材料设备供应等。我国建筑设计规范中有明确规定，不设电梯的住宅不能超过6层，而许多城市仍在违反这个规定，建7层、8层、9层住宅不设电梯的比比皆是。

大量调查表明，对于7层以上不设电梯的楼房，居民们每天跑上跑下，特别对老年人是难以承受的，十分不方便。在国外，一些发达国家把不设电梯的住宅层数严格控制在5层以下，即使是经济并不发达的国家，也很少有7层、8层不设电梯的住宅。我们国家虽然情况比较特殊，但建房不能只顾眼前，因为现在的住宅楼将来要想加电梯是非常困难的。居住小区住宅的规划设计，除了要满足近期经济效益以外，还应该满足长远经济利益和社会效益，这才是小区规划的方向。

就我国情况而言，居住小区住宅的层数，根据土地资源情况，应选择多层（3层~6层）中的5层和高层中的12层（或12层以上），或采用两者的混合搭配，这是比较合适的。至于中高层（7层~9层），不设电梯极不方便，设电梯利用率低、不经济，所以无论从哪方面来看都没有优越性，是不可取的。

根据国内外经验，一般来说5层住宅的建筑造价是比较经济的，而且作为多层住宅，从居住的舒适度、使用的方便度和空间组合的尺度上都比较完美。有些城市靠近中心地带用地日趋紧张，建造5层住宅对土地的合理利用上不能满足要求，所以住宅开始向高层发展。考虑到近期利益和长远利益，建造12层的住宅（或12层以上）比较合理。因为一般情况下，住宅综合造价中，土地成本占19%，建安造价占40%，市政设施配套费占31%。经测算，5层住宅和12层住宅的综合造价基本持平。

所以，居住小区住宅楼层规划，如果是在用地不很紧张的市郊，可以5层住宅为主，并伴以少量高层住宅（12层或12层以上）；如果是在用地紧张的市区，可以高层住宅为主，并伴以少量5层住宅。这样既节约了用地，又满足了广大居民的要求，既有经济效益，又有社会效益，同时也改变了长期以来我国居住区全由一种层数的住宅楼群组成的“一刀切”的呆板现象，使居住小区的住宅布置不再单调乏味，从而丰富了小区的景观环境。

2. 进深

住宅进深加大，外墙相应缩短，对于采暖地区外墙需要加厚的情况下经济效果显著。一般认为住宅进深在11m以下时，每增加1m，每公顷可增加建筑面积1 000m^{2}左右，可节约用地。

3. 长度

住宅长度在30m~60m时，每增加10m，每公顷可增加建筑面积700m^2~1 000m^{2}左右，在60m以上时效果不显著。长度越长，住宅单元并接越长，山墙越省，但长度不宜过长，过长需要增加伸缩缝和防火墙等，对通风和抗震都不利。

三、住宅建筑间距的确定

住宅建筑间距分正面间距和侧面间距两个方面。凡泛称的住宅间距，均指正面间距。

住宅间距应以满足日照要求为基础，综合考虑采光、通风、消防、防震、管线埋设、避免视线干扰等要求来确定。

住宅、公共建筑中的托儿所、幼儿园、学校、医院病房楼等建筑的正面间距均应以日照标准的要求为基本依据。《规范》按我国气候分类地区（亦代表纬度分类）及城市规模实际情况提出住宅日照标准，见表 10-2。

表 10-2　**住宅建筑日照标准**

建筑气候划区	Ⅰ，Ⅱ，Ⅲ，Ⅶ气候区		Ⅳ气候区		Ⅴ，Ⅵ气候区
	大城市	中小城市	大城市	中小城市	
日照标准日	大寒日			冬至日	
日照时数（h）	≥2	≥3		≥1	
有效日照时间带（h）	8～16			9～15	
日照时间计算起点	底层窗台面高程				

注：（1）旧区改造可酌情降低，但不宜低于大寒日日照 1 小时的标准。老年人居住建筑不应低于冬至日日照 2 小时。

（2）底层窗台面是指距室内地坪 0.9m 高的外墙位置。

住宅正面间距计算根据各城市纬度相应日照标准日（冬至或大寒）的太阳高度角 h（如图 10-1（a）、（b）所示）、住宅高度 H 及底层窗台高 H_1，即可算得住宅正面间距 D。

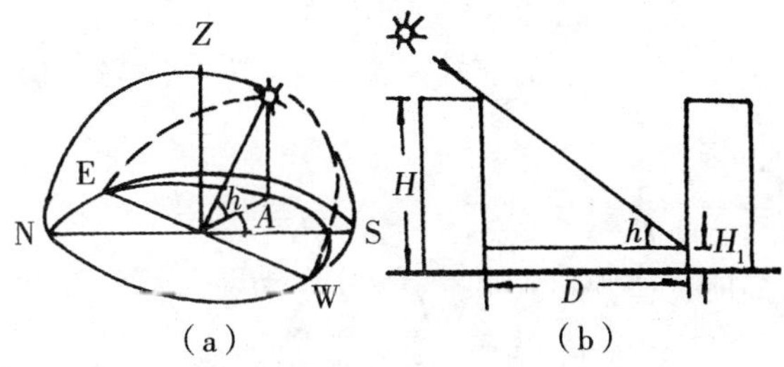

h—高度角；A—方位角

图 10-1　住宅日照间距计算图示

根据图 10-1（b）所示的几何关系可得：

$$\tan h=\frac{H-H_1}{D} \tag{10-1}$$

日照间距：

$$D=\frac{H-H_1}{\tan h} \qquad (10-2)$$

式中：h——正午太阳高度角，根据各地区纬度可查得；

H——前幢房屋檐口至地面高度；

H_1——后幢房屋的底层窗台至地面高度。

表 10-3 给出了我国《规范》中几个大城市的冬至日、大寒日的正午影长率值，并针对按沿纬向平行的六层条式住宅，楼高 18.18m，底层窗台高 1.35m 标准情况计算，给出了日照标准时的间距系数，可供规划设计时参考。

表 10-3 全国几个大城市不同日照标准的间距系数

序号	城市名称	纬度（北纬）	冬至日		大寒日				现行采用的标准
			正午影长率	日照 1h	正午影长率	日照 1h	日照 2h	日照 3h	
1	北京	39°57′	1.99	1.86	1.75	1.63	1.67	1.74	1.6～1.7
2	天津	39°06′	1.92	1.80	1.69	1.58	1.61	1.68	1.2～1.5
3	上海	31°12′	1.41	1.32	1.26	1.17	1.21	1.26	0.9～1.1
4	广州	23°08′	1.06	0.99	0.95	0.89	0.92	0.97	0.5～0.7
5	武汉	30°38′	1.38	1.29	1.23	1.15	1.18	1.24	0.7～1.1
6	郑州	34°40′	1.61	1.50	1.43	1.33	1.36	1.42	
7	哈尔滨	45°45′	2.63	2.46	2.25	2.10	2.15	2.24	1.5～1.8

注：（1）“现行采用标准”为 20 世纪 90 年代初调查数据；

（2）其他城市资料参考《规范》。

例：从表 10-3 首先查得上海冬至日正午太阳影长率 1.41，可算得高度角 $h=35.35°$（$\tan h=1/1.41$），本例前幢房高 $H=10$m，后幢底层窗台高 $H_1=1.5$m，求得该时日照间距 D 为：

$$D=\frac{H-H_1}{\tan h}=\frac{10-1.5}{\tan 35.35°}=\frac{8.5}{0.71}=12\ (\text{m})$$

算得间距与房高的比值为：

$$\frac{D}{H}=\frac{12}{10}=1.2$$

住宅侧面间距多层之间不宜小于 6.0m；高层与各种层数住宅之间不宜小于 13m（消防要求）。高层塔式住宅、多层和中高层点式住宅与侧面有窗的各种层数住宅之间应考虑视觉卫生因素，适当加大距离。北方高层塔式住宅，其侧面有窗，视觉卫生要求一般不小于 20m，南方因地紧张未予考虑。《规范》修订时未作统一规定。

四、住宅组团的布置形式

（一）多栋住宅组成的组团布置

1. 行列式布置

行列式布置是按照一定朝向和合理间距成排布置的形式。这种布置能使绝大多数居室获得良好的日照和通风，目前各地广为采用。布置时具体可采用：山墙前后、左右错开、单元等长、不等长拼接和成组改变朝向，以及利用地形高差布置成跌落和分层入口等形式，减弱住宅组团的单调、呆板感。图 10-2（a）~（i）为几种行列式布置的实例。

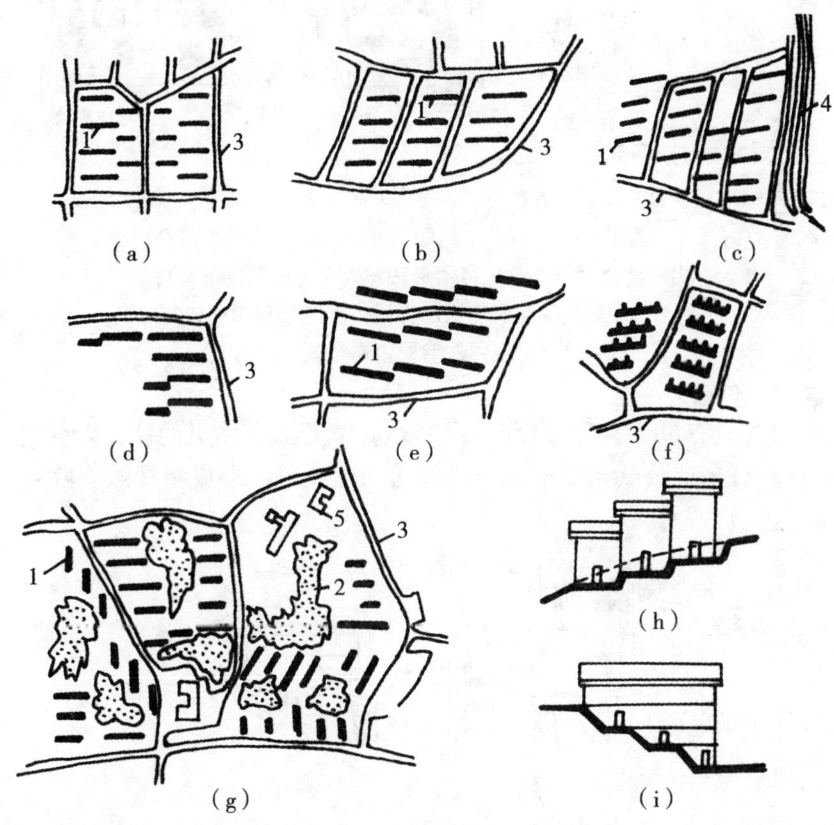

（a）北京龙潭小区住宅组团（1964 年）（山墙前后交错形式）；（b）广州石油化工厂组团（1976 年）（山墙左右交错形式）；（c）上海曹杨新村组团（1951 年）（山墙前后、左右交错形式）；（d）上海天钥龙山新村组团（1976 年）（单元不等长错开拼接）；（e）四川渡口向阳村组团（1975 年）（单元等长错开拼接）；（f）南京梅山钢铁厂组团（1971 年）（成组改变朝向）；（g）俄罗斯莫斯科支留科夫卫星城 1 号小区组团；（h）房屋以单元为单位按地形标高不同，称为跌落；（i）利用地形高差，按层设入口，本例利用室外梯道出入

1——住宅；2——绿地；3——道路；4——河流；5——公共建筑

图 10-2　住宅组团行列式布置示例图

2. 周边式布置

建筑沿街道或院落周边布置的形式，可以是单周边、双周边或自由周边形式，如图 10-3（a）、（b）、（c）所示。这种布置形成近似的封闭空间，有安静、安全、方便的内院，便于组织公共绿化休息园地，可节约用地，但有相当一部分居室（40% 左右）朝向较差，炎热地区较难适应。

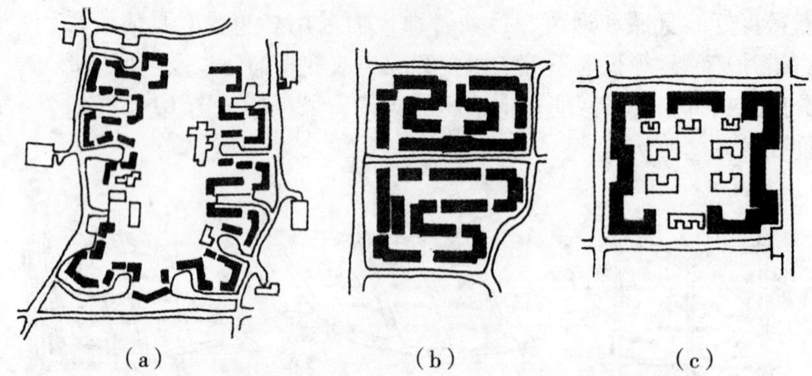

（a） （b） （c）

（a）长春第一汽车厂住宅组团（1953 年）（单周边布置）；
（b）北京百万庄小区组团（1953 年）（双周边布置）；
（c）瑞典爱兰勃罗伯浪巴肯居住小区（自由周边）

图 10-3　组团住宅周边式布置示意图

3. 混合式布置

图 10-4（a）、（b）两种布置即为混合式布置形式。常见的往往以行列式布置为主，以少量住宅或公共建筑沿道路或院落周边布置，形成半开敞式院落，如图 10-4（a）、（b）所示。

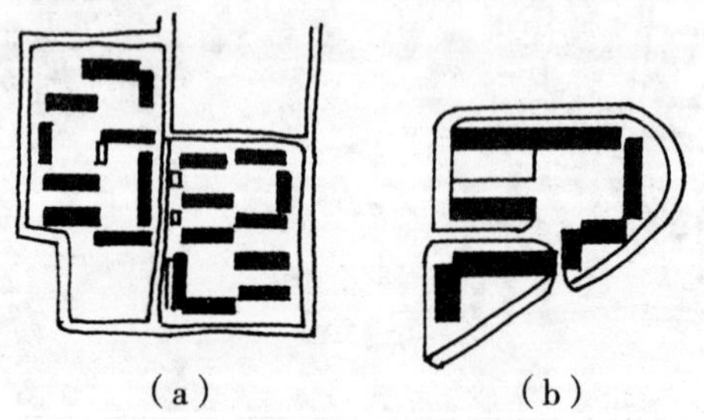

（a） （b）

（a）北京垂杨柳组团（1960 年）（混合式布置）；
（b）上海斜土路 18 弄组团（1973 年）（混合式布置）

图 10-4　组团住宅混合式布置示意图

4. 散点式布置

用多层点式住宅或高层点式住宅做组团布置时，常采用散点式。一般常以一定的规律排列在住宅组团的中心设施、公共绿地、水面等的周围。

图 10-5 是一种混合式布置的小区、组团，其中就有两种散点式建筑（一种为 6 层，另一种为 16 层）。

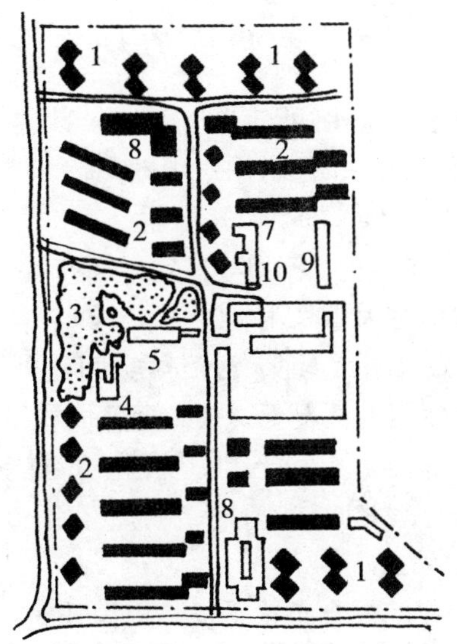

1——16 层住宅；2——6 层住宅；3——公共绿地；4——托幼所；5——小学；
6——中学；7——少年站；8——商店、服务区；9——锅炉房

图 10-5　北京高家园小区混合式布置

5. 自由式布置

住宅结合地形，满足日照和通风条件下，成组自由灵活地布置，目的是追求住宅组团空间的变化，形成较大的公共绿地。

（二）整体式住宅组团布置

将周边式布置的单栋住宅连接起来，就形成简单的整体式住宅群，再将公共建筑与简单的整体式住宅一起设计，联结成一个整体，就是整体式住宅组团。整体式住宅组团的优点是，它缩短了公共建筑与住宅的距离，方便了居民；空间得到了更充分的利用；土地可以重复利用，节约用地；群体景观比较完整，图 10-6（a）～（d）为利用南北向住宅沿街山墙一侧的用地布置低层公共建筑，即为整体式布置方式，它既保证了住宅的良好朝向，又丰富了城市沿街面貌。

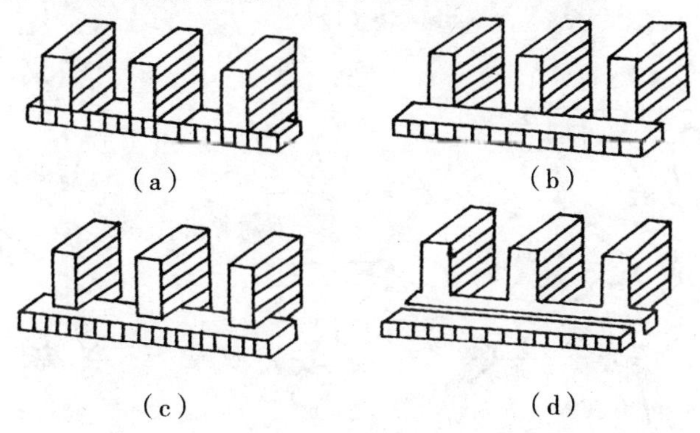

（a）插入式；（b）外接式；（c）半插入式；（d）院落式

图 10-6　住宅与公共建筑组合方式

五、住宅群体组合与节约用地的措施

（1）公共建筑布置在住宅底层可减少居住区公共建筑用地。当然这些公共建筑应当是一些对居住户干扰不大，且对用户用地无特殊要求的项目，如油粮店、小百货、居委会等。如图 10–6（a）～（d）所示。

（2）采用 Γ 型、Π 型和 E 型、梳型等住宅平面布置形式对节约用地效果显著，但对施工、抗震不利，故不宜大量采用。

（3）住宅北临或西临道路、绿地、河流等空间，可以适当提高层数，以达到在不增加用地和在不影响使用的情况下，提高建筑面积密度。

（4）少量住宅东西向布置，有利于组织院落，布置室外活动场地和小块绿地。东西向布置的住宅类型应与南北向住宅有所区别，在南方地区应考虑防止西晒，一般以外廊式为宜，如图 10–4（a）所示。

（5）高层住宅与多层住宅混合布置不仅是提高住宅建筑面积密度的途径之一，而且对于丰富群体面貌、美化景观也有显著效果，如图 10–7 所示。

图 10–7　高层、多层住宅混合布置图示

六、住宅群体组合与对日照、通风和噪声的防治

1. 住宅群体布置争取日照和防止日晒的规划设计

（1）将住宅错落布置，可利用山墙间隙提高日照水平，如图 10–8（a）、（b）所示。

（2）利用点状住宅以增加日照效果，可适当缩小间距，如图 10–8（c）、（d）所示。

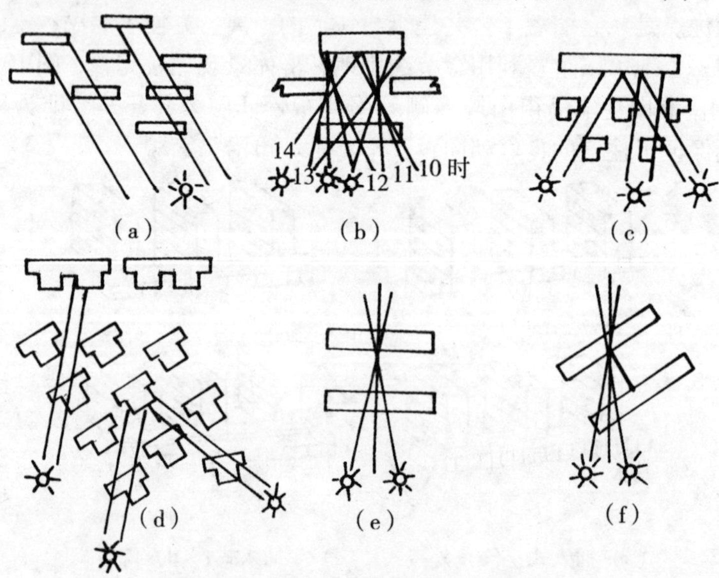

图 10–8　住宅群体争取日照布置措施

（3）将建筑方位偏东（或偏西）布置，等于是加大了间距，增加了底层的日照时间，但阳光入室的照射面积比朝南向要小，如图 10-8（e）、（f）所示。

（4）利用绿化防止西晒，如图 10-9 所示。

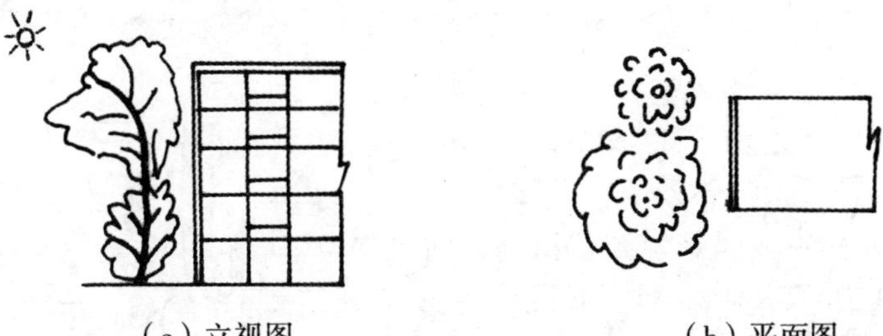

（a）立视图　（b）平面图

图 10-9　绿化防止西晒图示

2. 住宅群体布置如何提高自然通风和防风效果的规划设计

我国大部分地区夏、冬两季的主导风向大致相反，因而在解决居住的通风、防风要求时，一般不至于产生矛盾。

（1）住宅群体位置应尽量选择良好的地形和环境，要避免因地形等条件所造成的空气滞留或风速过大。注意通过道路、绿地、河湖水面等空间，将夏日主导风向引入，图 10-10（a）为某城市居住区的布置，特意在东南方向留一片菜地，形成风道，将风引入市内；图 10-10（b）为在住宅组团建筑群中间，布置绿地和低层的公共建筑，以便于将夏风引向纵深。

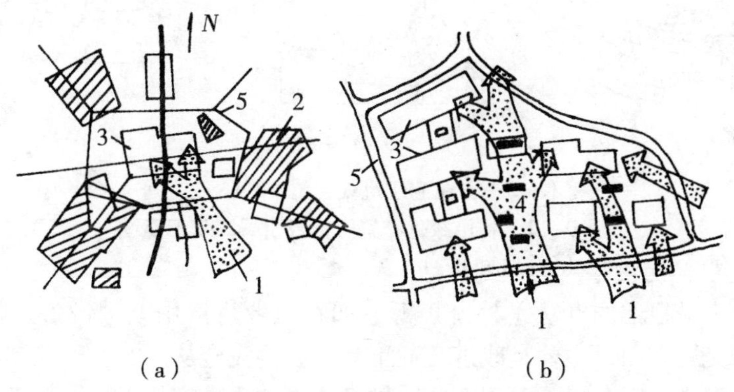

（a）　（b）

1——风向；2——工业建筑；3——居住区；4——低层建筑；5——道路

图 10-10　住宅组团引风入市布置图示

（2）利用不同住宅群建筑组合，增加迎风面与通风量的布置。图 10-11（a）为通过建筑错列布置，增大建筑的迎风面示例；图 10-11（b）为通过高低建筑结合布置将较低的建筑布置在迎风面的示例；图 10-11（c）为通过长短建筑结合布置和院落开口迎向主导风向的例子；图 10-11（d）为通过住宅疏密布置，使风道断面变小，而风速加大，来改善东西向建筑的通风的例子。

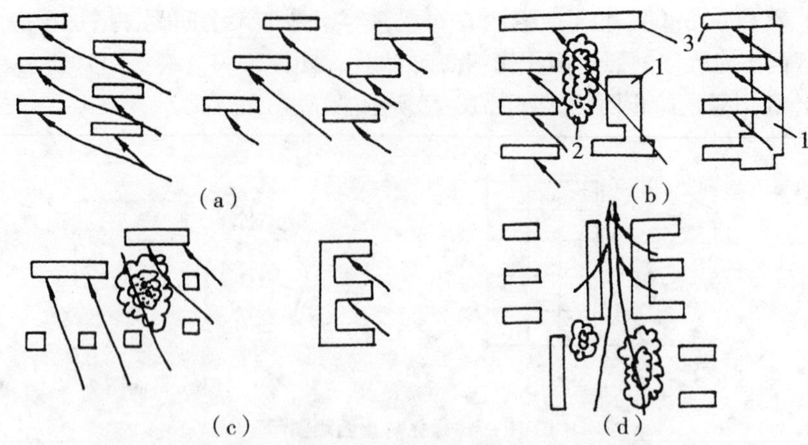

1——低层建筑；2——树木；3——多层建筑

图 10-11　住宅组团增加迎风面及通风布置

（3）成片成丛的绿化布置可以阻挡或引导气流，改变住宅组团气流流场的状况，如图 10-12（a）、（b）、（c）所示。

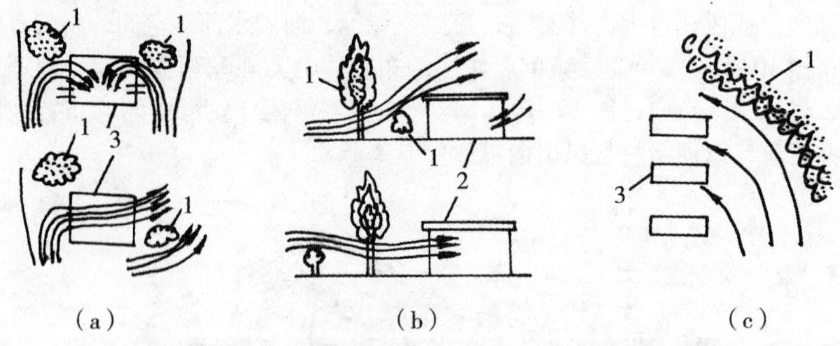

1——树木；2——住宅建筑立视图；3——住宅平面图

图 10-12　利用绿化布置阻挡或引导气流示意图

3. 住宅群体防治噪声的规划设计

防治噪声最根本的办法是控制声源，如在工业生产中改进设备，降低噪声强度；在城市交通方面，主要是改进交通工具。但要完全从声源上来控制噪声，目前还存在一定困难，因此仍需采用一些防护措施来防止噪声的干扰。这里主要讲一下通过城市和居住区总体的合理布局、建筑群体组合及利用绿化等条件，如何防治噪声的问题。

（1）合理布局

图 10-13（a）是将住宅与工业厂房隔开布置；图 10-13（b）将有噪声工厂相对集中布置；图 10-13（c）将产生噪声源的小学和不怕吵闹的菜场等小区生活服务中心相邻布置，减少对住宅的干扰；图 10-13（d）的布置是将住宅组团两侧以围墙、公共建筑封闭，由总通道出入，避免人流穿越干扰，减少噪声。

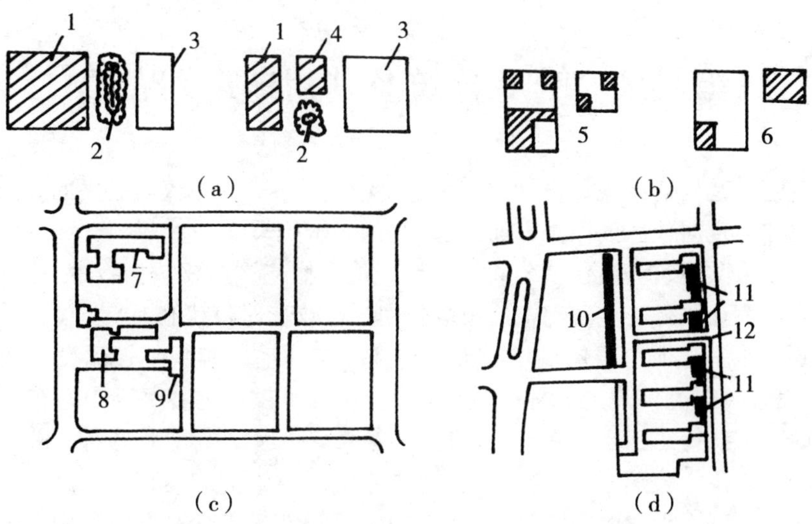

1——工业厂房；2——隔离绿地；3——住宅；4——噪声小的厂房；
5——厂房与住宅混杂布置；6——有噪声厂房相对集中布置；7——小学；
8——菜场；9——食堂；10——围墙；11——低层公共建筑；12——总通道进口

图 10-13　住宅防治噪声布置图

（2）利用建筑组合布置防止噪声

图 10-14（a）、（b）通过在高层前布置一些防噪声要求不高的建筑，可以阻挡噪声的传播，图 10-14（c）、（d）是通过绿化树木，来反射和吸收声音的图示。据测定：绿篱能反射 75% 的噪声；夏季树叶面积与密度越大，吸声越好，一般可吸声 7 分贝 ~9 分贝。

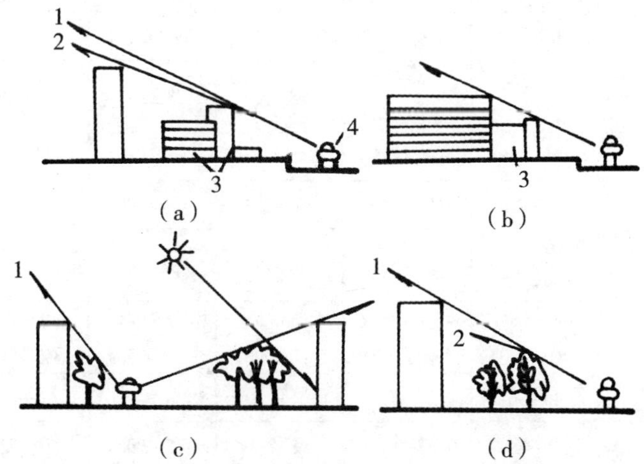

1——直射方向；2——绕射方向；3——防噪声要求不高的建筑；4——汽车

图 10-14　建筑组合布置防止噪声

第三节 公共建筑及其用地规划布置

公共建筑是居住区规划设计的一个重要组成内容，它不仅与居民的生活密切相关，而且在体现居住区的面貌方面也起着很重要的作用。

居住区公共建筑为居住区公共服务设施配套修建，主要包括教育、医疗卫生、文化体育、商业服务、金融邮电、市政公用、行政管理和其他等八类设施。配套公建的规划、水平必须与居住人口规模相对应，与住宅同步规划、建设与使用。表10-4为我国《规范》规定的每千人的配建指标，可供规划各级区中心布置公共服务设施时参照执行。由于它是一个包括了多种影响因素的综合性指标，故具有较高的总体控制作用。公建服务的特点是一要方便居民，二是自身建设应经济，因此可将有利经营、互不干扰的有关项目相对集中布置，形成各级公共活动中心。一般由百货商店、专业商店等商业服务项目和银行（储蓄所）、邮电局（邮政所）等金融邮电项目、文体活动中心等文体建筑组成。居民生活常用的公建项目可适当分散，符合服务半径、交通方便、安全等要求，如医院、幼托、学校、综合基层商店、居民存车处等。

表10-4 公共服务设施建筑、用地面积控制指标 单位：m^2/千人

居住规模		居住区		小区		组团	
内容		建筑面积	用地面积	建筑面积	用地面积	建筑面积	用地面积
总指标		1 668~3 293 (2 228~4 213)	2 172~5 559 (2 762~6 329)	968~2 397 (1 338~2 977)	1 091~3 835 (1 491~4 585)	362~856 (703~1 356)	488~1 058 (868~1 578)
其中	教育	600~1 200	1 000~2 400	330~1 200	700~2 400	160~400	300~500
其中	医疗卫生 (含医院)	78~198 (178~398)	138~378 (298~548)	38~98	78~228	6~20	12~40
其中	文体	125~245	225~645	45~75	65~105	18~24	40~60
其中	商业服务	700~910	600~940	450~570	100~600	150~370	100~400
其中	金融邮电 (含银行、邮电局)	20~30 (60~80)	25~50	16~22	22~34	—	—
其中	市政公用 (含居民存车处)	40~150 (460~820)	70~360 (500~960)	30~140 (400~720)	50~140 (450~760)	9~10 (350~510)	20~30 (400~550)
其中	行政管理	46~96	37~72	—	—	—	—
其中	社区服务	59~464	76~668	59~292	76~328	19~32	16~28

注：(1) 居住区级指标含小区、组团级指标，小区级含组团级指标；

(2) 公共服务设施总用地的控制指标应符合表9-4；

(3) 总指标未含其他类；

(4) 小区医疗卫生类未含门诊所；

(5) 市政公用类未含锅炉房。

一、各级公共服务设施配建项目

根据各地区居住区规划的实践，规定各级公共服务设施应配建的项目应当有以下几项：

1. 居住区（3 万 ~5 万居民）应配建项目

门诊所、文化活动中心（青少年及老年）、菜市场、食品店、饭馆、综合百货商场、服装加工部、日杂商店、中西药店、理发店、浴室、书店、洗染门市部、自行车修理部、综合修理部、旅店、物资回收站、集贸市场、公共厕所、公共停车场（库）、街道办事处、派出所、粮站、房管所、市政管理机构、绿化及环卫管理点、市场管理所及工商管理税务所等。

2. 小区（0.7 万 ~1.5 万居民）应配建项目

托儿所、幼儿园、小学、普通中学、文化活动站（青少年及老年）、粮油店、煤（气）站、菜站、综合副食店、早点小吃部、小百货店、理发店、储蓄所、邮政所、变电室、路灯配电室、公共厕所、公共停车场（库）、房管段等。

3. 组团（300 户 ~700 户居民）应配建项目

卫生站、早点小吃部、综合基层店、早晚服务点、垃圾站、居民存车处和居（里）委会等。随着城市中各种汽车的大量增加，在新《规范》中，特别增加了一条“居住区内公共活动中心、集贸市场和人流较多的公共建筑处，必须相应配建公共停车场（库）”的规定，表 10-5 给出了其控制指标。

表 10-5　**配建公共停车场（库）停车位控制指标**

名称	单位	自行车	机动车
公共中心	车位/100m^2 建筑面积	≥7.5	≥0.45
商业中心	车位/100m^2 营业面积	≥7.5	≥0.45
集贸市场	车位/100m^2 营业面积	≥7.5	≥0.30
饮食店	车位/100m^2 营业面积	≥3.6	≥0.30
医院、门诊所	车位/100m^2 建筑面积	≥1.5	≥0.30

注：表中机动车停车位以小型汽车为标准当量，其他各型车辆停车位换算系数为：

（1）微型客、货汽车、机动三轮车：0.7；

（2）卧车、2t 以下货运汽车：1.0；

（3）中型客车、面包车、2t ~4t 货运汽车：2.0；

（4）铰接车：3.5。

图 10-15 为北京市团结湖居住区公共建筑分布图，图 10-16 为北京市西坝河东里小区公共建筑布置图及技术经济指标表。

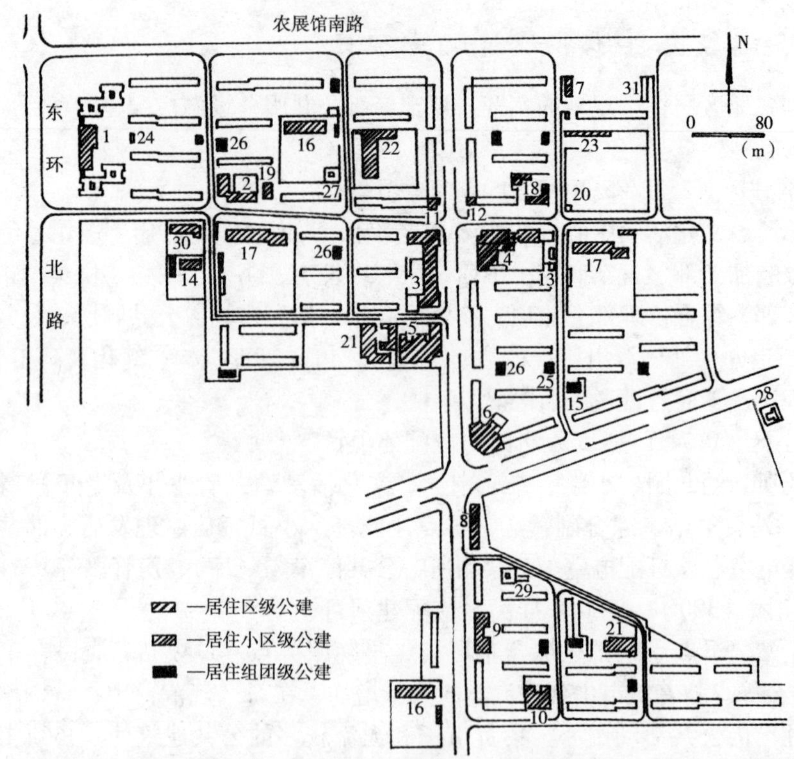

1—理发店、饭店、食品店；2—副食店、粮店；3—百货店；4—菜场、房管所；5—服务楼；6—饮食店；7—小吃店；8—修理部；9—小吃店、粮店；10—副食店；11—储蓄所；12—修鞋店；13—废品回收站；14—八班幼托；15—三班幼托；16—小学；17—中学；18—门诊部；19—高压配电站；20—变电室；21—锅炉房；22—房屋管养段；23—房管所材料库；24—气压泵房；25—活动站；26—存车处；27—煤气调压站；28—高中压调压站；29—公共厕所；30—街道办事处；31—公共汽车终点站

图 10-15　北京市团结湖居住区公共建筑分布图

二、居住区中心的规划布置

居住区级公共建筑，一般宜相对集中布置，以形成**居住区中心**，居住区中心主要由文化商业服务设施组成。

（一）居住区中心的位置

居住区中心根据具体情况和要求可以有若干种布置形式。图 10－17（a）～（d)为几种典型位置形式实例，即图 10-17（a）为上海曹杨新村居住区，中心位置居中；图 10-17（b）为上海彭浦新村居住区，中心位于居住区主要出入口处；图 10-17（c）为上海石化总厂居住区，中心位于去厂区的主要道路两旁；图10-17（d)为南京梅山炼铁厂居住区，中心位于区边缘，沿着去厂区的主要道路上，也便于附近农民往来。

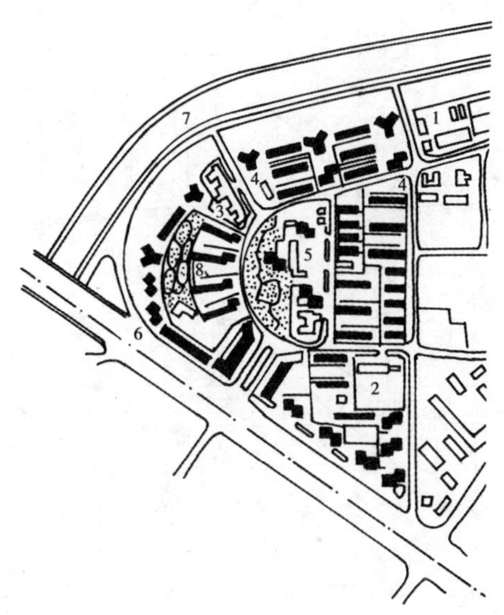

1—中学；2—小学；3—托幼所；4—商店；5—锅炉房；
6—北环车路干道；7—西坝河；8—宅间小路

图 10-16　北京市西坝河东里小区公共建筑布置图

小区技术经济指标一览表

<table>
<tr><td>小区名称</td><td colspan="3">北京西坝河东里</td><td>小区名称</td><td>北京西坝河东里</td></tr>
<tr><td>总用地面积</td><td colspan="3"></td><td>居住户数</td><td>3 676 户</td></tr>
<tr><td>居住区用地面积</td><td>15.66 公顷</td><td>100%</td><td>12.17 m^2/人</td><td>居住人数</td><td>12 866 人</td></tr>
<tr><td>其中：住宅用地</td><td>8.63</td><td>55.1</td><td>6.71</td><td>住宅平均层数</td><td>9.19 层</td></tr>
<tr><td>公共建筑用地</td><td>4.83</td><td>30.9</td><td>3.75</td><td>高层住宅比重</td><td>63%</td></tr>
<tr><td>道路用地</td><td>0.83</td><td>5.3</td><td>0.65</td><td>人口毛密度</td><td>821 人/公顷</td></tr>
<tr><td>绿化用地</td><td>1.37</td><td>8.7</td><td>1.06</td><td>人口净密度</td><td>1 491 人/公顷</td></tr>
<tr><td>其他用地</td><td colspan="3"></td><td>住宅建筑面积毛密度</td><td>13 946m^2/公顷</td></tr>
<tr><td>总建筑面积</td><td colspan="3">249 400m^2</td><td rowspan="2">住宅建筑面积净密度</td><td rowspan="2">2.53 万 m^2/公顷
容积率 2.53</td></tr>
<tr><td>其中：住宅建筑面积</td><td colspan="3">218 400m^2</td></tr>
<tr><td>公共建筑面积</td><td colspan="2">31 000m^2</td><td>12.4%</td><td>建筑面积毛密度</td><td>1.59 万 m^2/公顷
容积率 1.59</td></tr>
</table>

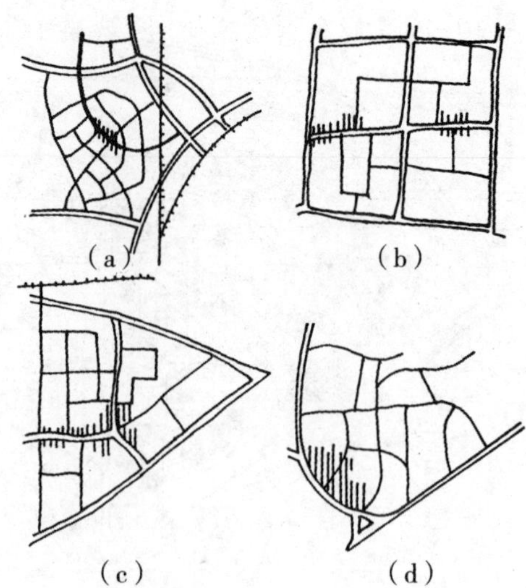

（a）上海曹杨新村；（b）上海彭浦新村；（c）上海石化总厂；（d）南京梅山炼铁厂

图 10-17　居住区文化商业中心位置实例

（二）居住区中心文化、商业建筑的布置

居住区中心文化、商业建筑布局一般可采取三种形式：

1. 沿街线状布置

沿街线状布置即居住区中心的公共建筑沿道路一侧或两侧成列布置，形成条形公共活动空间。交通量较大的道路，宜布置在一侧。交通量大的交叉口，一般不宜布置有大量人流的公共建筑。对功能要求和行业特点相近的公共建筑可集中布置。对吸引人流较多且时间集中的公共建筑，如饭店、影剧院等，必须保证有足够人流、车流集散用的场地，图 10-15 居住区公共建筑即沿街线布置。图 10-18 为上海石化总厂居住区中心沿街线状布置实例。

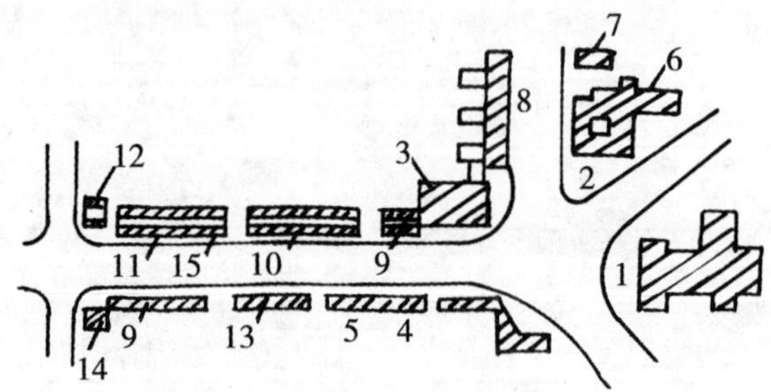

1—影剧院；2—饭店；3—百货店；4—银行；5—邮电所；6—旅馆；
7—浴室；8—综合服务区；9—书店；10—食品店；11—五金、交电店；
12—服装店；13—理发店；14—烟糖杂货店；15—熟食店

图 10-18　上海石化总厂居住区中心沿街线状布置图

2. 成片集中布置

根据各类建筑的功能要求和行业特点可成组结合、分块布置，在建筑群体的艺术处理上，要考虑沿街立面的要求，也要注意建筑群体内部空间组合以及合理地组织人流和货流的线路。图 10-19 为上海曹杨新村居住区中心成片集中的布置图。

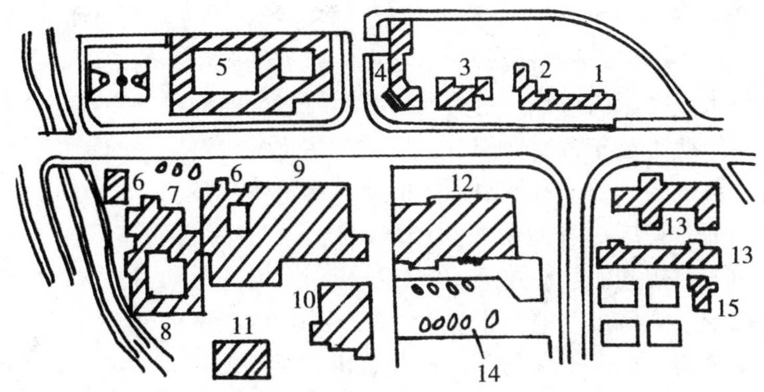

1—街道委员会；2—派出所；3—人民银行；4—邮电支局；5—文化馆；
6—商店；7—饮食店；8—饭店；9—综合商店；10—浴室；11—商业仓库；
12—影剧院；13—街道医院；14—停车场；15—接待室

图 10-19　上海曹杨新村居住区中心成片集中布置图

3. 线状、片状混合布置

上述沿街线状布置对改变城市面貌容易取得显著效果，特别是采用沿街住宅底层商店的方式比较节约用地，但在使用上和经营管理方面不如成片集中布置方式有利。当然，成片集中布置用地可能多一些，同时对改变城市面貌效果也不显著，但经营管理方便，在大城市交通比较繁忙的情况下，易于组成完整的步行文化商业区，而两者的混合布置则可吸取两者优点。图 10-20 为混合布置实例。

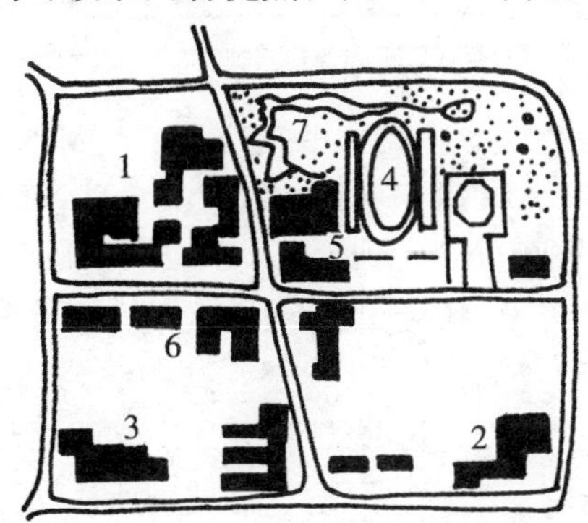

1—居住区中心；2—小区中心；3—影剧院；4—体育中心；
5—文化馆；6—商业区；7—绿地

图 10-20　仪征石化总厂居住区中心混合布置图

（三）居住小区级公共建筑布置

居住小区级公共建筑以商业服务业建筑和儿童教育设施为主。商业服务设施相对集中布置，形成小区的生活服务中心。一般可布置在中心地段或小区出入口。商业建筑可设在住宅底层，也可设于独立地段综合布置。

中小学是居住小区级公共建筑中占地面积和建筑面积最大的项目，它直接影响居住小区和居住区规划布置。中小学由于占地大、建筑密度低，常作为住宅组团之间空间分隔的主要手段。中小学的规划布置应保证学生能就近上学，一般小学的服务半径为500m左右，中学为1 000m左右。学生（特别是小学生）上学不应穿越铁路干线、厂矿生产区、城市交通干道、市中心等人多车杂的地段。中小学布置一般应设在居住区或小区的边缘，沿次要道路比较僻静的地段，不宜在交通频繁的城市干道或铁路干线附近布置，但同时也应注意防止学校对居民的干扰，应与住宅保持一定距离，可以与其他一些不怕吵闹的公共建筑相邻布置。

学校总平面布置应尽可能使教学楼接近出入口，保证教室、操场有良好的朝向，操场用地要有规则。学校建筑的层数，应视室内外活动的要求、用地条件和建筑技术经济而定。大城市用地紧张可适当高一些，中小城市可低一些。比如，目前上海市新建中学为5层，小学为3层；北京市、天津市中学为4层，小学为3层。图10-21为上海市凤城新村居住小区中心平面布置图。

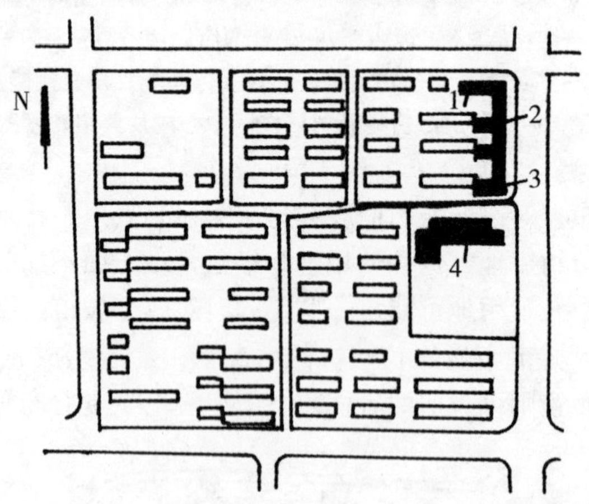

1—菜场；2—综合商店；3—饮食店；4—小学教学楼

图10-21　上海市凤城新村居住小区中心平面布置图

（四）组团级公共建筑布置

居住组团相当于一个居民委员会的规模。规模为300户~700户为宜。居住组团级公共服务设施的内容大多由居委会管辖。这一级公共设施除前述应设卫生站、综合基层店、居民存车处等外，还应设置托儿所、文化活动站、粮油店、菜站、综合副食店、锅炉房、变电室、高压水泵房、公共厕所、居民小汽车停车场等。

托儿所、幼儿园既可联合设置也可分开设置，以独立建筑一二层房屋为宜。建筑应有良好朝向。幼儿园室外要有一定面积的硬地和活动器械等。

小商店的特点是面积不大、品种多、布点灵活、覆盖面广等。一般设在路口，方便居民，服务半径短（100m~150m）。

自行车存车处的设置是当前居住区建设的一个重要问题，可集中或分散布置。分散布置就是几户合用一小间自行车库，尽量利用地下室或住宅间距独立建造，如图10-15所示。

第四节　居住区道路网的规划与布置

一、居住区道路的功能

居住区内部道路担负着分隔地块及联系不同功能用地的双重职能。良好的道路骨架，不仅能为各种设施的合理安排提供适宜的地块，也可为建筑物、公共绿地等的布置及创造有特色的环境空间提供有利条件。同时，公共绿地、建筑及设施的合理布局又必然会反过来影响到道路网的形成。所以在规划设计中，道路网的规划与建筑、公共绿地及各类设施的布局往往彼此制约、互为因果，只有经过若干次的反复才能确定最佳的道路网格式。其具体功能为：

（1）居民日常生活方面的交通活动是主要的、大量的。目前我国以步行和自行车交通为主；一些大型居住区还要通行公共汽车；一些特大城市居住区还要考虑居民小汽车问题。因此，居住区内部道路和交通组织将变得较为复杂。

（2）通行清除垃圾、粪便、递送邮件等市政公用车辆。

（3）通行居住区内公共服务设施之间的货运车辆。

（4）满足铺设各种工程管线的需要。

（5）道路的走向和线型是组织居住区内建筑群体景观的重要手段，也是居民相互交往的重要场所（特别是一些以步行为主的道路）。除上述功能外，还要考虑一些特殊情况，如救护、消防和搬家等车辆的通行的可能性。

二、居住区道路的分级及各级宽度

居住区道路一般可分为居住区道路、小区级道路、组团级道路和宅间小路四级。其道路宽度应符合下列规定：

1. 居住区道路

红线宽度最小不宜小于20m，有条件的地区宜采用30m。机动车与非机动车道一般采用混行式。其参考断面如图10–22所示。

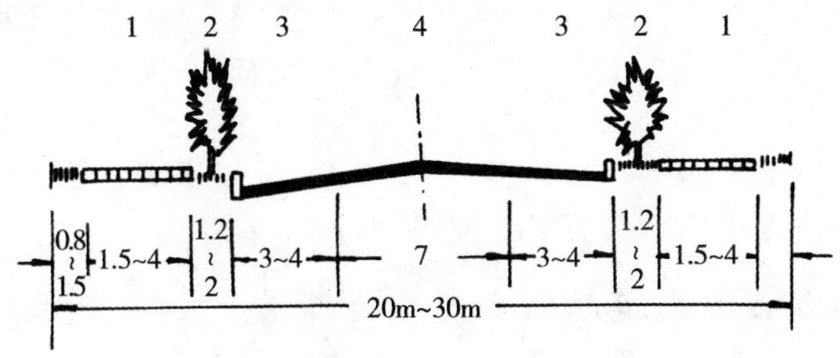

1—人行道（2人~5人）；2—行道树；3—自行车道（3辆~4辆）；4—机动车道（双向）

图10–22　居住区级道路一般断面

2. 小区级道路

路面宽5m～8m，即车行道最小宽度为5m，两侧各安排一条宽为1.5m的人行路，总宽为8m，可满足一般功能要求。同时，小区级道路往往又是市政管线埋设的通道，在非采暖区，按6种基本管线的最小水平间距，它们在建筑线之间的最小极限宽度约为10m，如图10-23所示。此距离与小区级道路交通车行、人行所需宽度基本一致。对采暖区，由于要有暖气沟的埋设位置及其左右间距，建筑控制线的最小极限宽度约为14m。

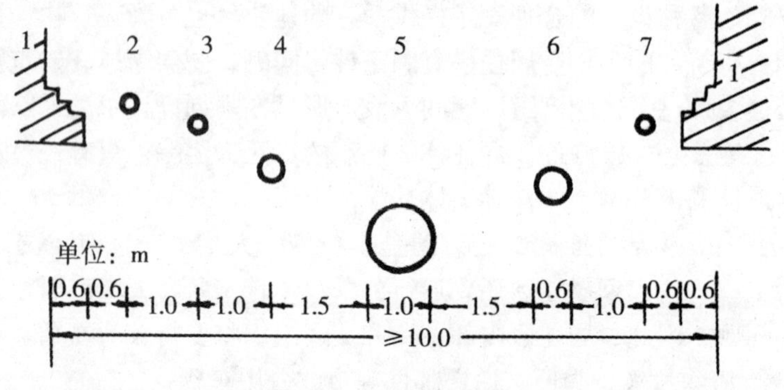

1—建筑物基础；2—通信管；3—低压煤气管；4—给水管；5—雨水管；6—污水管；7—电力电缆

图10-23 非采暖区小区级道路市政管线最小埋设走廊宽度

3. 组团级道路

路面宽度3m～5m，是进出组团的主要通道，一般按一条自行车道和一条人行带双向计算，有4m宽即可。用地紧张地区最低限度为3m。利用地面排水，道路两侧砌筑道牙时，路面就要加宽至5m。这样，在有机动车出入时，不影响自行车和行人的正常通行。对组团级道路的地下空间也要满足大部分地下管线的埋设要求，非采暖区一般要求建筑控制线之间应有8m的宽度，采暖区至少应有10m的宽度。

4. 宅间小路

宅间小路为进出住宅的最末一级道路，它平时主要供居民出入，基本是自行车及人行道，并要满足清运垃圾、救护和搬运家具等需要。按照居住区内部有关车辆低速缓行的通行宽度要求，轮距宽度在2m～2.5m之间，宅间小路路面宽度一般为2.5m～3m，最低极限宽度为2m。这样，正好能容纳双向一辆自行车的交会或一辆中型机动车（如130型搬家货车、救护车等）通行。为兼顾必要时大货车、消防车的通行，路面两边至少还要各留出宽度不小于1m的路肩。

三、居住区各级道路网的规划与布置

在确定居住区道路网的规划中，应避免不顾当地客观条件，主观地画定不切实际的图形或机械套用某种模式。同时，还要综合考虑居住区内各项建筑及设施的布置要求，以使路网分隔的各地块合理地安排下不同功能要求的建设内容。

居住区内的主要道路，特别是小区路、组团路既要通顺又要避免外部车辆和行人的穿行，故道路网要避免那种四通八达的格局，要求居住区内外联系的道路通而不畅并避免往返迂回。要使住宅楼的布局与内部道路有密切联系，以利于道路的命名及编排楼门号，便于寻亲访友。

良好的道路网应该是在满足交通功能的前提下，尽可能地用最低限度的道路长度和道路用地。因为，方便的交通并不意味着必须有众多横竖交叉的道路，而是需要一个既符合交通要求，又结构简明的路网。

图 10–24（a）和（b）为居住区道路网布置实例。图 10–24（a）为上海曹杨新村四级（居住区、小区、组团、宅间）居住区道路网布置形式，图 10–24（b）为上海彭浦新村三级（居住区、组团、宅间）居住区道路网布置形式。从图 10–24（a）可见小区级道路布置形式有丁字形、十字形和山字形。从图 10–24（a）和（b）中可见组团级道路的布置形式有环通式、半环式、尽端式和混合式等。

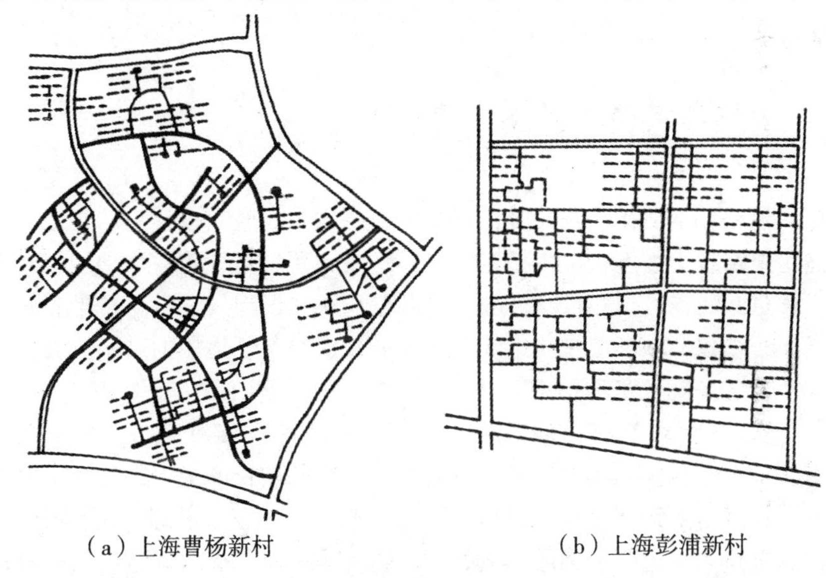

（a）上海曹杨新村　　（b）上海彭浦新村

═ —城市干道；　＝ —居住区级道路；　▬ —小区级道路；　— —组团级道路；　--- —宅间小路

图 10–24　居住区道路网布置

居住区内道路与城市道路相接时，应尽量采用正交型，以简化路口的交通组织。按道路设计规定，交叉角在 90°±15°范围内即可视为正交型路口，即道路相接时交角不宜小于 75°。过长的尽端路会影响行车视线，使车辆交会前不能及早采取避让措施，并影响自行车与行人的正常通行，对消防、急救等车辆的紧急出入尤为不利。故最大长度一般为 120m，尽端回车场要大于 12m×12m。居住区内道路边缘至建筑物、构筑物的最小距离，应符合表 10–6 中的规定。

表 10-6 居住区内道路边缘至建筑物、构筑物最小距离 单位：m

与建、构筑物的关系 \ 道路级别			居住区道路	小区级路	组团级路及宅间小路
建筑物面向道路	无出入口	高层	5.0	3.0	2.0
		多层	3.0	3.0	2.0
	有出入口		—	5.0	2.5
建筑物山墙面向道路		高层	4.0	2.0	1.5
		多层	2.0	2.0	1.5
围墙面向道路			1.5	1.5	1.5

注：居住区道路的边缘指红线；小区级路、组团级路及宅间小路的边缘指路面边线。当小区路没有人行便道时，其道路边缘指便道边线。

在居住区内公共活动中心，应设置为残疾人通行的无障碍通道。通行轮椅车的坡道坡度不应大于2.5%；宽度不应小于2.5m。

四、居住区道路坡度及竖向设计

1. 居住区道路坡度

居住区道路坡度属于居住区竖向规划的重要内容。竖向设计总的规划原则上应当是在满足道路最小坡度和最大控制纵坡条件下，要合理利用地形地貌，减少土方填、挖工程量。居住区道路最小纵坡，从驾驶车辆角度出发，道路愈平愈好，但纵坡最低限还必须保证顺利地排除地面水。不同路面材料所适用的最小纵坡也是不同的：水泥及沥青混凝土路面不小于0.3%，整齐块石路面不小于0.4%，其他低级路面不小于0.5%。表10-7给出了机动车、非机动车和步行道路的最小纵坡和最大纵坡控制指标。对机动车道的最大纵坡及相应限制坡长的规定，为的是保障司机的正常驾驶状态而不致产生心理紧张，防止事故的发生。非机动车道的纵坡限制，主要是根据自行车交通要求和照顾老、中、青各类居民而综合确定的。它对目前我国大部分城市是至关重要的。据调查，北京市自行车出行量占全部出行量的比重为54.0%，唐山市为71.2%，延安市为82.9%。

表 10-7 居住区内道路纵坡控制指标（%）

道路类别	最小纵坡	最大纵坡	多雪严寒地区最大纵坡
机动车道	≥0.3	≤8.0 坡长≤200m	≤5.0 坡长≤600m
非机动车道	≥0.3	≤3.0 坡长≤50m	≤2.0 坡长≤100m
步行道	≥0.5	≤8.0	≤4.0

2. 居住区规划的竖向设计

居住区规划的竖向设计包括确定道路控制高程、排除地面水和利用地形地貌合理布局建筑及绿地。其规划设计应遵循的原则为：

（1）满足排水管线的埋设要求。市政管线，特别是重力自流类管线（如雨水管、污水管等）与地形高低的关系密切，力求与道路一样顺坡定线。居住区的平面布局与竖向规划只有在方案编制过程中不断彼此配合、互相校核，才能使整个居住区规划方案更切实际且渐趋完善。

（2）避免土壤受冲刷。当居住区内的地面坡度超过8%时，地面水对地表土壤及植被的冲刷就严重加剧，行人上下步行也产生困难，就必须整理地形，以台阶式来缓解上述矛盾。无论是坡地式和台阶式，建筑物的布局及设计、道路和管线的设计都应做好相应的工程处理。

（3）道路高程、坡度适宜，对外联系高程应与城市道路标高相衔接。

（4）良好的竖向设计必须建立在对现状水系周密的调查研究之上。在山区或丘陵地区，必须根据地区总排水、排洪规划，确定居住区内规划排水体系。

（5）对广场场地竖向设计坡度，当兼作停车场时，停车坡度不宜过大，以防溜车。据测试，小汽车在不拉手闸的情况下发生溜滑的临界坡度为0.5%。

第五节　居住区绿地规划

居住区绿地是城市绿地系统的重要组成部分。它面广量大，与居民关系密切。居住区绿化是为居民创造卫生、安静、安全、舒适、美观的居住环境必不可少的重要因素。它不仅有改善小气候、净化空气、减少污染和防止噪声等作用，有时绿化还可结合生产产生一定的经济价值。在居住区有一个美好的绿化环境，对消除劳动者的疲劳、振奋精神是很有利的，此外，它对居住区建筑群体空间赋以地方特色，起到独特作用。

一、居住区绿地的组成及标准

居住区绿地由4类绿地组成，即公共绿地、宅旁绿地、配套公共建筑所属绿地和道路绿地（道路红线内绿地）。4类绿地总和占居住区用地的比率称绿地率，它是衡量居住区环境质量的重要标准。《规范》规定新区建设绿地率不应低于30%、旧区改造时不宜低于25%作为强制性的条文。下面我们分别具体介绍。

1. 公共绿地

公共绿地是指居住区、小区和组团内居民公共使用的绿化用地。其中以各级相应的中心公共绿地用地最多，因而宜集中规划，包括居住区公园（居住区级）、小游园（小区级）和组团绿地（组团级）。除中心公共绿地外，还有儿童游戏场和其他的块状、带状公共绿地等。各级居住区内公共绿地的总指标，应根据居住区人口规模分别达到：组团不少于0.5m²/人，小区（含组团）不少于1m²/人，居住区（含小区与组团）不少于1.5m²/人，并应根据居住区规划组织结构类型统一安排，灵活使用。旧区改造达不到上述指标时，可酌情降低，但不得低于相应指标的70%。

对各级中心公共绿地的设置，应当满足下列基本要求，即：至少应有一个边与相应级别的道路相邻；绿化面积（含水面）不宜小于70%；要便于居民休憩、散步和交往之用，宜采用开敞式，以绿篱或其他通透式院墙栏杆作分隔；组团绿地的设置应满足有不少于1/3的绿地面积在标准的建筑日照阴影线范围之外的要求，便于设置儿童游戏设施和适于成人游憩活动。其设置内容及面积应满足表10-8所示数字的规定。

对居住区其他块状、带状公共绿地应同时满足宽度不小于8m、面积不小于400m²的要求。

居住区公共绿地控制指标还应满足表9-4要求。

表10-8 **各级中心公共绿地设置规定**

中心绿地名称	设置内容	要求	最小规模（hm²）
居住区公园	花木草坪、花坛水面、凉亭雕塑、小卖茶座、老幼设施、停车场地、铺装地面	园内布局应有明确的功能划分	1.0
小游园	花木草坪、花坛水面、雕塑、儿童设施和铺装地面等	园内布局应有一定的功能划分	0.4
组团绿地	花木草坪、桌椅、简易儿童设施等	灵活布局	0.04

组团级小块公共绿地是居民最接近的休息和活动场所，它主要供居住组团内的居民（特别是老年人和儿童）使用。《规范》强调组团绿地的设置应满足不少于1/3的绿地面积在标准的建筑日照阴影线范围之外的要求，便于设置儿童游戏设施和适于成人游憩活动。小块公共绿地由于接近居民，使用方便、面积小、投资省、易于建成，故较为广泛采用。小块公共绿地的内容设置，可根据具体情况，灵活布置，有的可以休息为主，有的可以儿童活动为主，有的则以装饰观赏为主。院落式组团绿地分为封闭型绿地和开敞型绿地两种形式，《规范》强制要求其间距与面积大小满足表10-9所示规定，计算面积的起止界限如图10-25（a）和（b）所示。

表10-9 **院落式组团绿地设置规定**

封闭型绿地		开敞型绿地	
南侧多层楼	南侧高层楼	南侧多层楼	南侧高层楼
$L \geqslant 1.5L_2$ $L \geqslant 30m$	$L \geqslant 1.5L_2$ $L \geqslant 50m$	$L \geqslant 1.5L_2$ $L \geqslant 30m$	$L \geqslant 1.5L_2$ $L \geqslant 50m$
$S_1 \geqslant 800m^2$	$S_1 \geqslant 1\,800m^2$	$S_1 \geqslant 500m^2$	$S_1 \geqslant 1\,200m^2$
$S_2 \geqslant 1\,000m^2$	$S_2 \geqslant 2\,000m^2$	$S_2 \geqslant 600m^2$	$S_2 \geqslant 1\,400m^2$

注：L——南北两楼正面间距，m；

L_2——当地住宅的标准日照间距，m；

S_1——北侧为多层楼的组团绿地面积，m²；

S_2——北侧为高层楼的组团绿地面积，m²。

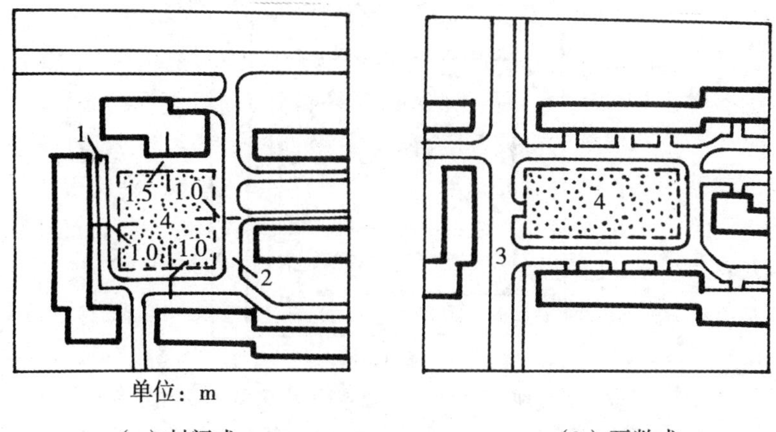

（a）封闭式　　（b）开敞式

1—宅间小路；2—组团路；3—小区路或组团路；4—组团绿地

图 10-25　院落式组团绿地示意图

2. 宅旁绿地

住宅四旁的绿化用地有着相当大的面积。宅旁绿地主要满足居民休息、幼儿活动及安排杂物等需要。

宅旁绿地的布置方式随居住建筑的类型、层数、间距及建筑组合形式等的不同而异。在住宅四旁还由于向阳、背阳和住宅平面组成的情况应有不同的布置。如低层联立式住宅，宅前用地可以划分成院落，由住户自行布置，院落可围以绿篱、栅栏或矮墙；而多层住宅的前后绿地可以组成公共活动的绿化空间，也可将部分绿地用围墙分隔，作为底层住户的独用院落；至于高层住宅的前后绿地，由于住宅间距较大，空间比较宽敞，一般作为公共活动的绿地。图 10-26 为某多层单元式住宅的四旁绿地示意图。图 10-27 为宅旁（宅间）绿地面积计算起止界示意图。

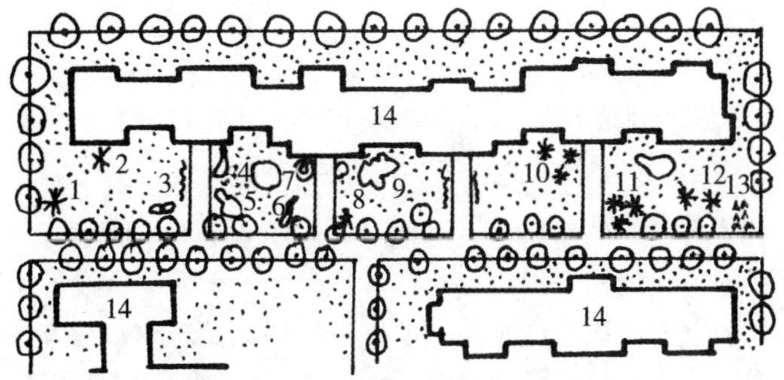

1—黑松；2—广玉兰；3—紫荆；4—黄杨；5—金钟花；6—海棠；7—绣球；8—罗汉松；9—樟树；10—水杉；11—珠子花；12—桃树；13—夹竹桃；14—住宅楼

图 10-26　多层单元式住宅的四旁绿地示意图

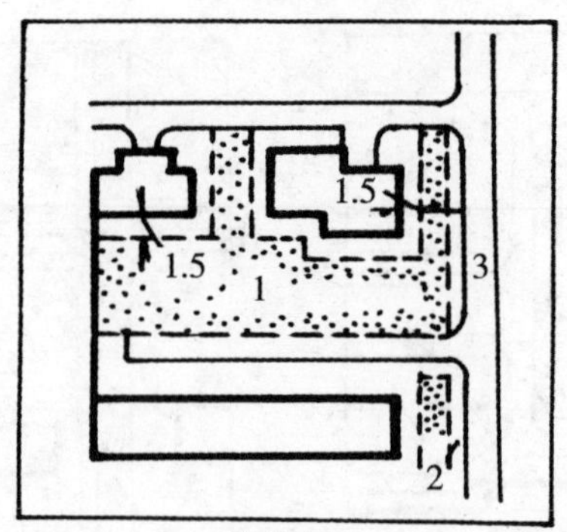

单位：m

1—宅旁绿地；2—人行便道；3—小区路或组团路

图 10-27 宅旁（宅间）绿地面积计算起止界示意图

3. 配套公共建筑所属绿地

配套公共建筑所属绿地的规划布置首先应满足其本身的功能需要，同时应结合周围环境的要求。图 10-28 为幼儿园的绿化布置示例。东侧的树丛对东邻住宅起了防止西晒和阻隔噪声的作用，而西边的树丛则分隔了幼儿园院落与相邻公共绿地空间。

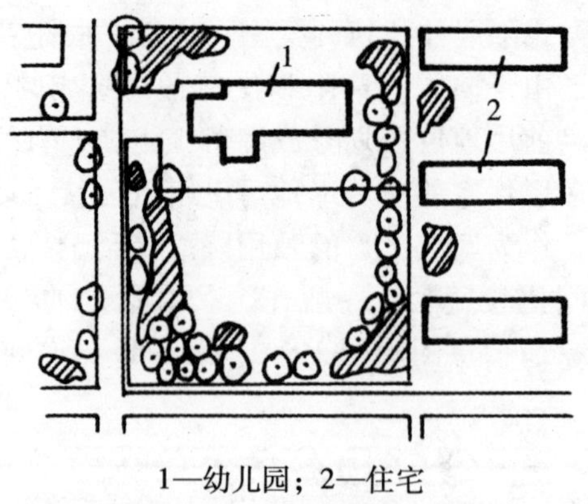

1—幼儿园；2—住宅

图 10-28 幼儿园绿化布置

4. 道路绿地

道路绿地是城市绿化的一种方式。它对居住区的通风、调节气温、减少交通噪声以及美化街景等有良好的作用，且占地少、遮阳效果好、管理方便。居住区道路绿化的布置要根据道路的断面组成、走向和地上、地下管线敷设的情况而定。在居住区主要道路和职工上下班必经之路的两侧应绿树成荫，这对南方炎热地区尤为重要。一些次要通道就不一定两边都种植行道树，有的小路甚至可以断续灵活地栽种。在道路靠近住宅时，要注意树木对住宅通风、日照和采光的影响。行道树带宽一般不应小于 1. 5m。在旧区当人行道较窄，而人流又较大时，可采用树池的方式，树池最小尺寸为 1. 2m×1. 2m。在道路交叉口的视距三角形内，不应栽植高大乔木、灌木，以免妨碍驾驶员的视线。

二、居住区绿化树种的选择和植物配置

居住区绿化树种的选择与配置是绿化专业一项细致的设计工作，也是居住区规划设计中应予以配合和考虑的问题。其具体应考虑以下几点：

（1）对于大量而普遍的绿化，宜选择易管、易长、少修剪、少虫害，具有地方特色的优良树种，一般以乔木为主，也可以考虑一些有经济价值的植物。在一些重点绿化地段，如居住区入口处或公共活动中心，则可选种一些观赏性的乔木、灌木或少量花卉。

（2）应考虑绿化功能的需要。行道树宜选用遮阳力强的落叶乔木，儿童游戏场和青少年活动场地忌用有毒或带刺植物，体育运动场地则避免采用大量扬花、落果、落花的树木等。

（3）为了迅速形成居住区的绿化效果，特别在新建居住区，树种选取可采用速生或慢生相结合，以速生为主。

（4）居住区绿化树种配置应考虑四季景色的变化，可采用乔木与灌木、常绿与落叶以及不同树姿和色彩变化的树种，搭配组成，以丰富居住环境。

（5）1995 年上海一高中女生，发现“抗污”树种，得到环保专家的肯定，可望今后大力种植。

第六节　居住区室外场地与环境小品的规划布置

一、室外场地的规划布置

1. 儿童游戏场地

儿童在居住区总人口中占有相当的比重，他们的成长与居住区环境，特别是室外活动环境关系十分密切，因此，在居住区为儿童们创造良好的室外游戏场所，对促进儿童智力和身心的健康发展，有着十分重要的作用。布置时一般应考虑不同年龄的儿童特点和需要，可分为幼儿（2 岁以下）、学龄前儿童（3 岁 ~6 岁）、学龄儿童（6 岁 ~12 岁）三个年龄组。幼儿需由家长带领，可与老年人休息活动场地结合布置；学龄前儿童场地宜在住宅近旁，最好家长从户内通过窗口视线能够看到；学龄儿童活动范围较大，对住户干扰也大，最好与住宅有一定距离。

2. 成年、老人休息和健身活动场地

成年、老人的室外活动主要是打拳、练功养神、聊天、社交、下棋、打牌、晒太阳和乘凉等。场地应布置在环境比较安静、景色较为优美的地段，可结合绿地规划设置。

3. 晒衣场地

一般通过住宅设计解决，但一楼的居民或高层居民有大件或多量衣服需要晾晒时，也需要有晒衣场地。可结合宅旁绿地规划。

4. 垃圾储运场地

随着食品包装的发达，近十几年大城市内的垃圾已成为日益严重的城市环境问题。我国上海每人每天有0.5千克垃圾，哈尔滨达1.2千克。居住区垃圾的集收和运送一般有以下几种方式：

（1）居民将垃圾送至垃圾站或收集点，倒入垃圾箱或筒内，然后由垃圾收集车定期运走；

（2）多层、高层住宅内，通过垃圾管道集中在底层垃圾仓内，由垃圾车运走；

（3）利用地下垃圾输送真空管道，把垃圾直接抽吸到转运站或处理厂。

垃圾或埋掉或处理，关键是尽量少占地，具体内容可见第六章。

二、居住区环境小品规划

居住区环境小品是居民室外活动必不可少的内容，它们对美化居住区环境和满足居民精神生活起着十分重要的作用。

居住区环境小品规划设计时，要求注意整体性、实用性、艺术性、趣味性、地方性和大量性相结合。

居住区环境小品内容丰富，具体规划布置分类有：

1. 建筑小品

有休息亭、休息廊，大多结合居住区、小区公共绿地布置；书报亭、售货亭和商品陈列橱窗等，往往结合公共商业服务中心布置；钟塔可结合建筑物设置，可设在公共绿地或休息广场；出入口可结合围墙做成各种形式的门洞，或用雕塑、喷水池、花台等组成入口广场。

2. 装饰小品

装饰小品是美化居住环境的重要内容，也是结合公共绿地和活动中心布置，主要有水池、喷水池、雕塑、壁画、叠石、花坛和花盆等。其中花坛与花盆最多，盆内花卉随季节变化自由组合，给人以美的享受。

3. 公用设施小品

公用设施小品名目与数量繁多，它们的规划设计在主要满足使用要求的前提下，其造型与色彩都应精心考虑。特别是垃圾箱（筒）、废纸篓、公共厕所等小品，既要方便群众又不能设置过多；照明灯具造型及安装高度应视不同功能与艺术要求而定；公共牌照的标志是不可缺少的内容，它给人们带来方便和美的装饰；此外，自动电话亭、邮筒、公共交通候车棚、路障等也应注意美观大方。

4. 游憩设施小品

游憩设施小品主要结合公共绿地、人行步道、广场等布置，其中供儿童游戏的器械，则布置在儿童游戏场地。桌、椅、凳等游憩小品又称室外家具，可做成模拟动、植物形象，增加雅兴。

5. 工程设施小品

工程设施小品的布置应首先符合工程技术方面的要求。如在地形起伏的地区设挡墙、护坡和踏步等工程设施，这些设施如能巧妙地利用和结合地形，并适当加以艺术处理，往往也能给居住区增添特色。

6. 铺地

道路和广场所占的用地在居住区内占有相当的比重，因此它们的铺装材料和铺砌方式将在很大程度上影响居住区面貌。铺地设计是现代城市环境设计的重要组成内容。铺地的材料、色彩和铺砌方式应根据不同功能要求与环境的整体艺术效果而定，为了便于大量生产和施工，往往采用混凝土或陶瓷等预制块，进行灵活拼装。

第七节　居住区规划综合技术经济指标一览表格式

《规范》中规定，在居住区规划报告中必须使用统一的综合技术经济指标系列一览表，其格式见表 10–10。

表 10–10　　居住区规划综合技术经济指标系列一览表

项目	计量单位	数值	所占比重（%）	人均面积（m^2/人）
居住区规划用地	hm^2	▲	—	—
1. 居住区用地	hm^2	▲	100	▲
①住宅用地	hm^2	▲	▲	▲
②公建用地	hm^2	▲	▲	▲
③道路用地	hm^2	▲	▲	▲
④公共绿地	hm^2	▲	▲	▲
2. 其他用地	hm^2	▲	—	—
居住户（套）数	户（套）	▲	—	—
居住人数	人	▲	—	—
户均人口	人/户	▲	—	—
总建筑面积	万 m^2	▲	—	—
1. 居住区用地内建筑总面积	万 m^2	▲	100	▲
①住宅建筑面积	万 m^2	▲	▲	▲
②公建面积	万 m^2	▲	▲	▲
2. 其他建筑面积	万 m^2	△	—	—
住宅平均层数	层	▲	—	—
高层住宅比重	%	△	—	—

续表

项目	计量单位	数值	所占比重（%）	人均面积（m^2/人）
中高层住宅比重	%	△	—	—
人口毛密度	人/hm^2	▲	—	—
人口净密度	人/hm^2	△	—	—
住宅建筑套密度（毛）	套/hm^2	▲	—	—
住宅建筑套密度（净）	套/hm^2	▲	—	—
住宅建筑面积毛密度	万 m^2/hm^2	▲	—	—
住宅建筑面积净密度	万 m^2/hm^2	▲	—	—
居住区建筑面积毛密度（容积率）	万 m^2/hm^2	▲		
停车率	%	▲	—	—
停车位	辆	▲		
地面停车率	%	▲		
地面停车位	辆	▲		
住宅建筑净密度	%	▲	—	—
总建筑密度	%	▲	—	—
绿地率	%	▲	—	—
拆建比	—	△	—	—

注：▲必要指标；△选用指标。

第八节　小结

本章主要介绍了居住区规划设计的基本要求，重点介绍了住宅的规划与布置方法，居住区中公共建筑、道路、绿地以及室外场地与环境小品的规划布置方法。最后列出了居住区规划综合技术经济指标一览表的格式要求。

□ 关键概念

居住区规划　住宅建筑间距　居住区公共建筑　居住区中心

□ 复习思考题

1. 影响住宅经济的因素有哪些？
2. 住宅间距怎样确定？

3. 住宅组团的布置形式有哪些？
4. 简述居住区中心文化、商业建筑布局的形式。
5. 居住区道路的分级及各级道路网的规划与布置方法有哪些？
6. 居住区绿地的组成与标准是什么？

第十一章

生态型城乡规划

□ 学习目标

本章主要掌握生态型城市规划的内涵，包括生态型城市的概念，生态型城市指标体系以及生态型城市规划标准。了解《城乡规划法》对乡和村庄的规划编制提出的要求，对生态文明时代的社会主义新农村建设有一个较为深刻的认识。

第一节　生态型城市规划的必要性

一、城市生态化

从人类文明发展史来看，人类经历了蒙昧、野蛮而逐步走向文明的过程，经历了从渔猎文明到农业文明再发展到工业文明的过程，每一次文明的更替都是一次社会革命，促进了社会经济的大发展、大进步。整个20世纪工业化空前飞速发展，到目前经济全球化和科技一体化，城市活动与自然生态环境之间，经济增长与社会发展之间的矛盾日益突出，国际国内社会问题纷繁复杂，经济发展战略正在出现重大转向。为此，一种新的文明，即生态文明，作为工业文明的替代力量正在兴起。由于它的出现，人类社会也将从工业社会转向生态社会，从工业城市模式转向生态城市模式。城市生态化模式是在工业发展模式的基础上发展起来的，它是由传统城市发展观以追求经济利益最大化为唯一价值取向，不顾人类福利和生态后果，而转向兼顾人口、社会、经济、环境和资源可持续发展的、注重复合生态整体效益的发展模式。对于当前我国城市化来说，走生态化之路适应了当前的历史发展要求，是符合科学发展观的。

二、中国特色的城市生态发展之路

城市走生态化发展之路标志着城市由传统的唯经济开发模式向复合生态开发模式的转变，它是一场破旧立新的社会变革，因为它不仅涉及城市物质环境的生态建设、生产恢复，还涉及价值观念、生活方式、政策法规等方面的根本性转变。我国是发展中国家，综合国力、科技水平、人口素质、意识观念等因素都将影响到城市生态化的发展。底子薄、人口多的国情决定了我国必须走既非传统式又非西方化的具有中国特色的城市生态化发展之路。

生态型城市的发展目标是社会—经济—自然复合生态化。自然生态化是基础，要实现人与自然的和谐；经济生态化是条件，社会生态化是目的，最后实现人与人的和谐。在生态化城市里，教育、科技、文化、道德、法律、制度等都将“生态化”，社会倡导生态价值观，人们有自觉的生态意识，社会有自觉保护环境、促进人类自身发展的机制，有公平、平等、安全、舒适的社会环境。因此，规划生态型城市时，应当掌握以下五条原则：

1. 自然生态可持续发展的原则

这一原则是人们对人类进入工业文明以来所走过的道路进行深刻反思的结果，也是中国改革开放30多年的经验总结。

它要求正视自然资源的有限性，在实践中着眼于保护生态，充分考虑自然对污染物吸收能力的有限性，要促进清洁型生产，走新型工业化道路，即提高生态系统物质循环和能量转化的效率，维持生态的稳定。

2. 公平的原则

首先，应该更多地考虑城市与乡村和谐发展，让全社会成员公平、公正地分享城市发展的成果，避免城乡分化。其次，如果城市化不注意形成生态效益，无限地开发资源、污染环境、占用过多的耕地，那么当代人的城市化代价就会有相当大的部分要留给后代来承担，这等于无端地剥夺了后代人的生活权和发展权，对后代人来说，这是不公平的。最后，在城市发展过程中，城市应该承担相应的责任来治理环境污染并保护自然生态，并向周边因城市化而破坏的地区提供一定的资金和技术援助，以恢复生态和提高那些地区人们的生活水平。

3. 公众利益的原则

自然是全人类共有的财产，这种财产权具有共享性。城市生态化蕴含人文生态化，公众之间相互尊重他人的利益。在城市化过程中进行市场开发和选择某个区域时，不应只是追求其经济效益，不能只以某企业或公司自身利益为出发点，而是要从人的物质与精神生活的健康出发，注意人文生态和公众利益，注重城市发展与生产环境的相容性。例如，吉林市素有北国江城的美誉，松花江蜿蜒贯穿整个城区，成为一道最为亮丽的风景线。在规划时为强化滨江岸线公共性和开放性，通过划定公益性公共设施（政府投资的公益性的文化、体育、教育、医疗等）公共用地的界限，保障公众享有公益性公共服务设施等措施，强化了对公众利益的保护。这种做法是非常正确的。

4. 全面发展的原则

城市的主体是人，其实城市生态化最终的落脚点也是人，没有城市人的生态化，根本谈不上城市生态化。人的全面发展是城市生态化的中心，是建设社会生态的最高目标。人的城市化和生态化在当代的意义，就是表现为人的素质现代化，也就是人的主体意识的强化，政治、法律、道德等思想观念的提高，文化素质、身心素质、思维方式和生活方式的优化。城市生态化充分展示了人的创新性，增强了人的物质生产能力，改变了人与自然的关系，丰富了人的社会关系，达到了全新的思维方式、生活方式和工作方式。

5. 资源节约的原则

我国是一个人多而资源相对贫乏并处于社会主义初级阶段的国家。由于长期粗放型经济增长方式及城市化道路，浪费了不少资源同时也污染了环境。为改变这种状况，我们必须走集约型经济增长的道路，提高资源配置效率，建立资源节约型经济。体现在城市化问题上，就是要走一条资源节约型城市化的新道路。当前要特别注意采取切实有效措施，解决一些浪费问题，诸如，由于征用土地的成本过低，形成土地严重浪费——建筑物的质量不高和规划失误，导致提前毁损或拆建，公共财产体制缺乏监督机制等。

第二节　生态型城市规划的标准

一、生态型城市的概念、发展与内涵

生态型城市是指以生态城市作为城市性质、城市目标和城市特征，以促进城市社会经济环境的整体和谐与科学发展的一种城市类型。

城市化进程中所产生的城市生态环境问题日益突出，迫使人们对城市的规划、建设、管理以及生产生活方式进行深刻的反思。随着生态意识的逐步觉醒，人们开始认识到生态型城市规划建设的绝对必要性。自生态型城市概念提出以来，世界各国陆续涌现出一批生态城市规划建设的实践。截至 2005 年 12 月，我国已有 150 个城市提出了建设生态城市的目标，进行了各种类型的生态城市规划，生态城市已经成为近 200 年的现代城市化进程中，第 3 个也是最新的里程碑（此前两个里程碑是花园城市和新城建设）。

目前国内外有关生态型城市的研究是多方面的，有生态型城市的规划理论与原则，生态型城市的类型，生态型城市的建设内容，生态型城市的判定标准和生态型城市评价指标体系等。

二、生态型城市指标体系

有关生态型城市指标体系的研究中，欧盟资助的“生态城市计划”中的评价指标体系是国外生态城市评价指标体系的代表之一。该评价指标体系包括城市结构、交通、能源与物质流和社会经济四方面标准。美国克利夫兰的生态城市议程中包含空气质量、气候变迁、多元化、能源、绿色建筑、绿色空间、公共建设、小区特色、居民健康、可持续发展、运输选择等纲领性目标要求。加拿大温哥华的生态型城市建设指标体系包括固体废弃物、交通运输、能源、空气排放、土壤与水、绿色空间、建筑等。国内对生态型城市的评价应用较多的是综合指标评价方法。国家环保总局于2003年发布了《生态县、生态市、生态省建设指标（试行）》，包含了生态环境、生活环境和基础设施三大类指标。根据国家文件，许多城市都制定了自己的生态城市评价体系，如扬州、池州、杭州、嘉兴、东营和日照等。

三、生态型城市规划标准

城市规划标准是为指导规划编制而制定的准则，旨在实现城市规划编制和管理的标准化、规范化和法制化。生态型城市规划标准则是直接为规划建设生态城市服务的，两者在结构与内容上均有一定相似性与对应关系。文献33为了使城市规划与生态型城市规划有机整合，构建了生态型城市规划标准矩阵，如表11-1所示。该矩阵行、列代表项目内容是：行——横向分层，代表城市规划的各大物质规划内容，一般应包含城镇体系、城市土地使用、建筑与城市设计、交通与市政基础设施、自然历史保护、环境卫生与城市防灾六大部分，行的最下面列出了规划实施各阶段的实现度，以此反映规划标准的各阶段的实施效果，从而做出动态响应。列——纵向分栏，列出了国家生态城市标准内容，即人的发展、经济发展、社会发展和环境水平。行列相交处即为该项城市规划内容的建设生态型城市标准指标。具体应用可参见表11-4中实例。

表11-1　**生态型城市规划标准矩阵**

城市规划内容 \ 生态城市规划准则		人的发展	经济发展	社会发展	环境水平
物质规划	城镇体系				
	城市土地使用				
	建筑与城市设计				
	交通与市政基础设施				
	自然历史保护				
	环境卫生与城市防灾				
规划实施	当前年				
	近期				
	远期				

规划建设生态型城市首先要确定总体目标，由它来指导物质规划各项指标，它

既是概括性的也是战略性的，一般包括人的发展、经济发展、社会发展和环境水平。具体可见下面实例。

四、实例——上海市生态型城市规划

早在1990年上海市政府就提出了要把上海市建成清洁、优美、舒适的生态型城市，并开始了环境保护方面的建设。经过几年的调查研究与准备，于1999年初步制定了生态型城市的目标。进入21世纪后，产业经济和科学技术的发展，世博会申办的成功，又给上海建设生态型城市带来了新的动力。于是，2003年上海市提出了“生态上海，绿色世博”的口号，计划于2010年基本建成上海生态型城市的框架目标，并规划于2020年将上海基本建成全面达标的生态型城市。

1. 上海市建设生态型城市规划标准指标的选取原则和内容

前述各个国家、各城市生态型的标准指标是不同的。基于上海自身的特点，上海生态型城市标准指标选取的原则是：按照生态型城市应有的内涵，结合上海市城市规划建设已有的相关指标和已建生态系统的评价结果，参考国内外生态环境先进城市的标准指标，决定采用人的发展、经济发展、社会发展和环境水平四个生态城市准则，对上海建设生态型城市的总体目标提出的单项标准指标（如表11-2所示）。

表11-2 上海建设生态型城市的总体目标标准指标

	生态城市准则			
	人的发展	经济发展	社会发展	环境水平
城市规划的总体目标	人口结构（年龄、性别、城乡等） 人口素质（文化、健康等） 人口布局（市区、中心区密度等）	产业增长 产业构成（三种产业比） 产业布局（土地集约、产业集中、园区建设等）	社会差异（城市化水平、社会隔离、基尼系数等） 社会事业（教育、医疗、体育、社会福利与保障等） 社会支撑（住房建设、综合交通、信息建设、创新科研等）	绿化建设（公共绿化、绿化覆盖率、公共绿地服务区、森林覆盖率等） 环境保护（污水处理、空气质量、垃圾处理、能源结构等） 生态保育（自然保护区等）

对上海建设生态型城市的各项物质城市规划内容提出的标准指标如表11-3所示。

表 11-3　　上海建设生态型城市的物质规划标准指标

生态城市准则 / 城市规划内容	人的发展	经济发展	社会发展	环境水平
土地使用	人口密度 人口自然增长率 人均城市建设用地	高新技术园区面积 第三产业用地面积比重 单位土地产出率 基本农田保护率	人均高等教育科研用地面积 万人医院床位数 中低价位、中小套型普通商品房和廉租房的土地供应占居住用地的比重	规划城市发展占用的土地面积占区域总面积的比例 人均生态用地 人均建设用地 城镇人均公共绿地面积绿化覆盖率 建成区绿地率 建成区透水面积率
建筑与城市设计	人均居住面积 住房成套率	建筑节能达标率 建筑中水利用率 建筑可再生能源（太阳能）使用量	人均公共设施或公共场所面积	环保化建筑材料使用率 建筑屋顶绿化面积占绿地面积比重 节能省地型住宅与生产住宅用地比例
交通与市政设施	公交出行比重 万人拥有公交车辆数 国际互联网用户比例	万元 GDP 能耗 万元 GDP 水耗	城市气化率 自来水普及率 人均生活用水 人均生活用电 轨道交通服务区覆盖率 公交车平均车速 公交车专用车道长度比重 免费开放公园比重	城镇生活污水集中处理率 城镇生活垃圾无害化处理率 清洁能源比重 再生水利用率 危险物处理率 城市水功能区水质达标率
自然历史保护	人均森林面积	受保护地区占国土面积比例	优秀历史建筑保护完好率	森林覆盖率 城市建成区内本地植物指数 建成区自然环境中生存的鸟类、鱼类和植物等的综合物种指数
环境卫生与城市防灾	人均疏散用地面积 人均人防建筑面积	万元工业产值垃圾产生量 工业用水重复率	城市人均生活垃圾 城市生命线系统完好率 城市公共厕所密度	城市酸雨频率 噪声达标区覆盖率 工业固体废物处置利用率 集中式饮用水源地水质达标率

2. 上海市建设生态型城市的规划标准指标值的确定原则和具体标准数值

上海建设生态型城市的规划标准指标值具体确定的原则，主要参考了以下五个方面的数值：

（1）上海市历年生态系统评价的优秀先进值；

（2）部分国内外生态环境先进城市的现状值；

（3）部分国内外生态城市建设目标值；

（4）目前国内外科研领域研究的推荐值；

（5）有关生态城市建设的国家、国际标准。

上海建设生态型城市物质规划标准指标值如表 11-4 所示。

表 11-4　**上海建设生态城市物质规划标准指标及规划实施阶段考查年的实现度**

城市规划内容	生态城市准则	指标	单位	标准值	2004 基准年实现度（%）	2010 年实现度（%）	2020 年实现度（%）
土地使用	人的发展	人口密度（市区）	人/km²	3 500	60.94	80.47	100
		人口自然增长率	‰	≤3	100	100	100
		人均城市建设用地	m²/人	75	71.73	85.87	100
	经济发展	单位土地产出率	亿元/km²	≥7	16.79	58.40	100
		基本农田保护率	%	≥80		待定	100
		高新技术园区面积	km²	>50		待定	100
		第三产业用地比重（公共设施用地比重）	%	>15	58.67	79.34	100
	社会发展	人均高等教育用地面积	m²/人	≥15		待定	100
		万人医院病床数	床/万人	90	70.09	85.05	100
		中低价位、中小套型普通商品房和廉租房的土地供应占居住用地比重	%	70		待定	100
	环境水平	绿化覆盖率	%	33～45	100	100	100
		建成区绿地率	%	≥38	78.95	89.48	100
		城镇人均公共绿地面积（市域） （建成区） （市区）	m²/人 m²/人 m²/人	≥11 ≥12 16	91.91	95.96 待定 待定	100 100 100
		人均生态用地	m²/人	≥100		待定	100
		人均耕地	亩/人	≥0.3	90.5	95.25	100
		建成区道路广场透水面积率	%	≥50		待定	100
		规划中城市发展占用的土地面积占区域总面积的比例	%	23.66		待定	
	土地使用平均实现度		%		739.58/10 =73.96		100

续表

城市规划内容	生态城市准则	指标	单位	标准值	2004 基准年实现度（%）	2010 年实现度（%）	2020 年实现度（%）
建筑与城市设计	人的发展	人均居住面积	m^2/人	16～20	92.5	96.25	100
		住房成套率	%	90	100	100	100
	经济发展	建筑节能达标率	%	100		待定	100
		建筑中水利用率	%	5～15		待定	100
	社会发展	人均公共设施或公共场所面积	m^2/人	17.5	27.43	63.72	100
	环境水平	节能省地型住宅与生态住宅用地比例	%	≥20		待定	
		建筑屋顶绿化面积占绿地面积比重	%	5	1	50.5	100
		环保化建筑材料使用率	%	15		待定	100
	建筑与城市设计平均实现度		%		55.23		
交通与市政基础设施	人的发展	万人拥有公交车辆数	辆/万人	≥14	93.21	96.61	100
		国际互联网用户比例（总计）	%	≥430	100	100	100
		（居民拥有率）	%	100	100	100	100
		公交出行比重	%	30	80	90	100
	经济发展	万元 GDP 能耗	吨标煤/万元	≤1.4	100	100	100
		万元 GDP 水耗	m^3/万元	≤150	100	100	100
	社会发展	城市气化率	%	≥90	100	100	100
		自来水普及率	%	100	99.99	100	100
		人均生活用水（市区）	L/d・人	455（上下 10%）	87.17	93.59	100
		人均生活用电（市区）	KW・h/d・人	8（上下 10%）	0	50	100
		轨道交通服务区覆盖率	%	≥90	34.33	67.17	100
		公交车平均车速	km/h	20	75	87.5	100
		公交专用道长度比重	%	5	2	51	100
		免费开放公园比重	%	≥90	96.11	98.06	100
	环境水平	城镇生活污水集中处埋率	%	≥70	93.29	96.65	100
		城镇生活垃圾无害化处理率	%	100		待定	100
		清洁能源比重	%	≥70	35.71	67.86	100
		可再生能源比重	%	15	33.33	66.67	100
		再生水利用率	%	≥30		待定	100
		危险物处理率	%	100		待定	100
		城市水功能区水质达标率	%	100	0	50	100
	交通与市政基础设施平均实现度		%		68.34		

续表

城市规划内容	生态城市准则	指标	单位	标准值	2004基准年实现度（%）	2010年实现度（%）	2020年实现度（%）
自然历史保护	人的发展	人均森林面积	hm^2/人	≥0.1	4.1	52.05	100
	经济发展	受保护地区占国土面积比例	%	≥17	69.52	84.76	100
	社会发展	优秀历史建筑保护完好率	%	100		待定	100
	环境水平	森林覆盖率（平原地区）	%	≥15	100	100	100
		城市建成区内本地植物指数		≥0.7		待定	100
		建成区自然环境中生存的鸟类、鱼类和植物等的综合物种指数		≥0.5		待定	100
	自然历史保护平均实现度		%		57.87		
环境卫生与城市防灾	人的发展	人均疏散用地面积	m^2/人	3		待定	100
		人均人防建筑面积	m^2/人	0.4		待定	100
	经济发展	万元工业产值垃圾产生量	吨/万元	0.04～0.07	100	100	100
		工业用水重复率	%	≥50	100	100	100
	社会发展	城市人均生活垃圾	kg/日·人	1.0～1.3	100	100	100
		城市生命线系统完好率	%	≥80		待定	100
		城市公共厕所密度	座/km^2（建成区）	≥2	100	100	100
	环境水平	噪声达标区覆盖率	%	≥95	86.11	93.06	100
		工业固体废物处置利用率	%	≥80	100	100	100
		集中式饮用水源地水质达标率	%	100	0	50	100
		城市酸雨频率	%	<20	36.5	68.25	100
	环境卫生与城市防灾平均实现度		%		77.83		

3. 上海市建设生态型城市各规划实施阶段的达标程度用“实现度”来表示，其要求指标如表11-5所示。

表11-5　**上海市建设生态型城市各规划实施阶段要求的“实现度”指标**

年限	2004（基准考查年）	2010（中期考查年）	2020（最终考查年）
实现度	α	α+（100%-α）/2	100%

表中α为2004年上海建设生态型城市规划标准的指标实现情况，其具体算法有三种情况：

（1）指标为下限值的，例如指标标准值为≥3，该年实际值为2，此时“实现度”α=（实际值/标准值）×100%；

（2）指标为上限值的，例如标准值为≤3，实际值为4，此时α=［1-（实际值-标准值）/标准值］×100%；

（3）α值最大值为100%，如实际值优于标准值，即以“实现度”α=100%计；α值最小值为0%，如计算结果为负值时，统一以“实现度”α=0%计。

表11-4后三列，给出了上海建设生态型城市物质规划中各有关生态指标的“实现度”。

4. 上海市建设生态型城市规划标准指标“实现度”分析

从表11-4可见，2004年上海物质规划标准的实现度已经达到了较高水平，总计平均实现度为69.5%。从城市规划内容的实现度平衡状况看，建筑与城市设计、自然历史保护的实现度略低，二者均小于60%，土地使用、环境卫生与城市防灾实现度大致相当，水平相对较高。从具体指标的实现度看，实现度低于60%的指标包括：单位土地产出率，第三产业用地比重（公共设施用地比重），人均公共设施或公共场所面积，建筑屋顶绿化面积占绿地面积比重，人均生活用电（市区），轨道交通服务区覆盖率，公交专用车道长度比重，清洁能源比重，可再生能源比重，城市水功能区水质达标率，人均森林面积，集中式饮用水源地水质达标率，城市酸雨频率等，这些都是需要提高的重点项目。

总之，目前我国生态城市规划与建设发展状况是，已经从研究概念定义、技术标准制定阶段走向实际建设的行动。国家也出台了一系列具体措施，当前正在深入研究和实践的问题主要有以下几个方面：

（1）总结研究低碳生态规划，研究城市规划如何在碳减排的工作中，积极发挥统筹的作用。

（2）研究确立城乡排放计量框架与方法，建立碳排放评估标准与量化指标。

（3）城市发展过程中，逐步化解城市建设和生态空间的矛盾。

第三节 生态文明时代的社会主义新农村建设

一、《城乡规划法》是建设社会主义新农村的法律保证

2008年1月1日，我国正式实施了《城乡规划法》。这是我国城乡规划领域的一件具有里程碑意义的事情。它的实施将给我国城乡规划、建设和管理带来深远的影响，为我国社会主义新农村建设提供了法律保证。

《城乡规划法》对乡和村庄的规划编制提出了明确的要求，即：①编制原则应当从农村实际出发，尊重村民意愿和体现地方与农村特色；②编制内容除居民点住宅建设外，要统一安排规划区范围内的道路、给水、排水等基础设施，安排为农村生产、生活服务的设施以及公益事业等各项建设的用地布局；③编制乡、村规划由乡镇人民政府组织负责完成，报上一级政府批准。

针对以往乡村规划管理比较薄弱和无序建设的情况，在乡村规划的实施管理中，《城乡规划法》规定："在乡、村庄规划区内进行乡镇企业、乡村公共设施和公益事业建设的建设单位或者个人，应当向乡、镇人民政府提出申请，由乡镇人民政府报城市、县人民政府城乡规划主管部门核发乡村建设规划许可证。"同样，农村村民的住宅建设也必须符合当地的规划管理办法，在未经审批和取得乡镇建设许可证的情况下，不得随意占用农田、私搭乱建。

从此我国乡村的规划和管理有法可依，这对引导广大乡村居民点的合理发展，实现社会主义新农村的建设目标，具有重要意义。

二、生态文明新农村建设的几点经验

建设社会主义新农村是实现我国有序城镇化总体战略的重要组成部分。首先，小城镇是新农村建设的重要平台。小城镇作为农村经济、文化中心，通过其辐射作用，可以实现农村向城市的自然延伸，并衔接城市和农村两个市场，促进农村第二、三产业的发展。当前它是吸收农村剩余劳动力、提高农民收入的重要载体。

我国社会主义新农村建设的总体目标是："生产发展、生活宽裕、乡风文明、村容整洁、管理民主"，这二十字方针所涵盖的五个方面是相互联系的。这就是要求各级领导因地制宜、因村制宜，不断总结经验，使新农村建设健康发展。下面介绍生态文明新农村建设中的几点经验，供研究决策时参考。

1. 我国农村现代化的真实含义在于，要用全世界7%的耕地和7%的淡水资源来支撑占全球21%的人口生存和发展，为此就要留得住农村的耕地、林地、水源地，要留得住农业生产的生产空间，要留得住农民。村庄得以维持的基本自然资源直接来自它周边的区域，在乡村规划建设中必须加以保护。乡村规划与城市规划的重要区别在于：应该尽可能地保留乡村原有的资源、地理、自然的形态、生物的多

样性及人与自然生物之间的紧密不可分离的共生共存的关系，从而建立起人与自然和谐相处的农业和农村发展的新模式。那些大规模的“集中居住”式村庄重建模式，“规模化”的单一农作物种植计划，“工厂化”的盲目推行机械化、电气化等，都会破坏村庄、田野与周边自然生态环境的共生关系，其结果往往破坏了农业可持续发展的基础。对山区农民为了植根于土地，强调人与自然的协调、共存，根据山地可耕种规模、耕者与弃耕者现状、山地与平地收入差别等具体情况，可以由政府发放补助金，避免将山地农民迁移到平原的“大迁移政策”。

2. 乡村生活与生产在土地和空间使用上的混合是一种有效率的方式。比如猪、家禽的散养，必须养在房子旁边，这才能构成生产、生活循环过程中不可缺少的环节。如按城市方式集中饲养，经济上肯定不合算。从种植业来看，所有农作物的栽培都发生在特定空间（农田、水源和作物）和特定的时间（气候、季节和害虫周期），不顾这些特殊性，机械地运用城市规划，用工业文明的模式改造农村和农业，只能导致失败。

3. 乡村生态的循环链、乡村生产与生活混合等特点，必须加以完整细致的保护。例如，农村过剩的食品和残渣都可以喂猪、喂牛，粪便又用来肥田，从而实现了循环经济。规划时首先尽可能应用小规模、微动力、与原有生态循环链相符合的“适用性”的环境保护技术，使农村生态环境得到改善，不能盲目照搬城市大型污水垃圾处理设施。在农村环境整治中，人居环境改善是生活宽裕要素之一，农村基础设施建设宜采用共建方式，主要着眼于那些市场和个人做不了或做起来不合算的村庄基础设施。如浙江省湖州市一个郊区，十几万人口，原来自来水厂布局有近20个，后来经过整合，只需建5个自来水厂并采用管网连通的方案，这样既提高了供水水质安全，又达到了规模效益，降低了水价，使基础设施投资节省了30%以上。

4. 在农村能源系统建设方面，一是利用太阳能，在农居朝阳面或屋顶装几块玻璃，把太阳光的热量引进来，可先利用太阳能热水器或太阳房；二是地热能利用，如陕北、山西窑洞，冬暖夏凉，是一种利用浅层地热能的好办法，只要装一个通风道，自然通风的问题就解决了；三是利用可再生能源，如小水电、小型风能、沼气和生物质能源等。

发展生物质能源是我国农业发展新的机遇。农作物是在一个或几个年度中，通过叶绿素把太阳能转化成碳水化合物时，吸收了二氧化碳，把这些化合物提炼成酒精或油料当作生物质能源再燃烧，又把二氧化碳排放出去，在这个过程中，二氧化碳的吸收与排放达到均衡，实现了碳的“零排放”。不像燃烧石油、天然气、煤炭等化石燃料，把远古时代的二氧化碳的储存一次性地释放。仅全国八大主要农产品的压缩秸秆作为农村燃料的总量就可达到6.1亿吨，折合标准煤3.3亿吨，另外林业副产品可达0.75亿吨标准煤，两项合计4.05亿吨标准煤，远远超过现在所有农民用的燃料总量。2030年美国生物液体燃料（酒精和甲醇）至少要代替30%的石油，到2050年要代替50%的石油，欧盟和日本可再生能源也要代替50%的石油。

巴西作为一个贫油的人口大国，依靠农业生物质能源的发展（如甘蔗等），成功地解决了石油需求问题，目前有15%以上的工业、交通业燃料来自农作物。目前，我国用甘蔗、鲜薯、高粱制酒精的成本低于每吨4 000元，相当于现在进口石油成本。今后发展方向是"不与粮争地，不与田争水"，采用荒坡地栽种麻疯树、油棕、黄连木、石栗等木本油料林来替代、提炼液体燃料的成本会更低。可以预计可再生能源在农村的应用将会成为一个发展迅速的大产业，成为促进农民就业和发展农村服务业的支柱产业。

为了进一步解放和发展我国农业生产力，发展现代林业，发挥林业的生态、经济、社会和文化等多种功能，满足社会对林业的多样化需求，2008年6月8日我国决定全面推进集体林权制度的改革。这对建设社会主义新农村具有战略性意义，对增加森林数量、提升森林质量、增加森林生态功能和应对气候变化的能力，繁荣生态文化，促进人与自然和谐，推动经济社会可持续发展将产生深远的影响。为了贯彻这一决定，国务院对于各级政府领导的城乡统筹规划提出了具体要求：

（1）各级政府要建立和完善生态效益补偿基金制度，按照"谁开发谁保护、谁受益谁补偿"的原则，多渠道筹集公益林补偿基金，逐步提高中央和地方财政对森林生态效益的补偿标准。

（2）建立造林、抚育、保护、管理投入补贴制度，对森林防火、病虫害防治、林木良种选育、沼气建设给予补贴，对森林抚育、木本粮油、生物质能源林、珍贵树种及大径材培育给予扶持。

（3）改革育林基金管理办法，逐步降低育林基金征收比例，规范用途，各级政府要将林业部门行政事业经费纳入财政预算。

（4）森林防火、病虫害防治以及林业行政执法体系等方面的基础设施建设要纳入各级政府基本建设规划；林区的交通、供水、供电、通信等基础设施建设要依法纳入相关行业的发展规划中。

（5）特别要加大对偏远山区、沙区和少数民族地区林业基础设施的投入。

5. 新农村建设同样可以发展第三产业。当前，"农家乐"的兴起，说明农业、农村可以直接发展第三产业，而且是绿色产业。我国现在每年外出旅游的人数达10亿多人次，其中有相当一部分被"农家乐"吸引，而且每年以翻番的速度增加。我国城市建设是人口高密度节地型的模式，每平方千米平均有1万居民，是世界城市人口密度最高的国家。在这样的城市里很难见到田园风光，如庭院菜地、丝瓜藤、葡萄架、竹林小径等，那些梦想回归"采菊东篱下，悠然见南山"的田园生活的大量城里人，纷纷到"农家乐"度假。此外，农村大量的传统文化、自然景观遗产和绿色农副产品，也是吸引游客因素之一。例如，浙江省长兴县，该县一年增加7 000多户"农家乐"，主要吸引上海人。一家人星期五到长兴县，1个小时的车程，到农家住两三天，花费仅300元，然后再以很便宜的价格买一篮子当地农副产品，一家子一周的食品蔬菜就解决了，非常合算。此外，农村的人均住房面积比城市大得多（如浙江省约43m^2/人），与城市的住房面积难以相互比较，许多生态良好、住房宽裕的村庄无疑是“居住的天堂”。

6. 要设立村庄整洁的底线。不劈山，不砍树，不填池塘河流，不拆优秀的传统文化建筑，不破坏历史文化名镇名村的风貌，不盲目改直道路，不截弯河道等。

7. 要建立乡村基础设施、公益事业改造维护的长效机制。要通过农民自主、村庄自治、村民自筹、上级补助、乡规民约管理、村民投票来确定村庄整治决策。要公开账目，让农民相信社会主义新农村建设进程中的村庄整治完全是为了农民自身利益，为了农村、农民、农业的复兴，为了生态文明的建立。这不仅涉及农村的风貌，而且涉及每个农户居住生态环境的改善。对城市郊区农村，应尽早规划统筹城乡市政公用设施项目建设，实现共建共有、互联互通、等级配套、功能互补、共管共享的局面，但大部分农村应充分根据农民的意愿来确定整治或建设项目。

8. 要建立从规划、整治到管理上下联动、左右协调的协同机制。要通过乡村规划的编制实施，把规划、建设、整治和管理等各项工作有序地进行安排。要通过规划来捆绑各个渠道的资金和物资，投到农民最需要的公共服务项目中去。对垃圾的收集、污水的处理、公共交通、医疗、教育等这些项目城乡应该统筹，逐步做到一体化，而能源供应和乡村建筑结构应当与城市有所差别。最后，城乡规划必须每几年进行反馈修订，不断完善。

第四节　新农村生态规划举例——浙江省云和县大坪村的规划

一、大坪村的基本情况

大坪村位于浙江省云和县云和镇的南部，离县城3km，村落位于南山脚下丘陵地区。共有农户51户，人口187人。分成三个村民小组，为畲汉混居的民族村，其中畲族占70%。村域拥有耕地面积112亩，人均0.6亩，山林面积4 399亩，人均23.5亩，拥有丰富的林地资源。

二、总体布局

规划用地选址结合耕地保护和山水风光的协调利用，形成“山环水绕、一核二区，五园十大节点”的总体布局。“山环水绕”是指村落总体被小山围绕，山体秀丽，北靠南山，植被茂密，南有河流环绕，山清水秀；“一核”是指以一组格局保存完整、建筑细部精美的清代古民居为核心，并结合周边的传统风貌建筑修建庭院，构成大坪村的核心景观；“二区”是指原村落的老建筑构成的传统风貌特色区和吸收传统建筑风格的现代建筑群新农村的风貌区；“五园”是指生态立体种养园、竹海休闲园、生态果园、有机茶园、垂钓休闲园；“十大节点”是指农村日常活动和节日庆祝活动的十个场点，它们中间由环向道路相连。

三、规划主题及内容

1. 挖掘资源优势、引导发展优势农业产业

大坪村现有基础及资源条件是山林资源丰富，但一般林地较多，经济林规模偏小，主要为茶园、竹园、果园，仅占总林地面积的5%。在生态评估的基础上，规划的原则是：在稳定粮食生产能力的基础上，宜依托城市区位优势，大力发展优质高效的城郊型山地生态农业。

（1）充分利用坡度在35度以下的林地，扩大经济林种植面积，如针对现状水果品种杂乱、不成规模的弊病，淘汰一些水果品种，扩大水果种植面积，培育优质高效的特色品种。

（2）竹园、茶园的规划面积保持现状，但要通过场地整理，发挥其综合效益。如竹园可通过步行小径设置成为休闲场地等。

（3）大坪村以鸡为特色的种养已在云和县有一定知名度，并以此为依托形成了农家特色餐饮业，规划在现有基础上扩大规模，利用山林资源，立体种养，生态养殖，形成生态型农业发展模式。

2. 整合优势资源，综合开发农业经济的多元性

大坪村拥有优越的城市区位和山水自然风光，特别是有畲族文化资源，以餐饮为特色的“农家乐”具有相当的区域知名度，所以规划以农业为基础，以旅游产业拓展农业发展，综合开发农业生态经济，形成农业资源开发和旅游资源利用的良性互动。通过为城市提供服务的休闲观光农业建设，促进三农现代化进程。其具体措施是：利用山地果林，发展以水果产业为主线的采摘型休闲观光农业；利用现有竹林，通过场地整理，形成以竹文化为主线的竹海自然休闲农业；以现有池塘和河流为基础，发展乡村度假及垂钓型休闲农业；建设以“住在农家、干在农家、乐在农家”为主线的“农家乐”休闲度假村，并以此促进特色种养。

3. 结合农民生活，创造多样的活动空间

规划村民公共空间主要分为节庆型和日常型进行布局、大坪村作为畲族聚居村，为考虑民俗活动节庆空间要求，结合村庄南部的村委会与老年活动中心，设置一个集会广场，满足集会性民俗活动的需要。村庄道路采用环路形式，有利于元宵节等需要绕村游走的民俗活动的开展。日常型公共空间主要利用村落中心的池塘，使其发挥世俗生活的重要平台作用和农村活动交流的节点作用，比如，通过新建的村民住宅与保留的原生态村民住宅相结合，形成以池塘为核心的院落空间；作为夏日晚上乘凉和茶余饭后闲聊的场所等。最后，规划限制住宅修建围墙。引导宅前庭院通过场地整理和适当绿化，形成可以停留的空间。

4. 尊重农民意愿，合理安排建设用地

新农村建设是一个渐进的过程，要保证规划方案的实施，必须加强规划成果的可接受性。在规划中为充分尊重农民的意愿，采用调查表的方式对村民建房时间和意向地点进行了调查。通过不断的沟通，合理地安排了用地时序，即规划近期建设

用地主要依托村落，选址于梅家大屋前的林地及梅家大屋西侧的平整地，中期建设用地主要选址于南山脚下，远期建设用地主要选址于原村落东侧。在住宅单体组合上，规划新建民居采用南北向布局，便于建设中的协调管理，同时可结合山体走向，形式略有变化。

5. 延续民居风貌，提升村庄整体格调

大坪村新农村规划充分尊重地方传统风格，提炼江南农村的环境特征，与环境结合，提升村庄整体文化格调。在建筑整体布局中，规划充分利用山体丘陵、池塘，使新建建筑与原有建筑融合为一体，形成院落空间格局，使得原有地方传统建筑风格得以延续。新建住宅统一采用江南民居的特点，通过细部设计提升江南特色的新农村风貌，如坡屋顶、白墙黛瓦、局部采用木百叶点缀，传统而不失现代气息，使得其既在整体风貌上相互协调又在单体造型上各有特色。建筑的形态原则为2层~3层、坡屋顶，为整合周边的自然景观资源，使住户体验到与自然亲近感，采用多阳台形式，形成景观休闲平台。

第五节　生态城市的文化建设

一、新世纪的城市文化应该反映生态文明的特征

城市是人类伟大的创造，城市发展方向和模式对全球环境会产生重大影响。当前减少城市发展对自然环境的压力、修复被破坏的生态系统、实现人与自然、城市与乡村之间的相互和谐，应该成为城市发展的基点。中国传统的天人合一的理念，尊重自然的思想，是宝贵的世界文化的遗产，也是当今城市发展有重要价值的基本原则，因此，21世纪的城市应该是生态城市。

二、城市发展要充分反映普通市民的利益要求

城市是市民的居所，也是市民的精神家园。普通市民是城市的主人，是城市规划、建设的出发点和归宿点，也是城市文化的智慧源泉和驱动力量。坚持面向普通市民，同时也要回应不同人群的诉求，特别是贫困阶层、弱势群体、边缘人群的需求，应该成为基本价值观和行为准则。应该保证市民参与城市发展决策过程的机会，城市规划建设中，民众利益高于一切的原则是市长负有的特别重要的责任。规划师、建筑师和文化学者要塑造充满人文精神和人文关怀的城市空间。城市建设中任何好的决策都是市民自己的选择，城市发展的本质应使市民生活变得更美好。

三、文化建设是城市发展的重要内涵

市民的道德倾向、价值观念、思想方式、社会心理、文化修养、科学素质、活

动形式、传统习俗、感情信仰等因素是城市文化建设的综合反映。城市规划、建设必须特别重视城市文化建设，城市的形态和布局要认真吸取地域文化和传统文化的营养，城市的风貌和特色要充分反映城市文化的精神内涵，城市的建筑和设施要努力满足普通市民精神文化和物质的基本需求。实现城市建设形式与城市文化内涵的完美结合，是城市规划建设的基本要求和目标。在信息化的今天，文化作为一种重要的城市功能，具有重要的作用，它能带动经济发展，是城市发展的主要推动力量之一。

四、城市规划和建设要强化城市的个性特色

当今城市发展中普遍存在形象趋同、缺乏个性的现象。富有特色的城市街区、建筑正被标准化的开发吞噬，优秀的地方文化、特色正在城市更新改造中消失。面对全球化、现代化对民族文化和地方文化的冲击，应当通过深入的城市设计、广泛的社会参与、有效的城市管理，让我们的城市街道、广场和建筑来演绎城市内在的气质、情感及其文化的底蕴，亦即让我们的城市特色蕴涵在每一个细节和活动中。特色赋予城市个性，个性才能提升城市竞争力。继承基础上的创新是塑造城市特色的重要途径。成功的城市应该具备深厚的文化积淀、浓郁的文化氛围和美好的城市形象；成功的城市不仅是当代的景观，也将成为历史的荣耀、民族的骄傲。

五、城市的文化建设担当着继承传统与开拓创新的责任

城市文化遗产见证着城市的生命历程，承载和延续着城市文化，为此，城市文化建设要依托历史、继承和传播城市优秀传统文化。城市的生命力在于创新，要积极发展创意产业和服务业，促进城市经济升级转型和城市功能的完善。要借鉴吸收人类的文化成果，扩大民族文化的外延，更好地弘扬本土文化。我们不仅需要商贸城市、工业城市，更需要文化城市。

我们共同期待，21 世纪全世界人民连心携手，共建美好宜人的家园。21 世纪的城市应该是人与人、人与自然友好相处的和谐社会。

第六节 小结

本章主要介绍了生态型城市规划的必要性，生态型城市的概念，生态型城市指标体系，生态型城市规划的标准以及各种标准指标，并通过一个生态型城市规划实例进行了阐述。同时还介绍了新颁布的《城乡规划法》对建设社会主义新农村的意义，介绍了生态文明时代的社会主义新农村建设经验与举例。

□ 关键概念

生态型城市

□ 复习思考题

1. 生态型城市的发展目标是什么？
2. 规划生态型城市应掌握的原则有哪些？
3. 生态型城市规划标准指标的内容是什么？
4. 《城乡规划法》对乡和村庄的规划编制要求是什么？

第十二章

大连市城市形态结构功能百年演变过程及 2020 年全域城市化规划

□ 学习目标

本章主要了解大连城市空间结构的演化；熟悉大连城市空间结构功能规划模式，大连市城乡一体化规划；掌握大连市全域城市化规划的基本内容。

第一节　大连市城市形态的百年演变

前述城市形态是一种复杂的经济文化现象和社会过程，是城市社会、经济、文化的综合表征，是人类社会、经济和自然三方面构成的复杂空间系统，它包含了城市的空间形成、人类活动和土地利用的空间组织，城市景观的描述等方面的内涵，它反映了过去和现在城市文化、技术和社会行为的历史过程，在某种程度上反映城市发展的实质。

1. 古代时期

大连地区拥有良好的生存环境和独特的地形地貌，6000 年前就已有人类居住，生产力达到一定水平。但由于特殊的地理位置，这一地区是历代兵家必争的战略要地，经济发展缓慢，建设大多出于军事战略的需求。

公元 12 世纪初，女真族建立的金国出于陆上防卫需要，建设地理位置相对重要的金州。带动了大连地区经济的繁荣。金州成为当时的中心城市，从此揭开了大连地区城市建设的历史，也形成了大连城市以金州为中心，带动周边生活聚集地发展的单核单中心的城市结构模式雏形。

2. 双中心发展时期

1878年清政府闭关锁国的政策被外国列强的炮舰所打破，出于海防需要，清政府建立了北洋舰队，在旅顺口修建军港作为基地，开始了旅顺城市建设。旅顺海港工程是19世纪具有世界先进技术水平的工程之一。于是，大连地区城市结构也逐渐由单一中心向双中心转变，金州和旅顺两地成为地区经济发展的中心，但整个城市性质仍是防卫性城市。

3. 多中心发展时期

1898年沙皇俄国强占旅大地区后，一方面把旅顺作为太平洋舰队的基地来经营，建成了一个海军要塞；另一方面为适应当时世界贸易，主要采用海运的方式，在大连湾沿岸选址开辟自由商港。19世纪末，以大连港的开工兴建为标志，揭开了大连城市建设的历史。至1904年大连市成为拥有4万多人口，4.25km^2用地的港口城市，奠定了大连主城区发展的基础。此时大连城市由金州、旅顺、大连构成，城市结构出现了多中心模式。各组团均在各自的影响范围内聚集经济规模，相互间由于交通、功能等因素的制约，联系十分紧密，在对外交通方面，大连的城市经济功能呈现强劲势头，并逐渐对金州、旅顺起到了支配作用。

4. 强核多中心组团时期

20世纪前80年，大连城市的发展与繁荣一直与港口的兴衰息息相关，城市形态逐渐演变为以大连城区为中心，旅顺口城区、金州城区为副中心的城市结构模式。

进入20世纪80年代以后，伴随我国对外开放的深入和沿海发展战略的实施，1984年国家批准在大连金州区马桥子选址建设东北地区第一个经济技术开发区，1990年开发区形成了10km^2的起步区，基础设施和公用设施也相应配套，经济发展速度也位居全国开发区前列。此时，大连提出“跳出老城，发展新城”的城市发展战略，以避免老城区产生环境、交通等城市问题。根据这一发展战略，大连对原总体规划进行了调整，明确了以大窑湾港区为依托建设新城区。港口和产业使新城区得到了快速发展，并成为大连经济的第二增长极。为进一步促进新城区的跨越式发展，缓解产业用地紧张状况，2002年大连市将新城区的行政辖区扩大到金州区的得胜乡和大李家镇，增加用地110km^2，为新城区提供了更广阔的发展空间。

到21世纪初，大连城市已发展成为由主城区、新城区、金州城区和旅顺口区四个组团构成的组团城市，城市结构以主城区为中心，新城区、金州城区和旅顺口区为副城的强核多中心模式。城市形态为“手掌状”母子系的定向布局，各组团间由山林、公园、绿地组成的绿色屏障相分隔，充分营造了一个“城依山建，山在城中，城在花园中”的生态城市风貌。

第二节 21 世纪初大连市城市规划发展模式

随着大连社会经济的大力发展，如何更好地根据承载社会经济发展的快车来布置空间集中与分散的分布形态，如何避免国内外大城市出现的过于集中与过于分散的各极分化，21 世纪初大连市提出了双城结构类型的规划模式。

一、空间结构功能朝着双城结构模式发展

1. 建立双城类型空间结构规划的指导思想

双城空间结构规划指导思想是以产业结构调整和聚居模式选择和研究城市空间结构的。

双城模式，即大连城市由大连主城区和大连新市区组成，如图 12-1 所示。城市中心功能已由生产型转向管理服务型，产业上由三产逐渐取代二产地位。三产向市中心区集聚，二产向市外扩散。优化产业结构和产业群体，走新型工业化道路。按照"西拓北进"的思路，形成双城（大连主城区和大连新市区）。

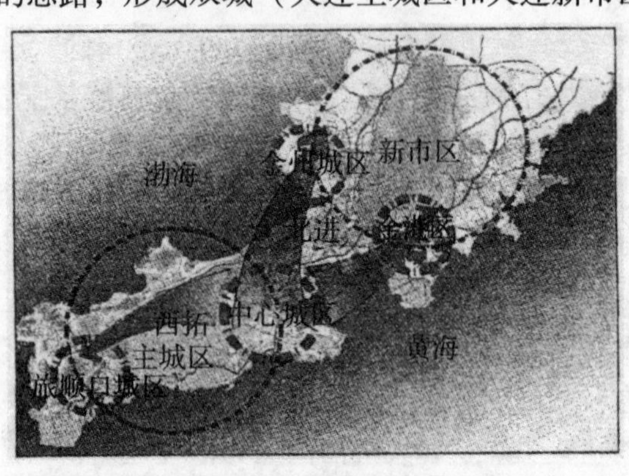

图 12-1 大连主城区与新市区示意图

主城区产业空间按最佳社会效益、最佳经济效益、最佳生态效益的原则实施部分置换，产业空间布局在主导产业选择的基础上，加强市场配套产业功能，形成生产中心、市场中心和科研服务中心等新的空间配置。新的产业空间区位的选择应生产与居住并重，经济与生产并重，逐渐由单纯的开发区模式逐步向"副城"模式转变。居住空间布局结构遵循功能主义布局原则，即将城市分割为四项基本功能：居住、工作、交通和游憩，强调城市中不同功能和分区布局，再以交通网彼此联系。

新市区位于大黑山南侧，西南接大连市主城区，西北和北部与金州区接壤，南部濒临黄海，东部与大连金石滩旅游度假区毗邻。地理位置优越，交通便捷，距大连市中心 27km，离规划的三十里堡国际机场 21km，临近沈大高速公路和哈大铁

路。鲇鱼湾港是中国最大的油港。以国家集装箱运输枢纽港和区域性自由港为目标的大窑湾港的建成，使新市区依托港口，成为东北地区对外联系的主要口岸之一。区内已建的大连经济技术开发区在辽宁工业结构调整中，作为新兴工业基地的杰出代表，在产业方向、管理体制等方面起着引导与示范的作用。2010 年金州区与开发区两区合并，成立金州新区。

2. 两城相互关系

大连主城区和新市区是大连市的两个发展节点。为使它们成为两个相互依赖单元，中间由绿地分隔，要避免“两城”的发展在绿地内联结。双城结构模式使城市的许多活动向城市中心集聚，使大连未来的发展更具聚集力。大连主城区率先形成现代国际城市功能，作为国家名城的核心，成为适宜人居的城市，拥有大量的信息、金融、贸易、科技等设施，提供便捷的服务，承担行政、文化、科技、金融、信息、商贸、旅游、体育、教育和会展业等主要职能。新市区主要形成技术先行的工业基地、高科技产业基地、现代物流基地和主要口岸。

二、大连市城乡一体化的规划

1. 大连市城市和乡村一体化的发展是“节点和走廊发展模式”

这种城市空间发展体系是沿交通线延伸发展的体系，具体说是走廊沿交通线形成，与节点一同构成一个网络，中间是网眼。整个网络由 3 个功能区构成：

（1）节点——是较大的城市地区；

（2）发展走廊——这种走廊并不是连续不断的，走廊中的城镇之间要有一定的隔离；

（3）网眼——可以作为农业地带，除与农业、食品生产有关的工业之外，不安置其他工业。中间可以建设小型农业集镇，每个集镇将成为周围农业地带的中心。

2. 大连城乡一体化具体模式

一个中心节点（大连城市），两条走廊（一条为渤海沿岸的长大铁路和沈大高速公路沿线，一条为黄海沿岸的大庄公路沿线）和三个次节点（瓦房店市、普兰店市和庄河市）构成的 V 形放射性城镇体系，构成“两城三星”组团式城市空间格局，带动区域经济的共同发展，如图 12–2 所示。

三个卫星城（卫星城定义是：在大城市市区外围兴建的，与市区既有一定距离，又相互间密切联系的城市）面向城乡，“双向吸纳”，接受中心城市产业的辐射转移和农村人口的转移，发展成为能够自我消化的有机体。卫星城的成长速度上应快于中心城市，带动重点城镇的发展，形成梯度辐射、功能互补、特色鲜明的城镇发展格局，全面推进农村城镇化进程。各个城市组团要走特色发展之路。

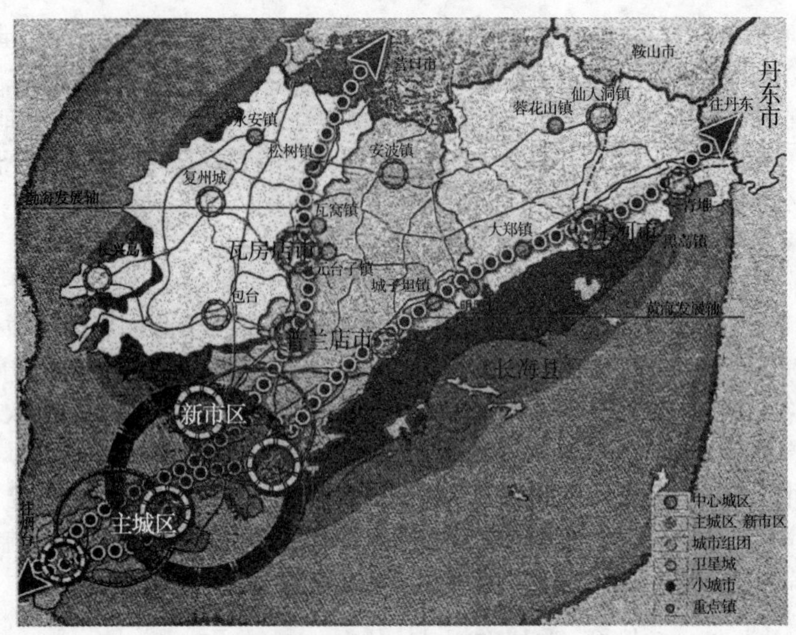

图 12-2　大连城镇体系示意图

3. 各城区功能定位

（1）主城区功能定位为行政文化中心、中央商务区和现代产业区

主城区突出行政、文化、科技、金融、信息、商贸、旅游、体育、教育和会展业等主要职能，发展商业、金融、电子、外贸和科技事业等高、新、尖第三产业。中心三区为商贸金融服务区和临港产业园区，甘井子区为现代都市工业、现代物流业、商贸服务区和教育产业集中发展区。旅顺口区为旅游区、临港产业区、高新技术产业区和大学园区，重点发展旅游功能和旅游产业。沿旅顺南路主要发展旅游业，旅顺北路以交通功能为主，带动工业小区和特色农业的发展，形成产业带；旅顺中路以发展生态旅游和观光农业为主，建设大规模的森林公园。主城区加快东港区的改造建设，并结合城市经济结构的产业调整适时调整城市北部地区的用地功能，结合大连湾沿岸功能调整港口、工业用地，增加沿岸的生活旅游岸线的亲水空间，打通主市区滨海路大连湾段，使之连通开发区、金石滩，成为大连市民的休闲娱乐场所。

（2）新市区功能定位为技术先进的工业基地、高新技术产业基地、现代物流基地和主要口岸

新市区完善交通枢纽、旅游、会议、体育、文教、商贸等职能，成为以现代临港加工工业为基础，以高新技术产业为主导，以口岸经济为依托，以现代服务业为支撑的区域性现代物流服务中心和智能化、生态型、综合性的现代化新城区。金州区和大连经济开发区、高新技术产业园区等对外开放先导区一体化发展，成为跨国公司产业转移，大连核心区工业搬迁改造和产业拓展的主要承接地。建成大连的现代化大型工业项目集中发展区，新兴工业区，重点发展物流园区、零配件产业园及

耗水耗能少的工业园，以带动渤海经济带的整体发展。先导区主要承担生产功能、创新功能和口岸物流功能。开发区和出口加工区要发展成为电子、机械、石化工业、转口贸易和保税仓储发展区。大窑湾港区要建成深水枢纽港，成为大宗物资集散地，并与保税区实现一体化发展，率先向自由贸易区转型。“双 D 港”区要成为高新技术项目孵化中心、中试基地，数字和生物工程产业发展区和示范区。金石滩国家旅游度假区发展成为度假、休闲、观光区。

（3）三个卫星城功能定位为资金技术密集和劳动密集型的工业加工区、现代农业产业区和特色旅游区

瓦房店市发展成为以机械制造、轻纺、建材和农副产品加工为主的中等城市。普兰店市发展成为轻工、农副产品深加工和特色旅游为主的中等城市。庄河市发展成为综合性工业、港口和旅游为主的中等城市。同时，加快建设小城市和重点镇的发展，使其成为区域经济发展的纽带，以进一步促进城镇化和城乡一体化进程。长海县功能定位为“海上大连”建设的先导区和示范区，重点发展海洋经济和海洋服务业。

通过对大连城市空间结构的合理规划，从而引导大连城市社会、经济等各方面有序发展，以保证城市发展目标的实现。

第三节 2020 年大连市建成小康社会全域城市化规划

2009 年 8 月，大连市政府向全市提出了实现大连全域城市化的统筹城乡规划建设、统筹城乡产业发展、统筹城乡社会管理和统筹城乡收入分配的全面发展规划。具体要求到 2020 年基本实现全域基础设施网络化、全域基本公共服务均等化、全域城区现代化、全域村镇社区化、全域农业都市化和全域农民市民化。

一、大连市全域城市化发展格局

为加快推进全域城市化进程，2012 年大连市制定出台了《加快推进全域城市化实施方案》，分别就全域城市化的国土空间发展格局、产业发展格局、生态环境保护格局及城市和人口发展空间格局做出了规划。其中，关于城市和人口发展格局提出：以南部主城区为主，按照“一轴两翼”，向北拓展城市空间，形成以“四大城市组团”为依托、以“两核七区九节点”为支撑的城市与人口发展格局（如图 12-3 所示）。修改了之前的以主城区为单一中心的发展格局，城市发展框架得以拉开，城市发展空间得以拓展。

所谓“一轴两翼”，是指以沈大高速公路、渤海大道、哈大铁路为中轴，渤海沿岸、黄海沿岸为两翼。“四大城市组团”是指主城区城市组团、新市区城市组团、黄海沿岸城市组团和渤海沿岸城市组团。“两核”是指主城区和新市区。“七

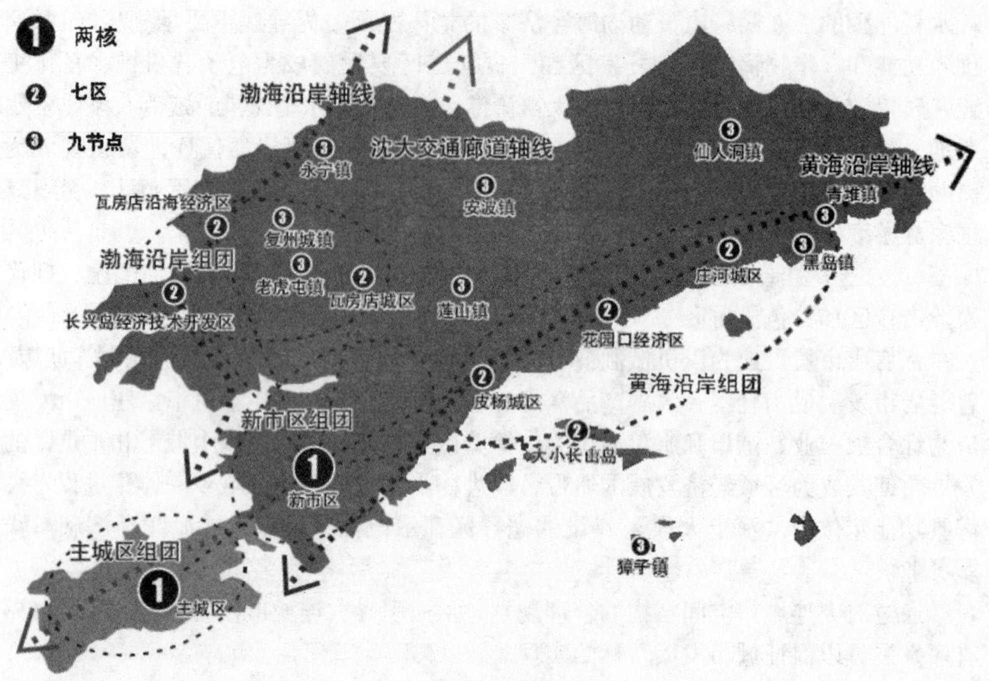

图 12-3 大连市全域城市化发展格局图

区”是指长兴岛临港工业区、瓦房店城区、瓦房店沿海经济区、庄河城区、花园口经济区、皮杨城区和大小长山岛。“九节点”是指獐子岛镇、安波镇、莲山镇、老虎屯镇、复州城镇、永宁镇、青堆镇、黑岛镇和仙人洞镇。

“一轴两翼”伸展态势由辽南地区自然地理形状和交通干道走势决定。高速、高铁、大道构成贯通大连的轴线和血脉；辽南沿渤海和黄海倒三角型的两边，形成了大连城市发展两翼，展示了大连城市拓展的新空间。

二、四大城市组团的发展规划

1. “主城区城市组团”构成“一核”。其城市化的目标分为两个阶段，第一阶段为 2012—2015 年，第二阶段到 2020 年。第一阶段目标是重点提升城市功能和发展质量，实现规划建设、城市管理、产业布局和服务功能一体化。加快创新发展和城市管理，建成功能突出、产业高端、生态宜居的现代化城区。在保持主城区人口规模适度增长的基础上，中山区、西岗区和沙河口区重点提升城市化发展质量；甘井子区和高新区基本消除半城市化；旅顺口区城市化进程明显加快，城市化率达 95%。第二阶段目标是建成具有辐射引领作用的现代化主城区，人口规模保持在 290 万左右。居民享有的公共服务水平大幅提高。甘井子区、高新区和旅顺口区的公共服务水平与中心城区基本一致。实现城市功能一体化、居住城区现代化、服务产业高端化、居住环境生态化。城市建设和管理达到发达国家水平。旅顺口区城市化率达到 98%。

2. “新市区城市组团”为第二个“核”。其主要包括金州新区、保税区和普湾新区三个城市群。新市区组团城市化第一阶段目标是重点提高城市化发展水平，使其成为吸纳人口转移的主要区域。金州新区、普湾新区和保税区的城市人口规模分别达 100 万人、50 万人和 15 万人。进一步发挥新市区体制机制优势，促进城市基础设施和服务功能显著提升，成为国家级对外开放新区和现代产业核心区、国际滨海旅游度假区和生态宜居新城区。第二阶段目标是基础设施基本完备，产业功能更加突出，城市功能日趋完善，人民生活更加富足，逐步成为我市人口、产业、行政和文化的核心区。国际化水平进一步提高，成为引领东北地区对外开放、吸纳顶尖人才、集聚高端产业的国家级新区。金州新区、普湾新区和保税区的城市人口规模分别达到 130 万人、75 万人和 30 万人。

3. “渤海沿岸城市组团”第一阶段目标是以将长兴岛临港工业区、瓦房店城区、瓦房店沿海经济区建设成为中等城市为目标，加强产业园区、城区基础设施和公共服务设施建设，推动产业园区与城区互动发展，增强城市功能，带动人口向沿海新城集聚。长兴岛临港工业区、瓦房店城区、瓦房店沿海经济区城市人口分别达到 20 万人、40 万人和 6 万人。第二阶段目标是基础设施建设更加完善，长兴岛临港工业区和瓦房店城区发展成中等城市，城市功能比较完善，聚集产业与吸纳人口的能力不断增强，城市人口规模分别达到 30 万人和 50 万人。瓦房店沿海经济区城市框架基本形成，人口规模达到 10 万人。

4. “黄海沿岸城市组团”第一阶段目标是以庄河城区、花园口经济区、皮杨城区、大小长山岛为重点区域，以产业园区建设为重点，促进和带动城区发展，增强城市功能，形成重要的产业与人口聚集区。庄河城区、花园口经济区、皮杨城区城市人口规模分别达到 40 万人、15 万人和 15 万人，大小长山岛人口规模保持在 7 万人左右。第二阶段目标是农村城镇化进程全面推进。重点镇集聚人口和产业的功能明显增强。除獐子岛镇之外，其他重点镇人口规模达到 10 万人左右，进入小城市行列。城镇产业结构和产业布局合理化，实现经济社会和生态环境协调发展。80% 以上的农村社区达到城市和谐社区示范创建标准。

以上格局将构成城市和人口发展的基本空间框架。按组团式、链条式发展思路，沿黄渤两海、沈大和丹大两线拓展城市空间，规划建设“四大组团”。

三、“九节点”重点镇功能定位

“九节点”重点镇功能定位是：

1. 复州城镇——发挥区域优势，重点发展制造业，配套建设基础设施和公共设施，建设区域中心型小镇。

2. 永宁镇——发挥区域优势，重点发展临港制造业，配套建设基础设施和公共设施，建设区域中心型小镇。

3. 老虎屯镇——发挥产业基础优势，重点发展机械加工和电子制造业，配套建设基础设施和公共设施，建设工业主导型小镇。

4. 莲山镇——发挥区域优势，重点发展农村商贸物流业和食品加工业，配套建设基础设施和公共设施，建设区域中心型小镇。

5. 安波镇——突出温泉特色，加强温泉旅游资源开发和利用，建成国内知名的温泉旅游小镇。

6. 仙人洞镇——突出生态特色，加强自然生态资源开发和利用，重点发展生态旅游、休闲旅游，建成风光旖旎的生态旅游小镇。

7. 黑岛镇——发挥产业优势，重点发展临港工业和冷链物流，配套建设基础设施和公共设施，建成工业主导型小镇。

8. 青堆镇——发挥产业优势，重点发展农产品、海产品深加工业和农产品交易市场，建成产业主导型小镇。

9. 獐子岛镇——突出海洋特色，重点发展现代海洋渔业和精深加工业，建成功能完善、风景秀美、生态宜居的海岛风情小镇。

四、大连市全域城市化的产业支撑及人口聚集规划

产业是支撑城市化的基础。四大城市组团具有明确的产业分工。其中，主城区城市组团重点发展现代服务业，建成企业总部密集的国际商务区、软件和创意产业发达的知识经济聚集区和科教先进、文化繁荣、环境优美的生态宜居城区。新市区城市组团重点发展先进制造业、物流业、总部经济、高新技术产业，建设航运服务资源聚集区、先进制造业聚集区、临海临港装备制造业基地和宜居新市区。渤海沿岸城市组团重点发展石化、造船、轴承、重大装备制造、滨海旅游等产业，建设临港产业的新增长极和渤海湾畔新兴城市。黄海沿岸城市组团重点发展新材料、家具制造、食品生产、服装加工、海洋水产和旅游度假等产业，建设国家级新材料产业基地、国际旅游胜地和区域重要节点城市。

人口集聚是城市化进程的重要标志。全域城市化将按照“两核、七区、九节点”的总体要求，引导人口向新城区和小城镇逐步聚集，稳妥推进农民向县城和城镇集中。主城区要保持人口适度增长。新市区要成为新增人口主要承接地。瓦房店城区、庄河城区等“七区”主要疏解主城区人口和吸纳新增人口。青堆镇、安波镇等“九节点”要成为推进农民向城镇集聚的重要区域。要把“九节点”由重点镇建设成为经济实力更大、产业基础更强、服务功能更全、集约程度更高、吸纳人口更多的小城市，增强对周边区域的辐射带动作用。

第四节　小结

本章主要介绍了大连市城市形态的百年演变过程，大连城市空间结构功能规划和大连市城乡一体化规划，大连市全域城市化规划的基本内容。

信 誉 卡

厂 名	大连北方博信印刷包装有限公司	检查员	2号
厂 址	大连市高新园区高能街42号	邮 编	116023
联系人	罗 芳	联系电话	0411-84790101 84794109 84710529

读者朋友您好：

本书如发现印刷、装订质量问题请直接与我厂联系，我厂将负责调换并及时送到您的手中。

请您将对该书印刷、装订质量提出的宝贵意见与要求，填写在后面回执栏内一并寄回。

□ 复习思考题

1. 大连城市空间结构的演化过程是怎样的？
2. 大连城乡一体化的具体模式是什么？
3. 大连市全域城市化发展格局是什么？
4. 四大城市组团的发展规划是什么？

主要参考文献

[1]李德华. 城市规划原理[M]. 北京:中国建筑工业出版社,2001.

[2]戴慎志. 城市工程系统规划[M]. 北京:中国建筑工业出版社,1999.

[3]程道平. 现代城市规划[M]. 北京:科学出版社,2004.

[4]建设部. 城市居住区规划设计规范:GB 50180-93[S]. 北京:中国建筑工业出版社,2002.

[5]任致远. 21 世纪城市规划管理[M]. 南京:东南大学出版社,2000.

[6]郑毅. 城市规划设计手册[M]. 北京:中国建筑工业出版社,2000.

[7]戴慎志. 城市基础设施工程规划手册[M]. 北京:中国建筑工业出版社,2000.

[8]严煦世,范瑾初. 给排水工程[M]. 北京:中国建筑工业出版社,1999.

[9]李亚峰,尹士君. 给排水工程专业毕业设计指南[M]. 北京:化学工业出版社,2003.

[10]刘长德. 大连城市规划 100 年(1899—1999)[M]. 大连:大连海事大学出版社,1999.

[11]冯健,周一星. 1900 年代北京市人口空间分布的最新变化[J]. 城市规划,2003(5).

[12]赵健. 对大城市中心区交通拥堵问题的思考[J]. 城市规划,2003(10).

[13]董伟. 大连市城市形态结构功能研究[J]. 城市规划,2004(12).

[14]陈为邦. 以科学发展观指导城市规划[J]. 城市规划,2004(4).

[15]王金,韩蕊. 生态环境·保护开发·人居环境——黄果树城市中心区修建性详细规划[J]. 城市规划,2003(10).

[16]邹德慈. 迈向 21 世纪的城市[J]. 城市规划,1998(1).

[17]孙哲. 大连升腾起绿色的希望[J]. 城市开发,1998(1).

[18]李岚. 区域生态环境保护是城市发展的命脉[J]. 城市问题,2002(5).

[19]于春全,孙大纬. 现代化城市交通管理的重大举措[J]. 城市发展研究,1997(5).

[20]洪承礼. 土木工程决策经济分析[M]. 北京:人民交通出版社,1994.

[21]王炳坤. 城市规划中的工程规划[M]. 天津:天津大学出版社,1994.

[22]邹德慈. 容积率研究[J]. 城市规划,1994(1).

[23]吴新范. 围绕经济建设搞好城市规划[J]. 城市规划,1993(6).

[24]叶绪镁．“城市规划专家座谈会”综述[J]．城市规划,1993(1).

[25]黄全利．从天津市路网系统谈环形放射路网的有关问题[J]．城市规划,1993(3).

[26]刘树坤．我国城市防洪问题[J]．水利规划,1994(3).

[27]郑成山．大连市城市规划管理条例解说[M]．沈阳:辽宁人民出版社,1992.

[28]北京市市政设计研究院．城市道路设计规范:CJJ 37-90[S]．北京:中国建筑工业出版社,1991.

[29]仇保兴．战略规划要注意城市经济研究[J]．城市规划,2003(1).

[30]费麟．一个建筑师关于城市交通问题的思考[J]．城市规划,2003(10).

[31]彭冲,吕传廷．新形势下广州控制性详细规划全覆盖的探索与实践[J]．城市规划,2013(7).

[32]邹德慈．审时度势,统筹全局,图谋致远,开拓进取——谈战略规划的若干问题[J]．城市规划,2003(1).

[33]沈清基,吴斐琼．生态型城市规划标准研究[J]．城市规划,2008(4).

[34]仇保兴．实现我国有序城镇化的难点与对策选择[J]．城市规划学刊,2007(5).

[35]汪光焘．贯彻《城乡规划法》依法编制城乡规划[J]．城市规划,2008(1).

[36]仇保兴．生态文明时代乡村建设的基本对策[J]．城市规划,2008(4).

[37]董伟．科学规划严格管理[J]．城市规划,2008(1).

[38]城市文化国际研讨会暨第二届城市规划论坛会．城市文化北京宣言[J]．城市规划,2007(7).

[39]石楠．编者絮语“生命”[J]．城市规划,2008(6).

[40]黄晓光．推进城建管理工作科学发展[N]．大连日报,2008-07-17.

[41]顾朝林．城市群研究进展与展望[J]．地理研究,2011(5).

[42]鞠鹏燕．城市总体规划层面低碳城乡规划方法研究——以北京市延庆县规划实践为例[J]．城市规划,2013(8).

[43]陶希东．包容性城市化:中国新型城市化发展新策略[J]．城市规划,2013(7).

[44]田莉．处于十字路口的中国土地城镇化——土地有偿使用制度建立以来的历程回顾及转型展望[J]．城市规划,2013(5).

[45]建设部．城市用地分类与规划建设用地标准(GB50137-2011)[S]．北京:中国建筑工业出版社,2011.

[46]佚名．苏南将建现代化建设示范区[J]．城市规划,2013(5).

[47]佚名．发改委抓紧修改完善城镇化规划[J]．城市规划,2013(7).

[48]殷洁,罗小龙．从撤县设区到区界重组——我国区县级行政区划调整的新趋势[J]．城市规划,2013(6).